わかる! とける! 身につく!

中学受験 ミラクル算数

特殊算

苦手を克服して偏差値アップ

偏差値 40 偏差値 50 偏差値 60

深水 洋

まえがき

私が中学受験の世界に身を置いてもう40年近くになります。この間，受験生の指導だけではなく，模試や大手塾のテキスト，実際の中学入試問題など多くの執筆活動をしてまいりました。そこで，これまでに得た知識やテクニックを，少しでも受験生やその補助にあたる保護者の皆様，指導者の皆様に役立てていただきたいと本書の執筆を思い立った次第です。

「特殊算」とは方程式を使わず，和や差の関係，倍数関係などを考えて解く問題です。中学受験を経験されていない方から見ると1次方程式や連立方程式で解けるような問題も多いので，方程式を教えてしまってそれで解いたらどうかと思われるのではないだろうかと思います。

もっともです。しかし，実際に指導されればおわかりかと思いますが，方程式を使いこなすのは一般的な子どもたちにとっては結構なハードルで，方程式を前提としていない出題形式からかえって混乱する場面も出てきます。

昨今，小学生の算数の教科書に「つるかめ算」などのコラムが多数あり，小学生のうちはさまざまな数の見方やとらえ方ができるようにという，国家としての教育方針がそこからはっきりと見てとれます。

教科書に載っているなら……と，特殊算は形を変えながら中学入試に取り入れられていったわけです。しかも数十年の間にすっかり定着し，どんどん蓄積されていきました。今では常識として装備していないと，中学入試に打ち勝つことができなくなっています。

本書は，はじめから優秀で超一流校を目指す受験生を対象にしたものではありません。偏差値40の子を50に，50の子を60にするために本書を活用してもらえれば幸いです。

また，受験生を応援する保護者の方や家庭教師の方，個別指導にあたる方にとって，使いやすく編集したつもりです。かゆいところに手が届くように，執筆者も編集者もそういう思いでこの本をつくりました。上手に活用していただけると幸いです。

深水 洋

本書の特長と使い方

特長

① 中学受験「算数」では避けて通ることのできない，「つるかめ算」や「植木算」などの 25 の**「特殊算」**の解き方をまとめた問題集です。

② 単元ごとに「考え方」を掲載し，問題の解き方を**分かりやすく説明**しています。

③ 各単元では，タイプと難易度の異なる**十分な量の問題**を掲載しました。完全に自分のものになるまで，とことん解くことができます。

使い方

1 単元は 6 ページ構成になっています。最初の単元からじっくりと始めても，気になる単元や苦手な単元から始めても大丈夫です。

1～2 ページ目　基本例題→考え方→類題

まずは、「基本例題」を解いてみましょう。解けなくても大丈夫。「考え方」を読んで解き方をマスターし，「類題」で「考え方」の定着をしましょう。

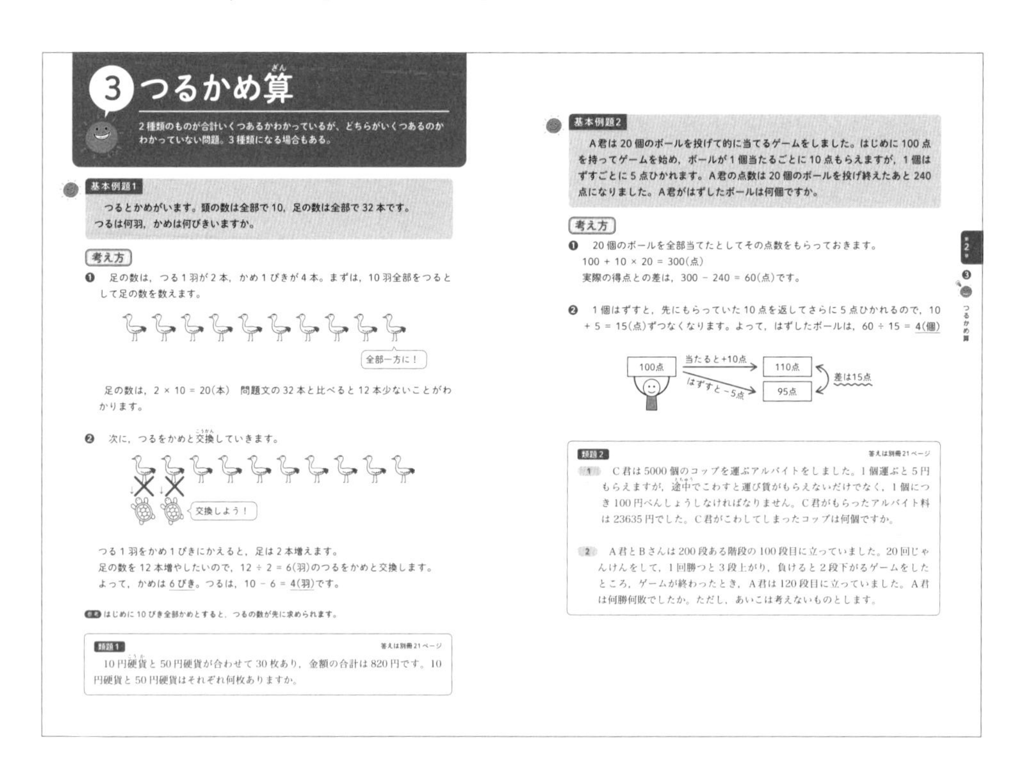

3 つるかめ算

2 種類のものが合計いくつあるかわかっているが、どちらがいくつあるのかわかっていない問題。3 種類になる場合もある。

基本例題 1

つるとかめがいます。頭の数は全部で 10，足の数は全部で 32 本です。つるは何羽，かめは何びきいますか。

考え方

❶ 足の数は，つる 1 羽が 2 本，かめ 1 ぴきが 4 本。まずは，10 羽全部をつるとして足の数を数えます。

足の数は，2 × 10 = 20(本)　問題文の 32 本と比べると 12 本少ないことがわかります。

❷ 次に，つるをかめと交換していきます。

つる 1 羽をかめ 1 ぴきにかえると，足は 2 本増えます。
足の数を 12 本増やしたいので，12 ÷ 2 = 6(羽)のつるをかめと交換します。
よって，かめは 6 ぴき。つるは，10 － 6 = 4(羽)です。

参考 はじめに 10 ぴき全部かめとすると，つるの数が先に求められます。

類題 1　答えは別冊 21 ページ

10 円硬貨と 50 円硬貨が合わせて 30 枚あり，金額の合計は 820 円です。10 円硬貨と 50 円硬貨はそれぞれ何枚ありますか。

基本例題 2

A 君は 20 個のボールを投げて的に当てるゲームをしました。はじめに 100 点を持ってゲームを始め，ボールが 1 個当たるごとに 10 点もらえますが，1 個はずすごとに 5 点ひかれます。A 君の点数は 20 個のボールを投げ終えたあと 240 点になりました。A 君がはずしたボールは何個ですか。

考え方

❶ 20 個のボールを全部当てたとしてその点数をもらっておきます。
100 ＋ 10 × 20 = 300(点)
実際の得点との差は，300 － 240 = 60(点)です。

❷ 1 個はずすと，先にもらっていた 10 点を返してさらに 5 点ひかれるので，10 ＋ 5 = 15(点)ずつなくなります。よって，はずしたボールは，60 ÷ 15 = 4(個)

類題 2　答えは別冊 21 ページ

1　C 君は 5000 個のコップを運ぶアルバイトをしました。1 個運ぶと 5 円もらえますが，途中でこわすと運び賃がもらえないだけでなく，1 個につき 100 円べんしょうしなければなりません。C 君がもらったアルバイト料は 23635 円でした。C 君がこわしてしまったコップは何個ですか。

2　A 君と B さんは 200 段ある階段の 100 段目に立っていました。20 回じゃんけんをして，1 回勝つと 3 段上がり，負けると 2 段下がるゲームをしたところ，ゲームが終わったとき，A 君は 120 段目に立っていました。A 君は何勝何敗でしたか。ただし，あいこは考えないものとします。

(3～4)ページ目　練習問題（基本編）

基本の練習問題です。たくさん解いて，問題の形式に慣れていきましょう。

つるかめ算の練習問題 基本編

答えは別冊21ページ

1　つるとかめがいます。頭の数は合計20で，足の数は全部で66本です。つるは何羽，かめは何びきですか。

基本問題1

2　1個30円のみかんと1個80円のりんごを合わせて40個買い，2250円支払いました。みかんとりんごをそれぞれ何個ずつ買いましたか。

基本問題1

3　5円硬貨と50円硬貨が合わせて200枚あり，金額の合計は4780円です。5円硬貨と50円硬貨はそれぞれ何枚ずつありますか。

基本問題1

4　1題2点の問題と1題7点の問題で100点満点のテストをつくりたいと思います。全部で20題あるテストをつくるには，2点と7点の問題をそれぞれ何題ずつにすればよいですか。

基本問題1

5　ある博物館の入場料は大人が1人800円，子どもが1人150円です。ある日，大人と子どもが合わせて1200人入場し，入場料の合計は792300円でした。この日の大人の入場者と子どもの入場者はそれぞれ何人ですか。

基本問題1

6　AさんとBさんは200段ある階段の90段目に立ち，じゃんけんを使ったゲームをしました。じゃんけんをして，勝つと5段上がり，負けると3段下がります。2人が全部で20回のじゃんけんをしたところ，Aさんは134段目に立っていました。あいこがなかったとすると，Aさんは何勝何敗でしたか。

基本問題2

7　20題の算数のテストがあります。このテストは1題正解すると5点もらえますが，まちがえると点数がもらえないだけでなく2点ひかれます。A君はこのテストを受けて72点でした。A君がまちがえた問題は何題でしたか。

基本問題2

8　Bさんはコップを5000個運ぶアルバイトをしました。1個運ぶと3円もらえますが，途中でわってしまうと3円がもらえないだけでなく1個につき200円べんしょうしなければなりません。Bさんが受け取ったアルバイト料は11955円でした。Bさんがわったコップは何個ですか。

基本問題2

第2章 3 つるかめ算

(5～6)ページ目　練習問題（発展編）

難度が高めの練習問題です。どんな形の問題でも対応ができるようになっています。

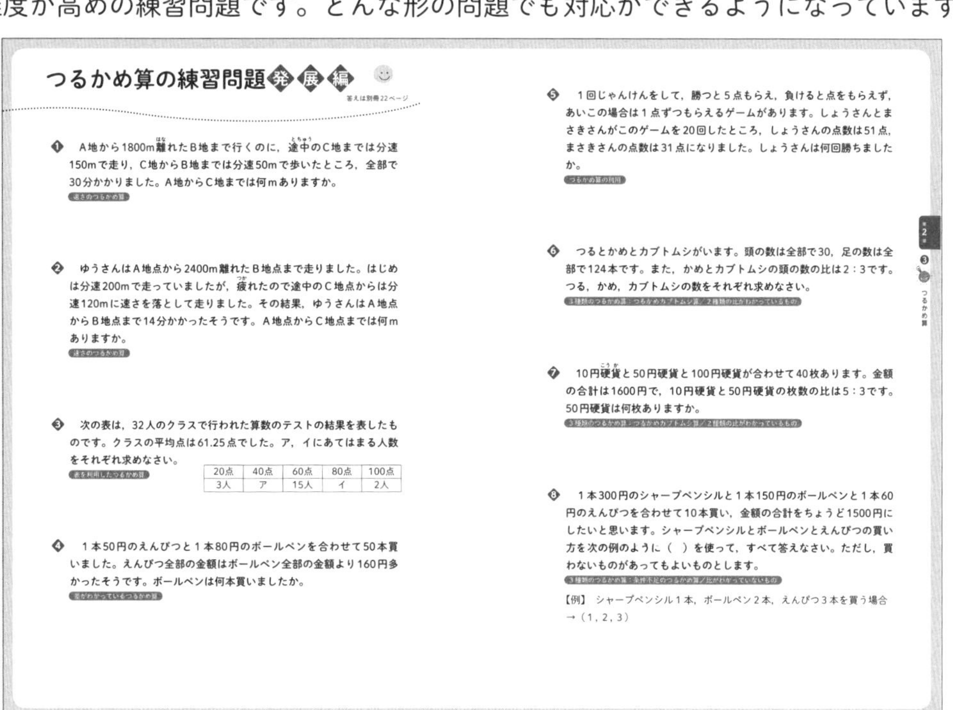

つるかめ算の練習問題 発展編

答えは別冊22ページ

❶　A地から1800m離れたB地まで行くのに，途中のC地までは分速150mで走り，C地からB地までは分速50mで歩いたところ，全部で30分かかりました。A地からC地までは何mありますか。

速さのつるかめ算

❷　ゆうさんはA地点から2400m離れたB地点まで走りました。はじめは分速200mで走っていましたが，疲れたので途中のC地点からは分速120mに速さを落として走りました。その結果，ゆうさんはA地点からB地点まで14分かかったそうです。A地点からC地点までは何mありますか。

速さのつるかめ算

❸　次の表は，32人のクラスで行われた算数のテストの結果を表したものです。クラスの平均点は61.25点でした。ア，イにあてはまる人数をそれぞれ求めなさい。

表を利用したつるかめ算

20点	40点	60点	80点	100点
3人	ア	15人	イ	2人

❹　1本50円のえんぴつと1本80円のボールペンを合わせて50本買いました。えんぴつ全部の金額はボールペン全部の金額より160円多かったそうです。ボールペンは何本買いましたか。

差がわかっているつるかめ算

❺　1回じゃんけんをして，勝つと5点もらえ，負けると点をもらえず，あいこの場合は1点ずつもらえるゲームがあります。しょうさんとまさきさんがこのゲームを20回したところ，しょうさんの点数は51点，まさきさんの点数は31点になりました。しょうさんは何回勝ちましたか。

つるかめ算の利用

❻　つるとかめとカブトムシがいます。頭の数は全部で30，足の数は全部で124本です。また，かめとカブトムシの頭の数の比は2：3です。つる，かめ，カブトムシの数をそれぞれ求めなさい。

3種類のつるかめ算：つるかめカブトムシ算／2種類の比がわかっているもの

❼　10円硬貨と50円硬貨と100円硬貨が合わせて40枚あります。金額の合計は1600円で，10円硬貨と50円硬貨の枚数の比は5：3です。50円硬貨は何枚ありますか。

3種類のつるかめ算：つるかめカブトムシ算／2種類の比がわかっているもの

❽　1本300円のシャープペンシルと1本150円のボールペンと1本60円のえんぴつを合わせて10本買い，金額の合計をちょうど1500円にしたいと思います。シャープペンシルとボールペンとえんぴつの買い方を次の例のように（　）を使って，すべて答えなさい。ただし，買わないものがあってもよいものとします。

3種類のつるかめ算：条件不足のつるかめ算／比がわかっていないもの

【例】　シャープペンシル1本，ボールペン2本，えんぴつ3本を買う場合
→（1，2，3）

第2章 3 つるかめ算

目次

第3章
割合に関する問題

第4章
速さに関する問題

第5章
平均・のべ・仕事に関する問題

本文デザイン……ISSHIKI

第1章
数の性質・規則性に関する問題

❶ 植木算

❷ 周期算

❸ 数列・規則性

❹ 方陣算

❺ 日暦算

❻ 約数・倍数の利用

1 植木算

木など，並べられた物の数とその間の数を考える問題。

基本例題1

240m の長さがある道路の片側に次のように木を植えるとき，木は何本必要ですか。

❶　端から端まで 20m おきに木を植えるとき。

❷　30m おきに木を植え，一方の端には植えるが，もう一方の端には植えないとき。

❸　10m おきに木を植え，両端には木を植えないとき。

考え方

❶　両端に木を植えるとき，木の本数＝間の数＋1
木と木の間の 20m は，240 ÷ 20 ＝ 12(か所)
よって，必要な木の本数は，12 ＋ 1 ＝ 13(本)

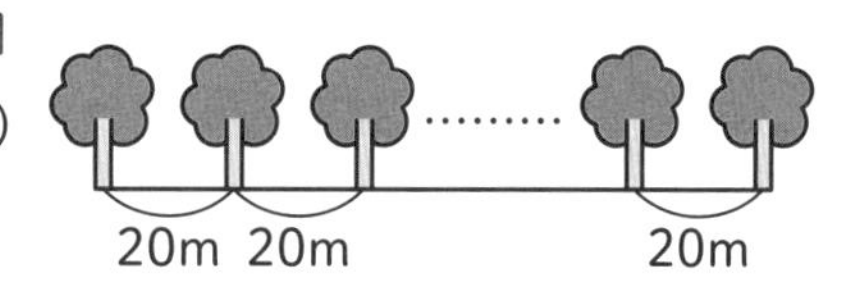

❷　片端に木を植えるとき，木の本数＝間の数
木と木の間の 30m は，240 ÷ 30 ＝ 8(か所)
よって，必要な木の本数も 8(本)

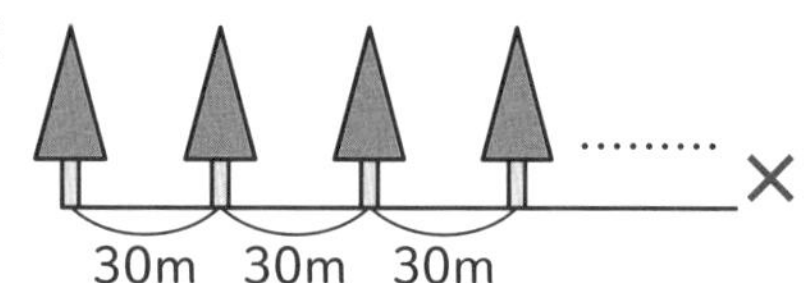

❸　両端に木を植えないとき，木の本数＝間の数－1
木と木の間の 10m は，240 ÷ 10 ＝ 24(か所)
よって，必要な木の本数は，24 － 1 ＝ 23(本)

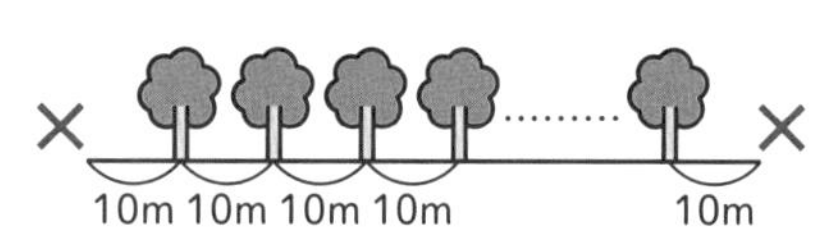

類題 1　答えは別冊2ページ

120m ある道の片側に端から端まで 20m おきに桜の木を植え，桜と桜の間には 2m おきにつつじの木を植えます。桜の木とつつじの木はそれぞれ何本必要ですか。

基本例題2

ある池の周囲に6mおきに木を植えるときと，15mおきに木を植えるときでは必要な木の本数が18本違(ちが)います。この池の周囲は何mありますか。

考え方 ポイント **何かの周りに木を植えるとき，木の本数＝間の数**

❶ 池の周囲の長さを1とすると，間隔(かんかく)の6mと15mの数の比は，

$1 \div 6 : 1 \div 15 = \frac{1}{6} : \frac{1}{15} = 15 : 6 = 5 : 2$ となります。

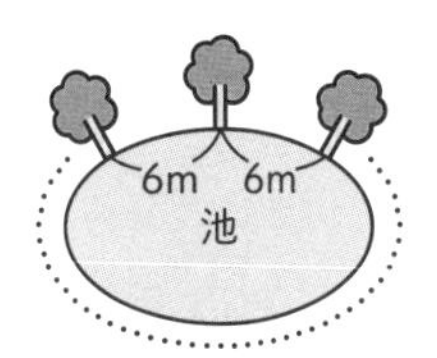

❷ 必要な木の本数と間の数は等しいので，間隔の数の差は18か所。18か所は，比の $5 - 2 = 3$ にあたるので，比の1にあたる間隔の数は，$18 \div 3 = 6$(か所)

❸ よって，6mおきに植えるとき，間隔は $6 \times 5 = 30$(か所)できます。
池の周囲の長さは，$6 \times 30 =$ 180(m)

別解 6と15の最小公倍数は30。30mでの本数の差は，$30 \div 6 = 5$，$30 \div 15 = 2$ より，$5 - 2 = 3$(本) 周囲に植えたときに18本の違いができることから，周囲の長さは30mの，$18 \div 3 = 6$(倍)とわかります。よって，$30 \times 6 =$ 180(m)

類題2 　答えは別冊2ページ

1 120mある池の周囲に5mおきにいちょうの木を植えます。
いちょうの木は何本必要ですか。

2 ある池の周囲に木を植えます。7mおきに植えるときと9mおきに植えるときでは必要な木の本数が6本違います。この池の周囲は何mありますか。

植木算の練習問題 基本編

答えは別冊2ページ

1 まっすぐな道路の片側に，端(はし)から端まで4mおきに16本の木を植えました。両端の木は何m離(はな)れていますか。

基本例題１①

2 84m離れて立っている2本の桜の木の間に，3mおきにくいを打ちます。くいは何本必要ですか。

基本例題１③

3 2つの校舎の間に2mおきにくいを打つには，くいがちょうど8本必要です。2つの校舎は何m離れていますか。

基本例題１③

4 110mの長さがある道路の片側に，端から端まで11本の木を植えます。木と木の間を何mにすればよいですか。

基本例題１①

5 右の図のように，校庭のA地点から校舎までの間に，3mおきに15本の旗を立てました。A地点と校舎は何m離れていますか。

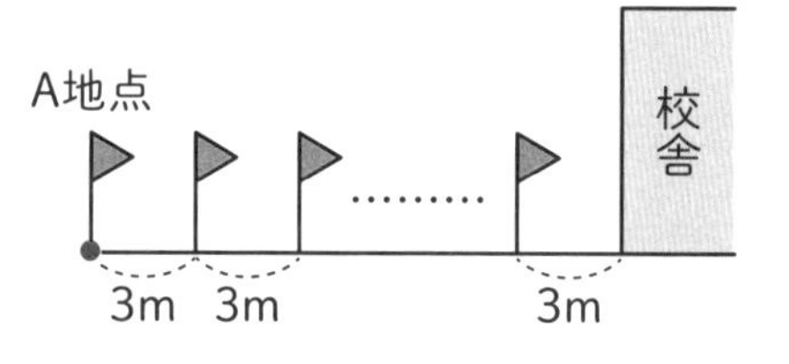

基本例題１②

6　120mある池の周囲に8mおきに桜の木を植え，桜の木の間には2mおきにつつじの木を植えます。このとき，次の問いに答えなさい。

(1)　桜の木は何本必要ですか。

基本例題1②

(2)　つつじの木は何本必要ですか。

基本例題1③

7　150mの長さがある道路の片側に端から端まで10mおきに木が立っています。この木を15mおきに植え直したいと思います。このとき，次の問いに答えなさい。

基本例題1①

(1)　植え直すときに抜(ぬ)かずにすむ木は何本ありますか。

(2)　植え直したあと，何本の木があまりますか。

8　ある池のまわりに木を植えるのに，15mおきに植えたときと9mおきに植えたときでは必要な木の本数にちょうど12本の違(ちが)いがでます。この池の周囲は何mありますか。

基本例題2

9　右の図のように，1本9cmのテープをのりしろの長さをどこも同じにして15本はり合わせます。全体の長さを114cmにするには，のりしろ1か所を何cmにすればよいですか。

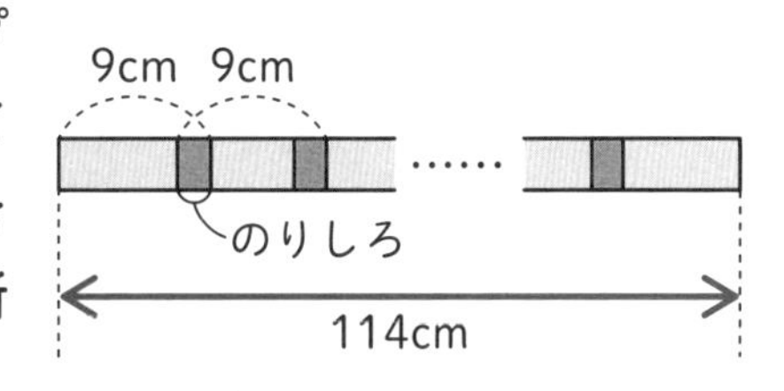

基本例題1③

植木算の練習問題 発展編

答えは別冊3ページ

❶　1階から4階まで上がるのに12秒かかるエレベーターがあります。このエレベーターで3階から10階まで上がると何秒かかりますか。

基本例題１の応用

❷　右の図のように，はばが4mある掲示板に，横の長さが40cmの絵を絵と絵の間をどこも同じ長さにして7枚はります。このとき，次の問いに答えなさい。

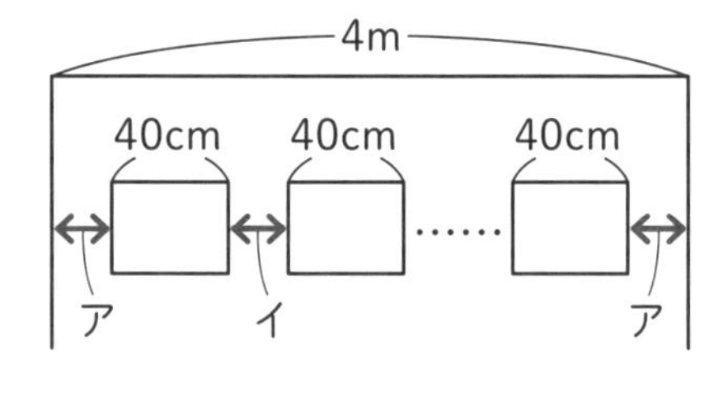

基本例題１の応用

(1)　かべの端と絵の間（図のア）の長さを絵と絵の間（図のイ）の長さと同じにするとき，図のアの長さは何cmになりますか。

(2)　かべの端と絵の間（図のア）の長さを30cmにすると，絵と絵の間（図のイ）の長さは何cmになりますか。

❸　たて9m，横15mの畑に，右の図のように50cmの間隔をとって，植物の種を1つずつうめていきます。500個の種を用意したとき，種は何個あまりますか。

基本例題１の応用

❹　長さ6mの角材があります。この角材を長さ50cmの角材に切り分けます。1か所を切るのにかかる時間は8分で，切ったあとに毎回2分休けいを入れます。このとき，次の問いに答えなさい。

基本例題1の応用

(1)　何か所切ることになりますか。

(2)　切り分け始めてから切り分け終わるまで何時間何分かかりますか。

❺　ある池のまわりに木を植えるのに，15mおきに植えたときと8mおきに植えたときでは必要な木の本数にちょうど21本の違(ちが)いがでます。この池に9mおきに桜の木を植え，桜と桜の間には1m50cmおきにつつじの木を植えたいと思います。桜の木とつつじの木をそれぞれ何本ずつ用意すればよいですか。

基本例題2の応用

❻　Aさんのクラスの32人が，80cmの間隔で縦1列に立って並んでいます。Aさんは一番前の人から数えて20番目で，BさんはAさんより前に，CさんはAさんより後ろに立っています。AさんとBさんの間には6人，AさんとCさんの間には5人並んでいます。このとき，次の問いに答えなさい。

基本例題1の応用

(1)　一番前の人から一番後ろの人まで何m何cm離(はな)れていますか。

(2)　Aさんは一番後ろの人から数えて何番目ですか。

(3)　BさんとCさんは何m何cm離れていますか。

2 周期算(しゅうきざん)

くり返しの周期を考える問題（曜日や日数に関する問題は日暦算(にちれきざん)参照）。

基本例題1

次のように，あるきまりにしたがって数が並んでいます。これについて，あとの問いに答えなさい。

2，5，3，1，2，5，3，1，2，5，3，1，2，……

❶　50 番目の数はいくつですか。

❷　50 番目の数までをすべてたすと，その和はいくつになりますか。

考え方

❶　[2，5，3，1]，[2，5，3，1]，[2，5，3，1]，…と，
2，5，3，1 の 4 つの数が周期となってくり返されています。
50 ÷ 4 = 12 あまり 2 より，50 番目の数までにこの周期が 12 回あり，
50 番目の数はその 2 つあとの数なので，5 とわかります。

❷　1 つの周期の和は，2 + 5 + 3 + 1 = 11
12 回の周期の和に 49 番目の数の 2 と 50 番目の数の 5 をたして，
11 × 12 + 2 + 5 = 139

類題1　次のように，あるきまりにしたがって数が並んでいます。　答えは別冊4ページ

3，7，8，5，4，6，3，7，8，5，4，6，……

1　100 番目の数はいくつですか。

2　はじめの数から 100 番目の数までをすべてたすと和はいくつになりますか。

基本例題2

下の図1のようなリングがあります。このリングを図2のように25個つないだとき，端（はし）から端までの長さは何cmになりますか。

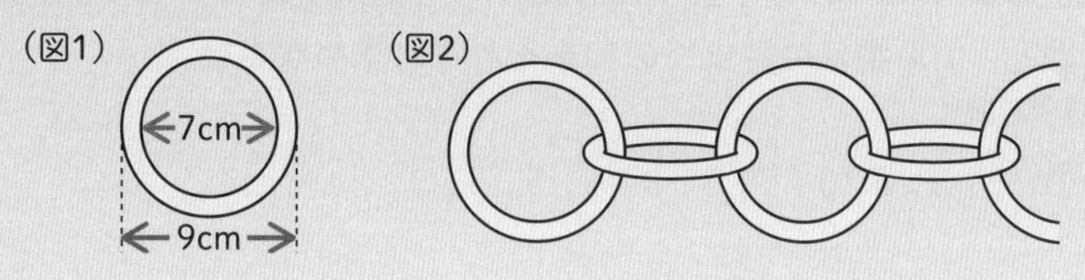

考え方

❶ リングの幅（はば）は，(9 － 7) ÷ 2 ＝ 1(cm)

❷ 下の図で，リングの先頭から次のリングの先頭まで(図のア)の長さは，9 － 1 × 2 ＝ 7(cm)，図のイの長さは，1 × 2 ＝ 2(cm)

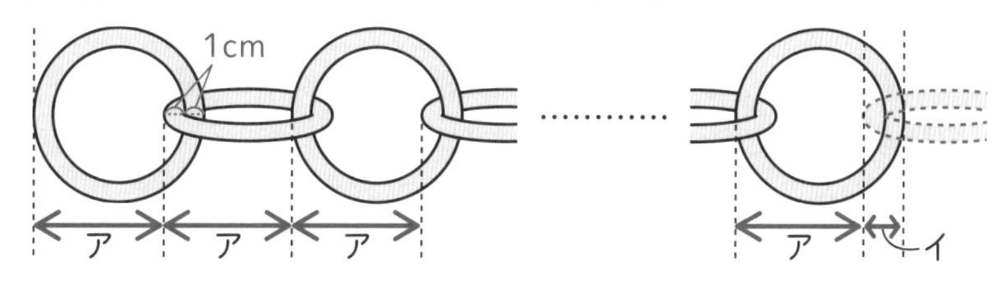

❸ よって，端から端までの長さは，7 × 25 ＋ 2 ＝ 177(cm)

別解 植木算の考え方を使うと，リングの間のつなぎ目の数は，25 － 1 ＝ 24(か所)なので，つなぎ目によって短くなる長さは，2 × 24 ＝ 48(cm)　よって，端から端までの長さは，9 × 25 － 48 ＝ 177(cm)

類題2　答えは別冊4ページ

下の図のようにマッチ棒を使って三角形をつくっていきます。図は4個の三角形をつくったところで，9本のマッチ棒が使われています。30個の三角形をつくるには何本のマッチ棒が必要ですか。

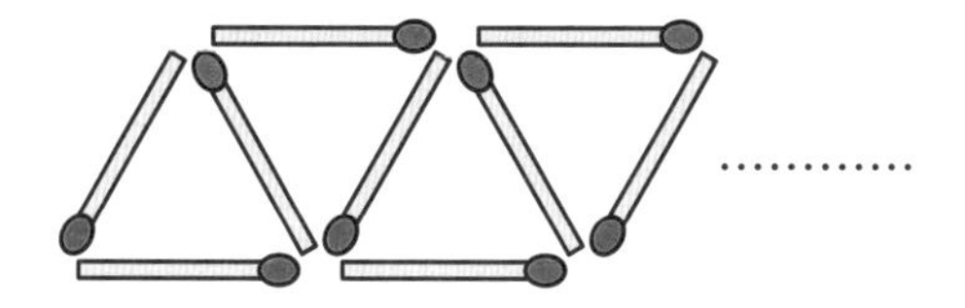

周期算の練習問題 基本編

答えは別冊4ページ

1　次のように，あるきまりにしたがって数が並んでいます。100番目の数と，100番目の数までの和をそれぞれ求めなさい。

基本例題 1

(1)　3，3，6，5，3，3，3，6，5，3，3，……

(2)　1，2，3，4，5，6，1，2，3，4，5，6，1，……

2　次のように，白いご石と黒いご石が全部で75個並んでいます。このとき，あとの問いに答えなさい。

基本例題 1

○○●○●●○○○●○●●○○○●○●●○○○●○●……

(1)　最後のご石は黒ですか白ですか。

(2)　白いご石は全部で何個並んでいますか。

3　次のように，○，◎，□，△の記号が並んでいます。このとき，あとの問いに答えなさい。

基本例題 1

○□△□◎□○○□△□◎□○○□△□◎□○○□△□◎……

(1)　50番目の記号は何ですか。

(2)　100個の記号を並べたとき，□は何個ありますか。

4　下の図のようにマッチ棒を使って四角形をつくっていきます。図は13本のマッチ棒を使って4つの四角形をつくったものです。このとき，あとの問いに答えなさい。

基本例題2

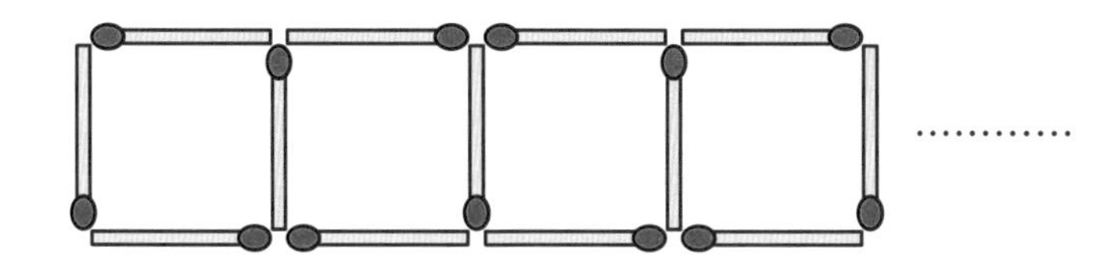

(1)　20個の四角形をつくるのに必要なマッチ棒は何本ですか。

(2)　100本のマッチ棒を使うと何個の四角形ができますか。

5　下の図のように，1本5cmの竹ひごを何本か使って①から⑳までの図形をつくりました。このとき，あとの問いに答えなさい。

基本例題2

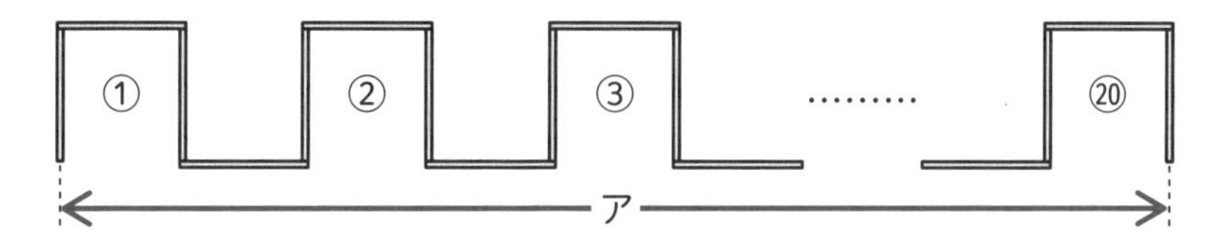

(1)　5cmの竹ひごを何本使いましたか。

(2)　図の端(はし)から端までの長さ(アの長さ)は何m何cmですか。ただし，竹ひごの太さは考えないものとします。

6　下の図のように，1本14cmのテープをのりしろを1cmずつとって何本かはり合わせたところ，全体の長さが1m70cmになりました。何本のテープをはり合わせましたか。

基本例題2

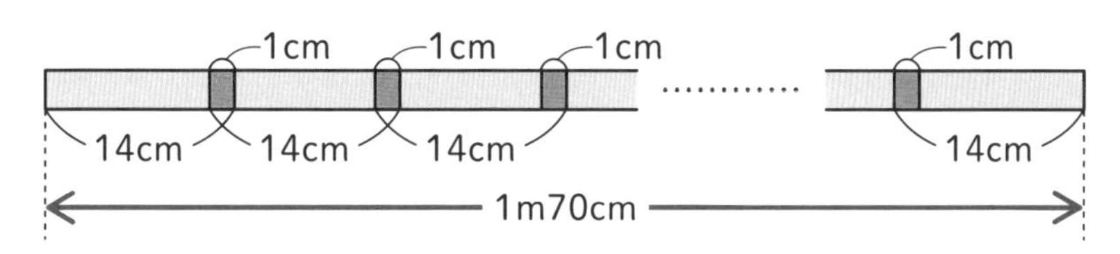

周期算の練習問題 発展編

答えは別冊5ページ

❶　次の分数を小数に直したとき，小数第50位の数字は何ですか。

分数を小数に直したときの周期算

(1)　$\frac{2}{11}$

(2)　$\frac{3}{7}$

❷　次の問いに答えなさい。

整数をかけ合わせた数の一の位の数

(1)　4を100個かけ合わせた数の一の位の数はいくつですか。

(2)　3を100個かけ合わせた数の一の位の数はいくつですか。

❸　次のように，3と4でわり切れる整数をはぶいて整数を並べていきます。このとき，あとの問いに答えなさい。

公倍数の利用

1，2，5，7，10，11，13，14，17，19，22，23，……

(1)　50番目の数はいくつですか。

(2)　113は何番目の数ですか。

❹　下の図のように，マッチ棒を使って正方形をつくっていきます。下の図は28本のマッチ棒を使って9個の正方形をつくったものです。このとき，次の問いに答えなさい。

マッチ棒を使った周期

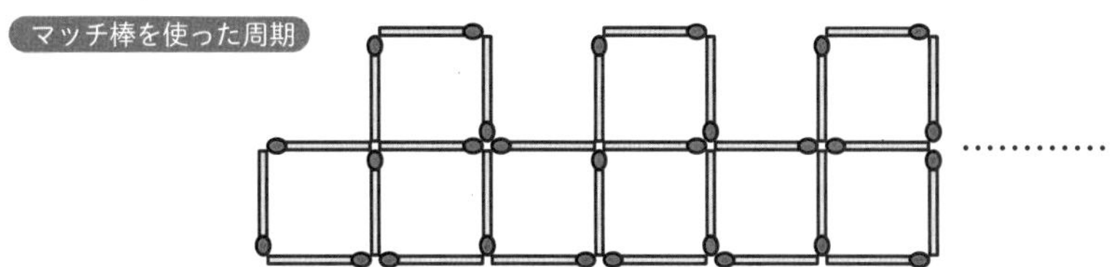

（1）　100本のマッチ棒を使うと何個の正方形ができますか。

（2）　100個の正方形をつくるには何本のマッチ棒が必要ですか。

❺　右の図のような大，中，小3種類のリングがたくさんあります。これらのリングを下の図のように，大，小，中，小，大，小，中，小，大，小，……とつないで伸（の）ばします。このとき，あとの問いに答えなさい。

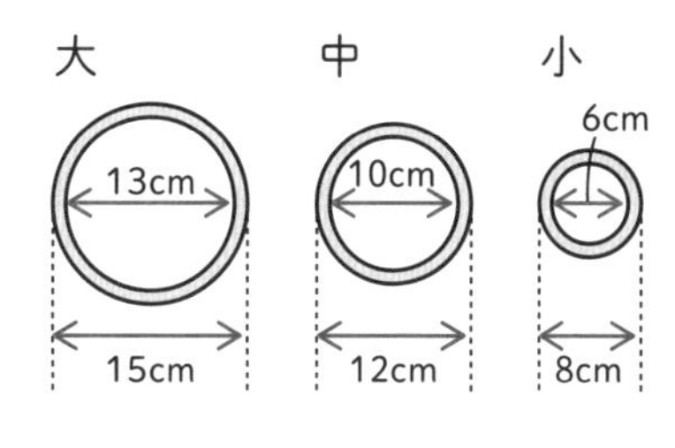

リングの周期算

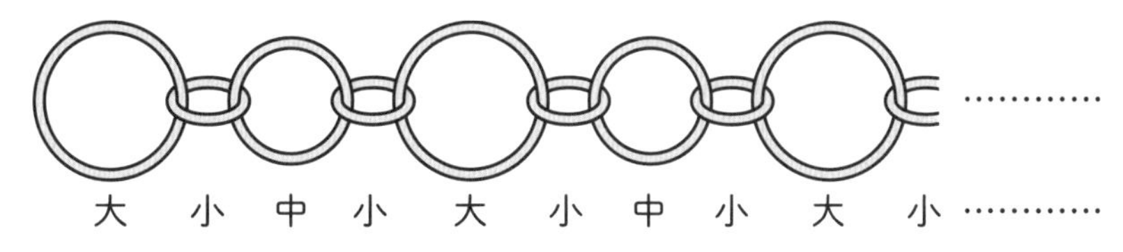

（1）　大中小合わせて12個のリングをつないだとき，全体の長さは何cmになりますか。

（2）　全体の長さが301cmになるとき，小のリングは何個使われていますか。

3 数列・規則性

並べられた数の規則性を考えて解く問題（周期のある数列は第１章「2 周期算」参照）。

基本例題1

1，4，7，10，13，16，19，22，25，…… と，あるきまりにしたがって数が並んでいます。このとき，次の問いに答えなさい。

❶ 100 番目の数を求めなさい。

❷ 100 番目の数までをすべてたすと，その和はいくつになりますか。

考え方

❶ 1，4，7，10，13，16，19，22，25，……（となり合う数の差はすべて 3）

この数列の数は 3 ずつ増えています。このように同じ数ずつ増えたり減ったりする数列を等差数列といい，1 つ前の数との差を公差といいます。等差数列の N 番目の数は次のようにして求められます。

等差数列の N 番目の数＝最初の数＋公差×(N − 1)

よって，100 番目の数は，1 ＋ 3 ×（100 − 1）＝ 298

別解 公差である 3 の倍数を並べると，3，6，9，12，15，…
問題の数列はこれらの数より 2 小さい数が並んでいるので，100 番目の数は，3 × 100 − 2 ＝ 298 と求めることもできます。

❷ 等差数列の和は次のようにして求められます。

等差数列の和＝（最初の数＋最後の数）×個数÷ 2

100 番目の数は 298 なので，和は,（1 ＋ 298）× 100 ÷ 2 ＝ 14950

参考 等差数列の和の公式は，次のようにして考えられています。

$$
\begin{array}{rl}
& 1 + 4 + 7 + \cdots\cdots + 292 + 295 + 298 = \square \\
+) & 298 + 295 + 292 + \cdots\cdots + 7 + 4 + 1 = \square \\
\hline
& \underbrace{299 + 299 + 299 + \cdots\cdots + 299 + 299 + 299}_{100\text{個}} = \square \times 2,
\end{array}
$$

$\square = (1 + 298) \times 100 \div 2$

基本例題2

次の数列の 10 番目の数を求めなさい。

❶　3，4，6，9，13，18，24，……

❷　1，1，2，3，5，8，13，……

考え方

❶　次のように前の数との差が 1 ずつ大きくなっています。

3，4，6，9，13，18，24，……，□

（差：1　2　3　4　5　6）

10 番目の数までの間の数は 9 個なので，1 番目の数と 10 番目の数の差は，$1 + 2 + 3 + \cdots\cdots + 9 = (1 + 9) \times 9 \div 2 = 45$

よって，10 番目の数は，$3 + 45 = \underline{48}$

❷　直前の 2 つの数の和が次の数になっています。このような数列をフィボナッチ数列といいます。続きをかいていくと，

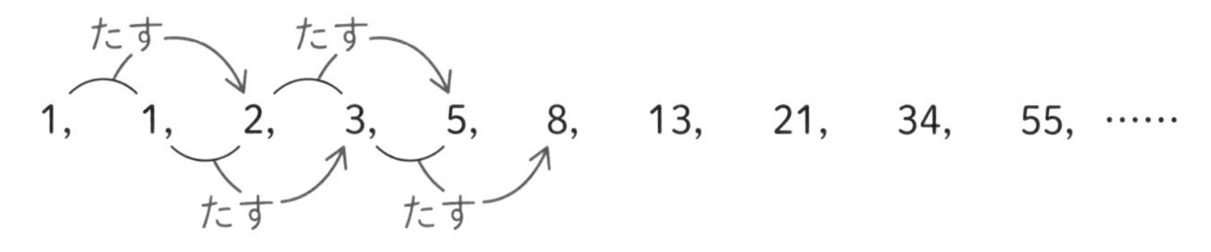

よって，10 番目の数は $\underline{55}$ です。

類題　次の数列の 20 番目の数を求めなさい。　答えは別冊6ページ

1　5，9，13，17，21，25，……

2　1，3，6，10，15，21，……

数列・規則性の練習問題 基本編

答えは別冊6ページ

1　次のように，数がある決まりにしたがって並んでいます。□にあてはまる数を答えなさい。

基本例題1・基本例題2

(1)　2，6，10，14，18，□，26，……

(2)　95，92，89，□，83，80，77，……

(3)　1，5，7，8，13，11，□，14，25，17，……

(4)　3，4，6，9，□，18，24，31，……

2　次のように，数がある決まりにしたがって並んでいます。このとき，あとの問いに答えなさい。

基本例題1

5，7，9，11，13，15，17，……

(1)　30番目の数を求めなさい。

(2)　1番目の数から30番目の数までの和を求めなさい。

3　次のように，数がある決まりにしたがって並んでいます。このとき，1番目の数から50番目の数までの和を求めなさい。

基本例題1

2，5，8，11，14，17，20，……

4　3，7，11，15，19，……と，あるきまりにしたがって数が並んでいます。このとき，次の問いに答えなさい。

基本例題 1

(1)　91は何番目の数ですか。

(2)　91までの数の和を求めなさい。

5　次の和を求めなさい。

基本例題 1

(1)　4 + 7 + 10 + 13 + 16 +……+ 88

(2)　1 + 8 + 15 + 22 + 29 +……+ 141

6　次のように，数がある決まりにしたがって並んでいます。このとき，あとの問いに答えなさい。

基本例題 2

4，5，7，10，14，19，25，……

(1)　50番目の数はいくつですか。

(2)　59は何番目の数ですか。

7　次のように，数がある決まりにしたがって並んでいます。このとき，100番目の数はいくつですか。

基本例題 2

3，5，8，12，17，23，30，……

数列・規則性の練習問題 発展編

答えは別冊7ページ

❶ 1，$\frac{1}{2}$，1，$\frac{1}{3}$，$\frac{2}{3}$，1，$\frac{1}{4}$，$\frac{1}{2}$，$\frac{3}{4}$，1，$\frac{1}{5}$，……と，あるきまりにしたがって数が並んでいます。このとき，次の問いに答えなさい。

分数の数列

(1)　80番目の数はいくつですか。

(2)　1番目の数から80番目の数までの和を求めなさい。

❷ 1から始まる奇数（きすう）をN個加えると，その和はN×Nで求められます。たとえば，1＋3＋5＋7＋9は1から順に5つの奇数を加えたものなので，その和は，5×5＝25になります。このとき，次の問いに答えなさい。

1から始まる奇数列の和

(1)　次の式のア，イにあてはまる数を求めなさい。

1＋3＋5＋7＋9＋……＋33＝ア×ア＝イ

(2)　次の式のウ，エ，オにあてはまる数を求めなさい。

5＋7＋9＋11＋13＋……＋99＝ウ×ウ－エ×エ＝オ

❸ 階段を，1段ずつ上るか，1段とばして上るかのどちらかの方法で上ります。右の図で，Aから5段目まで上るとき，何通りの上り方がありますか。

フィボナッチ数列の利用

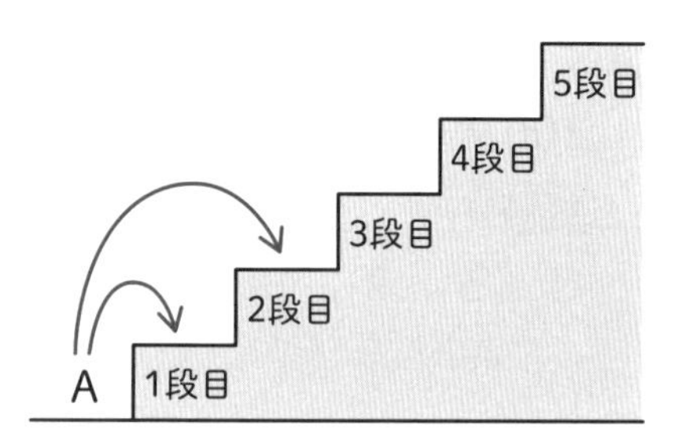

❹　1から150までの整数を右の図のように並べました。このとき，次の問いに答えなさい。

表への利用

(1)　123はどのグループの左から何番目の数ですか。

(2)　Bグループの数の和を求めなさい。

Aグループ	1	5	9	……
Bグループ	2	6	10	……
Cグループ	3	7	11	……
Dグループ	4	8	12	……

❺　右の図のように数を並べていきます。このとき，a段b列にある数を(a，b)と表します。たとえば，6は(2，3)と表されます。このとき，次の問いに答えなさい。

表への利用／四角数

	1列	2列	3列	4列	…
1段	1	2	5	10	…
2段	4	3	6	11	…
3段	9	8	7	12	…
4段	16	15	14	13	…
…	…	…	…	…	

(1)　(2，5)と表される数はいくつですか。

(2)　98を(　)を使って表しなさい。

❻　下の図のように，1つの円に，直線をそれまでにひいたどの直線とも異なる点で交わるようにひいていきます。図で3本の直線がひかれているとき，直線と直線の交点(交わる点)は3個で，円は7個の部分に分かれています。10本の直線をひいたとき，直線と直線の交点は何個になりますか。また，円は何個の部分に分かれますか。

図形への応用

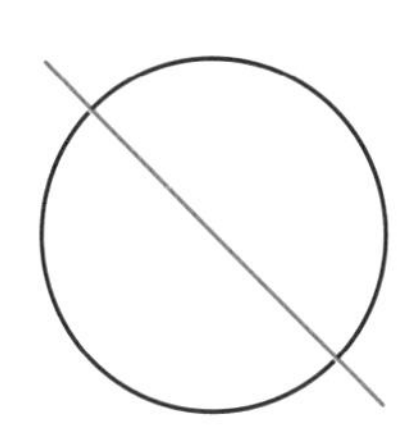
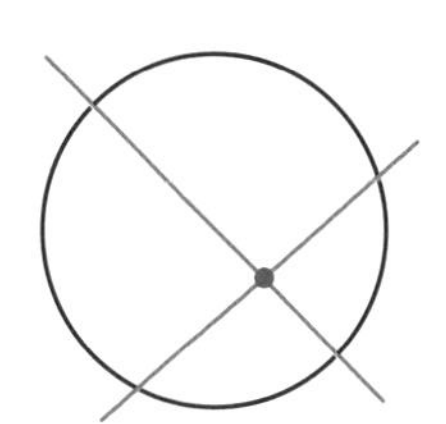
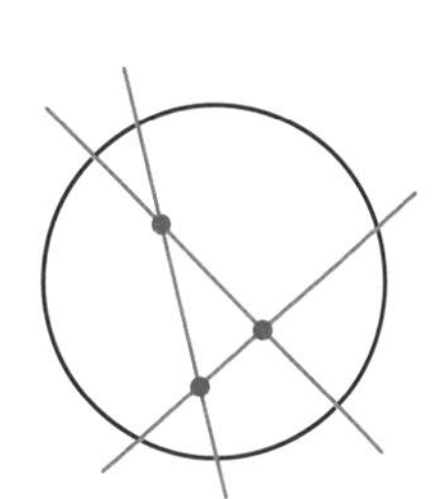

特訓！ 等差数列

答えは別冊8ページ

次の □ にあてはまる数を求めなさい。

❶ 1, 5, 9, 13, 17, 21, ……… 100番目の数は□です。

❷ 5, 7, 9, 11, 13, 15, ……… 100番目の数は□です。

❸ 4, 7, 10, 13, 16, 19, ……… 100番目の数は□です。

❹ 500, 497, 494, 491, 488, ……… 100番目の数は□です。

❺ $1 + 4 + 7 + 10 + \cdots\cdots\cdots + 94 + 97 = \square$

❻ $2 + 9 + 16 + 23 + \cdots\cdots\cdots + 142 + 149 = \square$

❼ $1 + 3 + 5 + 7 + \cdots\cdots\cdots + 97 + 99 = \square$

❽ $201 + 197 + 193 + 189 + \cdots\cdots\cdots + 129 + 125 = \square$

❾ $0.5 + 1 + 1.5 + 2 + 2.5 + \cdots\cdots\cdots + 7.5 + 8 = \square$

4 方陣算

ご石などを四角形や三角形に並べたとき，個数を求める問題。

基本例題1

ご石を正方形の形に並べます。このとき，次の問いに答えなさい。

❶　右の図のように，ご石をすきまなく並べました。1辺のご石の数は11個です。このとき，いちばん外側のひとまわりに並んでいるご石は全部で何個ですか。

❷　右の図のように，3列の真ん中があいた正方形の形にご石を並べたところ，並べたご石は全部で120個でした。真ん中の空いている部分をうめるには，あと何個のご石が必要ですか。

考え方　参考 正方形の形に並べるものを方陣算といいます。

❶　中がつまっている正方形の形に並べたものを中実方陣といいます。いちばん外側のひとまわりに並んでいるご石は右の図のア，イ，ウ，エのように切り分けて数えます。このとき，ア，イ，ウ，エの個数は同じで，11 − 1 = 10(個)　よって，10 × 4 = 40（個）

別解 1辺の個数を4倍すると，4つの角のご石を2回ずつ数えることになるので，11 × 4 − 4 = 40（個）

❷　中があいている正方形の形に並べたものを中空方陣といいます。右の図のようにア，イ，ウ，エの4つの同じ形の長方形に切り分けると，それぞれの部分の個数は，120 ÷ 4 = 30(個)　長方形の短い方の辺は3個なので，長い方の辺は30 ÷ 3 = 10(個)。よって，オの個数は，10 − 3 = 7(個)
したがって，あと，7 × 7 = 49(個) 必要。

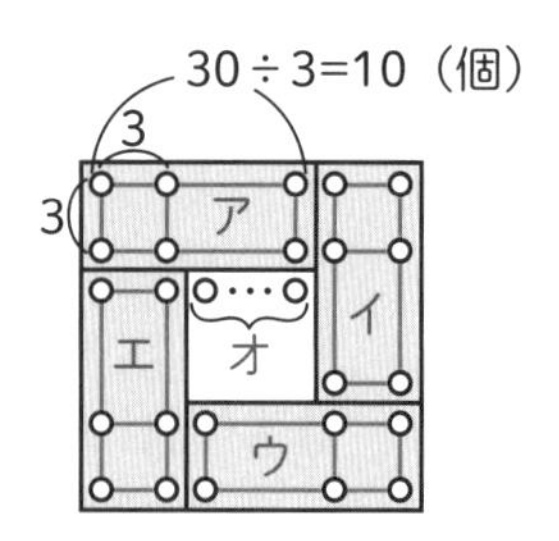

基本例題2

右の図のように，ご石をぎっしり並べ，1辺のご石の個数が10個の正三角形をつくりました。このとき，次の問いに答えなさい。

❶　いちばん外側のひとまわりに並んでいるご石は何個ですか。

❷　全部で何個のご石が並んでいますか。

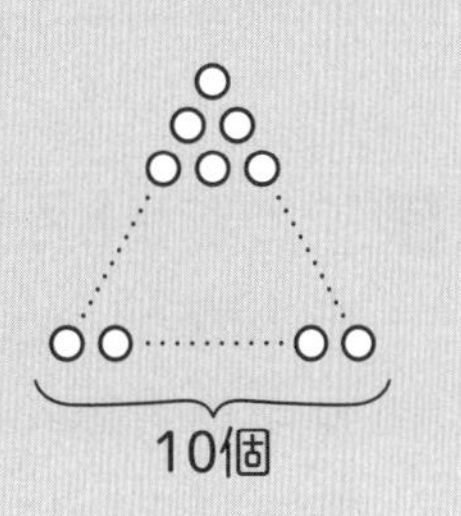

考え方

参考　三角形の形に並べるような問題を俵杉算（たわらすぎざん）といいます。

❶　右の図のア，イ，ウのように切り分けて数えます。ア，イ，ウの個数は同じで，10 − 1 = 9(個)　いちばん外側のひとまわりに並んでいるご石は，9 × 3 = 27(個)

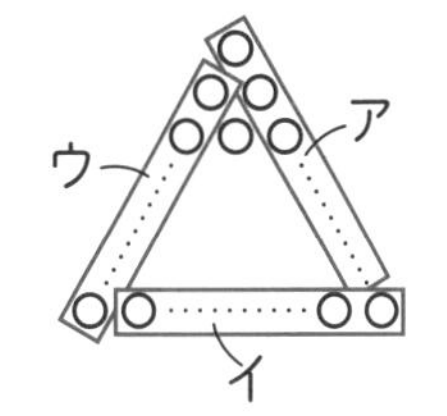

別解　1辺の個数を3倍すると，3つの角のご石を2回ずつ数えることになるので，10 × 3 − 3 = 27(個)

❷　右の図のように同じ図形をさかさにして組み合わせると，全部のご石の数は，11 × 10 = 110(個)　実際にはその半分なので，110 ÷ 2 = 55(個)

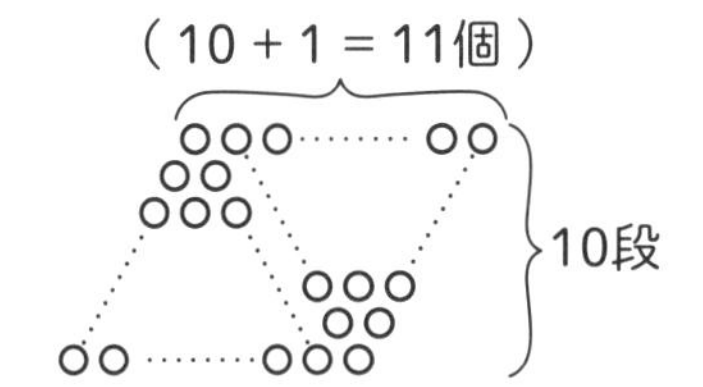

別解　等差数列の和の公式を使って求めることもできます。

1 + 2 + 3 +……+ 10 = (1 + 10) × 10 ÷ 2 = 55(個)

類題

答えは別冊8ページ

右の図のように，ご石を2列の中空方陣(中があいている正方形)に並べたところ，全部で144個のご石を使いました。このとき，いちばん外側のひとまわりに並んでいるご石は何個ですか。

方陣算の練習問題 基本編

答えは別冊8ページ

1　ご石などを正方形の形に並べたものを方陣といい，中がつまっているものを中実方陣，中があいているものを中空方陣といいます。

中実方陣　中空方陣

次の方陣のいちばん外側のひとまわりのご石の数と全部のご石の数をそれぞれ求めなさい。

基本例題１・基本例題２

(1)　１辺のご石の数が８個の中実方陣

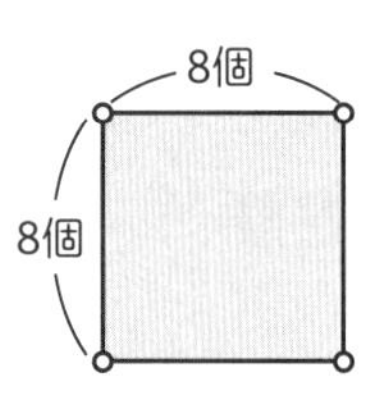

(2)　１辺のご石の数が15個の中実方陣

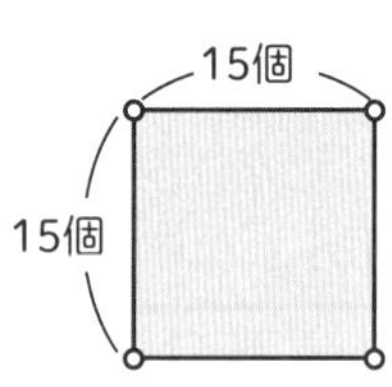

(3)　いちばん外側の１辺のご石の数が14個の２列の中空方陣

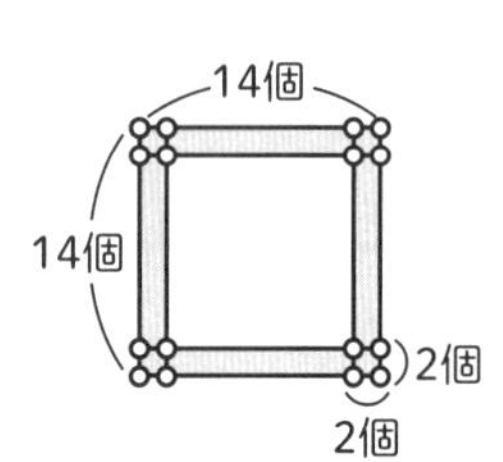

(4)　いちばん外側の１辺のご石の数が20個の３列の中空方陣

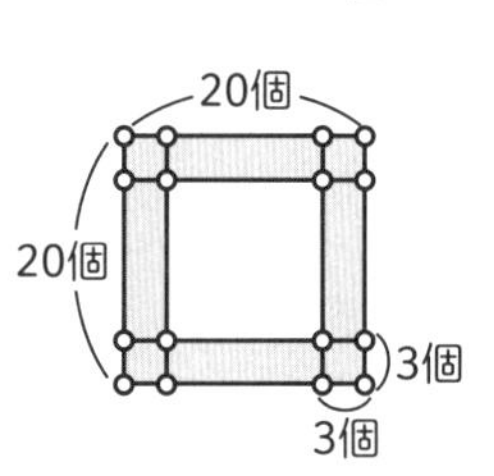

2　ご石を中のあいた正方形の形に1列に並べます。このとき，次の問いに答えなさい。
基本例題 1

(1)　1辺の個数が15個のとき，ご石を全部で何個並べますか。

(2)　全部のご石が52個のとき，1辺に並ぶご石の数は何個ですか。

3　ご石を中があいた正方形の形に3列に並べたところ，使ったご石の数は全部で180個でした。このとき，次の問いに答えなさい。
基本例題 1

(1)　いちばん外側の1辺に並ぶご石の数は何個ですか。

(2)　あいている中をすべてご石をしきつめてうめるには，何個のご石が必要ですか。

4　81個のご石を正方形の形にすきまなく並べます。この正方形の外側にひとまわりご石を並べるには，何個のご石が必要ですか。
基本例題 1

5　右の図のように，正三角形の形にすきまなくご石を並べます。1辺が15個の正三角形をつくるとき，次の問いに答えなさい。
基本例題 2

(1)　いちばん外側のひとまわりに何個のご石が並びますか。

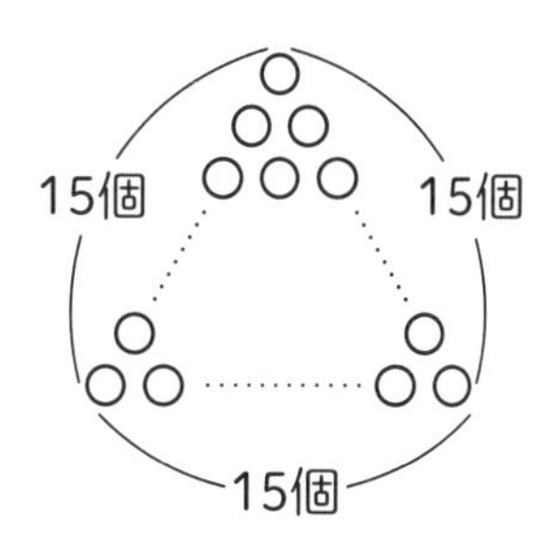

(2)　ご石は全部で何個必要ですか。

方陣算(ほうじんざん)の練習問題 発展編

答えは別冊9ページ

❶　1辺の個数が12個の正方形の形にご石をすきまなく並べました。これらのご石をすべて使って，たてが9個の長方形に並べかえます。このとき，できた長方形のいちばん外側のひとまわりに並んでいるご石の個数を求めなさい。

長方形の形に並べる問題

❷　右の図のように，34個のご石を使って1列の長方形をつくりました。このとき，横の個数はたての個数の2倍より1個多くなりました。このとき，次の問いに答えなさい。

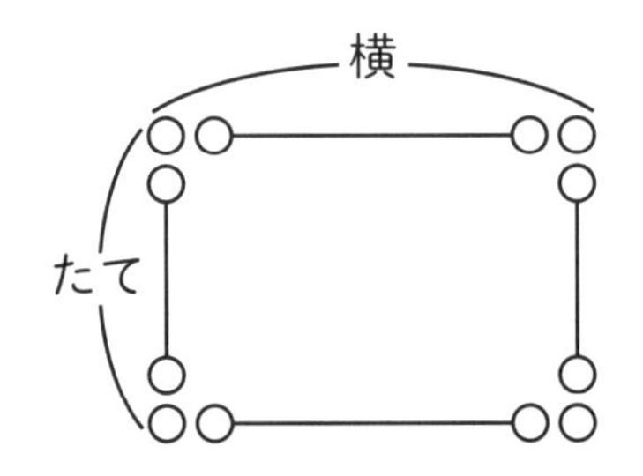

長方形の形に並べる問題

(1)　たてに並んだご石は何個ですか。

(2)　この内側にご石をすきまなく並べたいと思います。何個のご石が必要ですか。

❸　右の図のように，真ん中に白いご石を1つ置き，そのまわりに黒いご石を並べます。これを1列目とします。次にそのまわりに2列目として白いご石を並べ，同じように黒い石と白い石を順に並べていきます。図は，3列目まで並べたものです。このとき，次の問いに答えなさい。

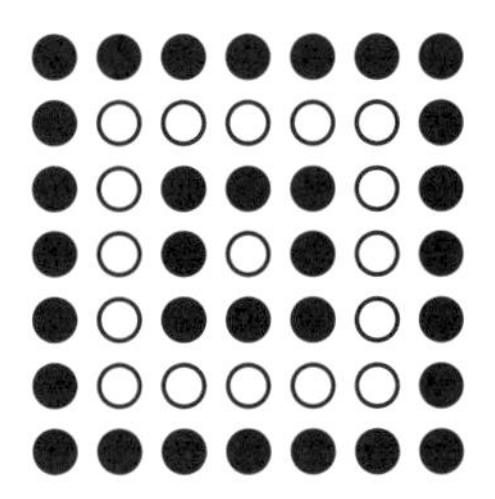

方陣算／規則性

(1)　10列目には白いご石と黒いご石のどちらが何個並びますか。

(2)　並べた白いご石の合計が並べた黒いご石の合計より65個多くなるのは何列目まで並べたときですか。

❹　右の図のように，ご石を三角形の形に白石が黒石を囲むように並べていきます。図は5段目まで並べたものです。このようにして，10段目まで並べたとき，次の問いに答えなさい。

○ …1段目
○●○ …2段目
○●●●○ …3段目
○●●●●●○ …4段目
○○○○○○○○○ …5段目

規則性

(1)　並べた石は，白石と黒石を合わせて何個ですか。

(2)　白石と黒石ではどちらを何個多く使いますか。

❺　右の図のように，ご石をすきまなく並べます。何個のご石が必要ですか。

俵杉算

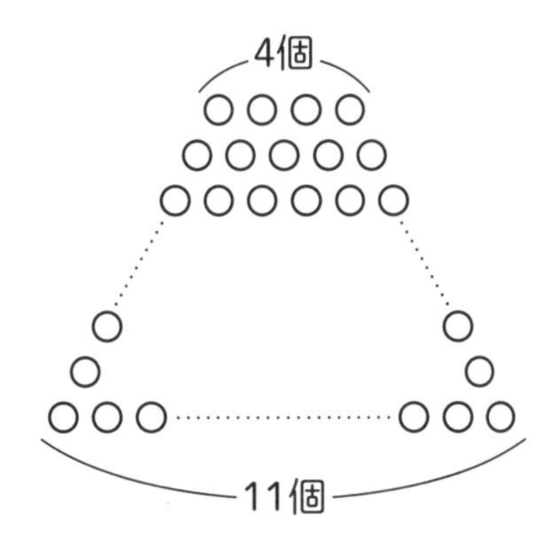

5 日暦算（にちれきざん）

暦算（こよみざん）ともいう。曜日や日数，カレンダーに関する問題。

基本例題1

ある年の8月12日は水曜日でした。このとき，次の問いに答えなさい。

❶ この年の10月15日は何曜日ですか。

❷ この年の6月4日は何曜日ですか。

考え方 ポイント **大の月（31日の月）と小の月（31日ない月）を覚えよう。**

小の月の覚え方➜西向く士（にしむくさむらい）（2，4，6，9，11）＊さむらいは漢字の11。
小の月の日数➜ 2月は平年が28日，うるう年が29日。ほかは30日。
大の月➜小の月以外の31日ある月（1，3，5，7，8，10，12）

❶ 8月12日から31日までの日数は，31 － 12 ＋ 1 ＝ 20（日）
9月は全部で30日，10月1日から15日までは全部で15日あるから，8月12日から10月15日までの日数は，20 ＋ 30 ＋ 15 ＝ 65（日） 65 ÷ 7 ＝ 9あまり2より，「水，木，金，土，日，月，火」が9回くり返されて2日あまるので，10月15日は木曜日。

31 － 12 ＝ 19は，間の数になるので1をたします（植木算）

❷ 8月12日からさかのぼって日数を数えます。8月中は8月12日から8月1日まで12日，7月は全部で31日，6月30日から6月4日までは，30 － 4 ＋ 1 ＝ 27（日）あるので，日数の合計は，12 ＋ 31 ＋ 27 ＝ 70（日） 70 ÷ 7 ＝ 10より，「水，火，月，日，土，金，木」がちょうど10回くり返されるので，6月4日は木曜日です。

基本例題2

2020年の1月1日は水曜日でした。次の問いに答えなさい。

❶　2020年の12月31日は何曜日ですか。

❷　2020年1月1日の60日後は何月何日で何曜日ですか。

考え方　ポイント　1年には平年(365日の年)とうるう年(366日の年)がある。

うるう年⇒西暦で4の倍数である年。　＊下2けたが00のときは400の倍数。
うるう年は2月が平年の28日より1日増えて29日。

❶　2020は4でわり切れるのでうるう年。うるう年の1年は366日なので，366÷7＝52あまり2より，12月31日は，「水，木，金，…」の2番目の木曜日。

❷　1月1日＋60日＝1月61日　61日から1月の31日と2月の29日をひくと，61－(31＋29)＝1(日)残るので，3月1日になる。曜日は，61÷7＝8あまり5より，「水，木，金，土，日，…」の5番目の日曜日。

類題　2020年の2月19日は水曜日でした。このとき，次の問いに答えなさい。

答えは別冊10ページ

1　2月19日の60日後は何月何日の何曜日ですか。

2　2020年の5月12日は何曜日ですか。

3　2019年の10月18日は何曜日ですか。

日暦算(にちれきざん)の練習問題 基本編

答えは別冊11ページ

1 ある年の6月8日は火曜日でした。このとき，次の問いに答えなさい。

(1) この年の6月最後の火曜日は何日ですか。

基本例題2

(2) 6月8日の50日後は何月何日で何曜日ですか

基本例題2

(3) 6月8日の20日前は何月何日で何曜日ですか。

基本例題2

2 ある年の8月19日は金曜日でした。このとき，次の問いに答えなさい。

基本例題1

(1) この年の9月20日は何曜日ですか。

(2) この年の7月10日は何曜日ですか。

3 ある年の9月8日は日曜日でした。このとき，次の問いに答えなさい。

基本例題1

(1) この年の12月20日は何曜日ですか。

(2) この年の7月15日は何曜日ですか。

4 次の問いに答えなさい。

基本例題 2

(1) 2020年から2040年までにうるう年は何回ありますか。

(2) 2020年の2月10日は月曜日でした。2020年の6月6日は何曜日ですか。

5 2017年の1月1日は日曜日でした。このとき，次の問いに答えなさい。

基本例題 2

(1) 2017年の12月31日は何曜日ですか。

(2) 2017年に日曜日は何回ありましたか。

(3) 2018年の1月1日は何曜日ですか。

(4) 2019年の1月1日は何曜日ですか。

(5) 2021年の1月1日は何曜日ですか。

(6) 2017年の次に1月1日が日曜日になるのは何年ですか。西暦で答えなさい。

日暦算(にちれきざん)の練習問題 

答えは別冊11ページ

❶　ある年の8月14日は木曜日でした。このとき，次の問いに答えなさい。

基本例題1の発展

(1)　この年の12月8日は何曜日ですか。

(2)　この年の3月14日は何曜日ですか。

❷　2028年の5月21日は日曜日です。このとき，次の問いに答えなさい。

基本例題1・2の発展

(1)　2028年の12月9日は何曜日ですか。

(2)　2027年の12月30日は何曜日ですか。

❸　右の図はある年の6月のカレンダーです。この中の4つの日付を右の図のように正方形で囲みます。図で囲まれた4つの日付の数の和は52です。同じように4つの日付を正方形で囲むとき，囲まれた日付の数の和が100になるのはどの4つの日付を囲んだときですか。日付の数を4つとも答えなさい。

日	月	火	水	木	金	土
		1	2	3	4	5
6	7	8	9	10	11	12
13	14	15	16	17	18	19
20	21	22	23	24	25	26
27	28	29	30			

カレンダー／和差算

❹ ある兄弟は毎朝，家のまわりの掃除(そうじ)をする計画を立てました。兄は3日連続で掃除をして1日休み，弟は2日連続して掃除をして1日休みます。2人は4月6日月曜日から同時に始めることにしました。このとき，次の問いに答えなさい。

公倍数，周期の利用

(1)　兄と弟がはじめて同時に休むのは何月何日何曜日ですか。

(2)　この年の12月31日までに兄弟2人が同時に掃除をする日は何日ありますか。

❺ 32人のクラスがあり，1番から32番までの出席番号がそれぞれつけられています。このクラスで毎日6人ずつ給食当番をすることになりました。1日目には1番から6番，2日目には7番から12番，3日目には13番から18番，……と出席番号順に当番を担当し，32番の次は1番に戻(もど)ります。このとき，次の問いに答えなさい。

最小公倍数の利用・日暦算

(1)　1番から6番までの6人が2度目にいっしょに給食当番をするのは，始めてから何日目になりますか。毎日給食があるものとして求めなさい。

(2)　実際には6月12日月曜日からこのきまりで給食当番を行うそうです。土曜日，日曜日には給食がないので当番もありません。1番から6番までの6人が2度目に当番になるのは何月何日の何曜日ですか。

6 約数・倍数の利用

約数や倍数，公約数や公倍数を利用した問題／素数を利用した問題。

基本例題1

次のような整数を求めなさい。

❶ 9でわっても12わっても1あまる2けたの整数でいちばん小さい数

❷ 6でわると4あまり，8でわると6あまるいちばん小さい数

❸ 37をわっても55をわっても1あまるいちばん大きい数

❹ 60をわると4あまり，47をわると5あまるいちばん小さい数

考え方

❶ 9と12の公倍数より1大きい数を求めます。9と12の最小公倍数は36なので，求める数は，36 + 1 = 37

❷ 6の倍数より4大きい数は次の6の倍数より2小さく，8の倍数より6大きい数は次の8の倍数より2小さくなっています。6と8の最小公倍数は24なので，求める数は，24 − 2 = 22

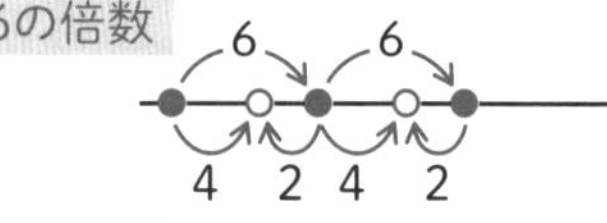

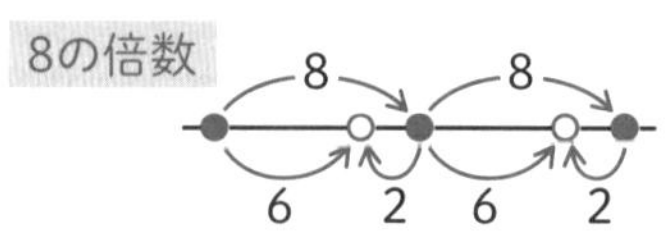

❸ 37 − 1 = 36と，55 − 1 = 54をわり切ることができる整数のうち，いちばん大きい数なので，36と54の最大公約数の18

❹ 60 − 4 = 56，47 − 5 = 42をわり切れる整数は，56と42の公約数です。56と42の最大公約数は14なので，公約数はその約数の1，2，7，14。このうち，あまりの5より大きい数でいちばん小さい数は7

類題1

答えは別冊12ページ

1 14でわっても21でわっても5あまる2けたの整数のうち，いちばん小さい数を求めなさい。

2 39をわっても55をわっても7あまる整数のうち，いちばん小さい数を求めなさい。

基本例題2

次の問いに答えなさい。

❶　集まった子どもたちに, 61 個のみかんを同じ数ずつ配ったら 7 個あまり, 92 個のりんごを同じ数ずつ配ったら 2 個あまりました。考えられる子どもの人数をすべて求めなさい。

❷　ある駅を急行電車は 18 分おきに，普通電車は 12 分おきに発車します。今同時に発車したとすると，次に同時に発車するのは何分後ですか。

❸　$\frac{15}{14}$ にかけても $\frac{20}{21}$ にかけても積が 0 より大きい整数になるような分数のうち，いちばん小さい数を求めなさい。

考え方

❶　配ったみかんは，61 − 7 = 54(個)，配ったりんごは，92 − 2 = 90(個)
子どもの人数は 54 と 90 をわり切れる数つまり公約数になります。54 と 90 の最大公約数は 18 なので公約数はその約数の 1，2，3，6，9，18 ですが，あまりの数より多いはずなので，9 人か 18 人。

❷　18 と 12 の最小公倍数は 36 なので，36 分後。

❸　求める分数を $\frac{△}{○}$ とします。$\frac{15}{14} \times \frac{△}{○} = \frac{15 \times △}{14 \times ○}$，$\frac{20}{21} \times \frac{△}{○} = \frac{20 \times △}{21 \times ○}$ で，これらが整数になるとき分母がともに 1 になり，いちばん小さい数であることから，△は 14 と 21 の最小公倍数 42，○は 15 と 20 の最大公約数 5 であることがわかります。よって，$\frac{42}{5}$

類題2　答えは別冊 12 ページ

1　池の周囲を走って 1 周するのに A さんは 75 秒，B さんは 90 秒かかります。2 人が同時に同じ地点をスタートして何周も回るとき，はじめて同時にスタート地点を通過するのは スタートして何秒後ですか。

2　整数 A を $\frac{2}{15}$ にかけても $\frac{7}{12}$ にかけても積が 0 より大きい整数になります。このような整数 A のうち，いちばん小さい数を求めなさい。

約数・倍数の利用の練習問題 基本編

答えは別冊13ページ

1　次の問いに答えなさい。

基本例題 1

(1)　12でわっても16でわっても1あまる3けたの整数のうち，いちばん小さい数を求めなさい。

(2)　15でわると8あまり，9でわると2あまる整数のうち，いちばん小さい数を求めなさい。

2　次の問いに答えなさい。ただし，商は整数とする。

基本例題 1

(1)　60をわっても72をわってもわり切れる整数をすべて求めなさい。

(2)　53をわっても29をわっても5あまる整数をすべて求めなさい。

3　ある駅を午前6時ちょうどに急行電車と特急電車が同時に発車しました。急行電車は15分おきに，特急電車は18分おきに発車します。次に急行電車と特急電車が同時に発車する時刻を求めなさい。

基本例題 2

4　1周が480mある池の周囲を兄と弟が同じ地点を出発して何周も走ります。兄が毎分160m，弟が毎分120mの速さで走るとき，兄と弟が出発後にはじめて同時に出発点を通過するのは，出発してから何分後ですか。

基本例題 2

5　子どもたちに，120本の鉛筆(えんぴつ)を同じ数ずつ配ったら8本あまり，150枚の画用紙を同じ数ずつ配ったら10枚あまりました。このとき，考えられる子どもの人数をすべて答えなさい。

基本例題 2

6　ある整数を $\frac{5}{6}$ をかけても $\frac{7}{8}$ にかけても積が0より大きい整数になります。このような整数のうち，いちばん小さい数を求めなさい。

基本例題 2

7　$\frac{25}{12}$ をかけても，$\frac{10}{21}$ をかけても積が整数となる分数のうち，いちばん小さい数を求めなさい。

基本例題 2

8　たて1m44cm，横1m80cmの長方形の紙をあまりがでないように，なるべく大きな正方形に切り分けたいと思います。このとき，次の問いに答えなさい。

基本例題 2

(1)　正方形の1辺を何cmにすればよいですか。

(2)　正方形の紙は何枚切り取れますか。

9　たて42cm，横48cmの長方形の紙を同じ向きにすきまなく並べてできるだけ小さな正方形をつくりたいと思います。長方形の紙は何枚必要ですか。

基本例題 2

約数・倍数の利用の練習問題 発 展 編

答えは別冊13ページ

❶　次の問いに答えなさい。

公倍数の個数

(1)　1から200までに6でわっても9でわってもわり切れる整数は何個ありますか。

(2)　300から600までに12または15でわり切れる整数は何個ありますか。

❷　7でわると2あまり，9でわると7あまる整数のうち，小さいほうから5番目の数を求めなさい。

基本例題1の発展

❸　たて6cm，横9cm，高さ15cmの直方体の箱を同じ向きにすきまなく並べ，できるだけ小さな立方体をつくりたいと思います。直方体の箱は何個必要ですか。

基本例題2の発展

❹　1から50までの整数をすべてかけ合わせた数には一の位から0が何個並びますか。

素因数分解の利用

❺　1から30までの整数をすべてかけ合わせた数を3でわって商を整数で求めます。何回わり切ることができますか。

素因数分解の利用

❻　1とその数自身でしかわり切れない整数(約数が2個の整数)を素数といい，小さいほうから，2，3，5，7，11，…となります。これを利用して，1から100までに約数の個数が3個の整数が何個あるか求めなさい。

約数が3個の整数

❼　次の問いに答えなさい。

最大公約数と最小公倍数の利用

(1)　2つの整数A，Bの最大公約数は12，最小公倍数は144です。このとき，A＋Bの値として考えられる数をすべて求めなさい。

(2)　AはBより大きい整数で，A＋B＝102です。AとBの最大公約数が6，最小公倍数が180のとき，Aはいくつですか。

(3)　2けたの整数A，B，Cに，次のような関係が成り立っています。このとき，A，B，Cにあてはまる数をそれぞれ求めなさい。

$A \times B = 210$　　$B \times C = 1200$

❽　何人かの子どもたちに，200本のえんぴつを均等に配っても，146枚の画用紙を均等に配っても，110冊のノートを均等に配っても同じ数だけあまるそうです。子どもは何人いますか。考えられる人数をすべて答えなさい。

同じ数だけあまる問題

難問に挑戦！

答えは別冊15ページ

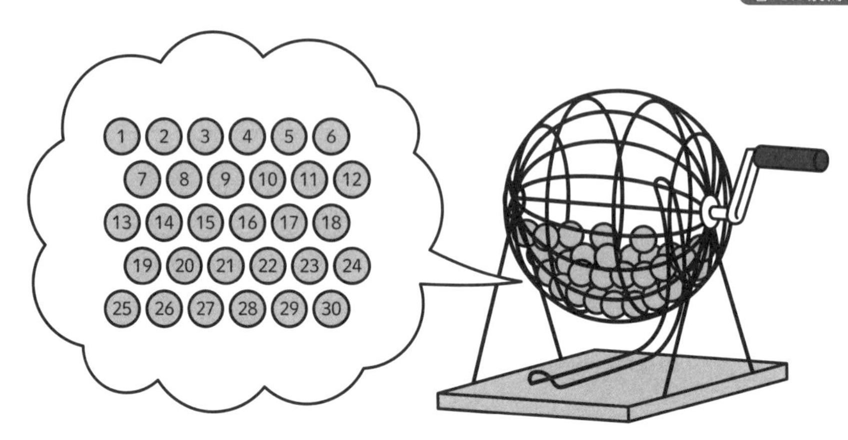

問題　約数が1個しかない整数は1だけ，約数が2個だけの整数は素数(そすう)といいました。また，発展編では，約数が3個の整数は，同じ素数を2回かけた数であることが出題されましたね。

では，1から30までの整数で，約数が4個の整数は何個ありますか。

第2章
和や差に関する問題

1 和差算（わさざん）

和と差から2数を求める問題。3数以上の場合もある。

基本例題1

A，B，2つの数があります。AとBをたすと200で，AからBをひくと60になります。AとBはそれぞれいくつですか。

考え方

❶　まず，2数の関係を下のような線分図に表します。

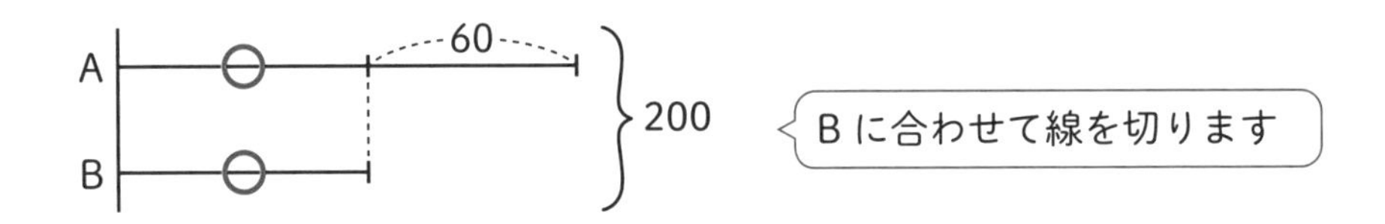

❷　図より，200 − 60 = 140が，B 2つ分であることがわかります。

よって，B = 140 ÷ 2 = <u>70</u>

Aは，Bより60大きいので，A = 70 + 60 = <u>130</u>

参考　A =（200 + 60）÷ 2 = <u>130</u>と，Aを先に求めることもできます。

類題1　答えは別冊16ページ

1　2数A，Bの和は160で，AからBをひくとその差は24になります。A，Bをそれぞれ求めなさい。

2　ある学校の6年生は102人で，男子が女子より18人多いそうです。6年生の男子と女子はそれぞれ何人ですか。

基本例題2

A, B, C 3つの数があります。3つの数の和は 300 で, B は A より 14 大きく, C は B より 8 大きいそうです。A, B, C はそれぞれいくつですか。

考え方

❶ まず, 3数の関係を下のような線分図に表します。

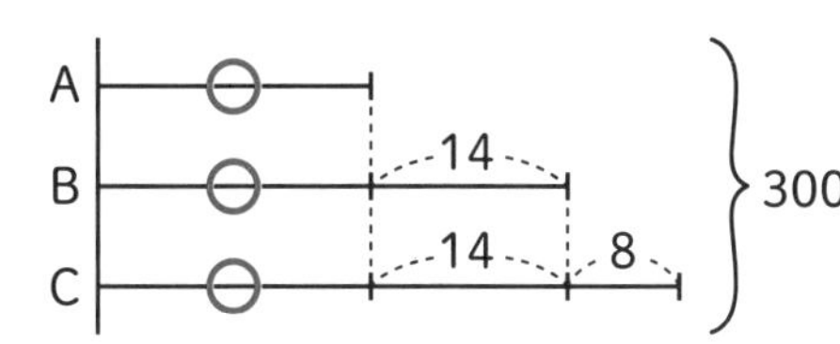

いちばん小さい A に合わせて線を切ります。

❷ A よりも大きい部分を 300 からひくと, 300 −(14 + 14 + 8)= 264
これが A 3つ分なので, A = 264 ÷ 3 = 88
よって, B = 88 + 14 = 102, C = 102 + 8 = 110

類題 2

答えは別冊16ページ

1 大, 中, 小3つの数があります。その和は 43 で, 中は大より 7 小さく, 小は中より 6 小さいそうです。大, 中, 小をそれぞれ求めなさい。

2 かき, りんご, なしを1個ずつ買いました。代金の合計は 320 円で, りんごはかきより 20 円高く, なしはかきより 30 円高かったそうです。かき, りんご, なしはそれぞれ1個何円でしたか。

和差算の練習問題 基本編

答えは別冊16ページ

1 　大と小の2つの数があります。2数の和は100で，差は14です。大と小はそれぞれいくつですか。

基本例題 1

2 　兄と弟が持っているゲームカードの合計は76枚で，兄は弟より18枚多く持っています。兄と弟が持っているゲームカードはそれぞれ何枚ですか。

基本例題 1

3 　おばあさんからもらった3000円のおこづかいを姉と妹で分けるのに，姉が妹より600円多くなるように分けました。姉と妹はそれぞれ何円もらえますか。

基本例題 1

4　ゆいさんとそうさんの身長の合計は2m80cmで，ゆいさんはそうさんより4cm低いそうです。ゆいさんの身長は何m何cmですか。

基本例題1

5　お母さんからもらった5000円のおこづかいを，お兄さん，れんさん，弟の3人で分けました。お兄さんはれんさんより400円多く，弟はれんさんより200円少なかったそうです。れんさんは何円もらいましたか。

基本例題2

6　連続する3つの整数があり，その和は522です。3つの数のうちいちばん小さい数はいくつですか。

基本例題2

7　4mのリボンを，A，B，Cの3人で分けました。AのリボンはBのリボンより70cm長く，Cのリボンより10cm長かったそうです。A，B，C，3人のリボンの長さをそれぞれ求めなさい。

基本例題2

和差算の練習問題 発展編

答えは別冊17ページ

❶　2mのリボンを2つに切り分けたところ，一方のリボンはもう一方のリボンより15cm長くなりました。長い方のリボンは何cmですか。

2 数の和差算

❷　はじめ，兄と弟は合わせて3000円持っていましたが，2人とも同じだけお金を使ったので，残ったお金は兄の方が600円多くなりました。はじめ，兄と弟が持っていたお金はそれぞれ何円ですか。

2 数の和差算

❸　すいか，メロン，ももを1個ずつ買うと代金の合計は1500円です。メロン1個はもも1個より300円高く，すいかより540円安いそうです。すいか，メロン，ももはそれぞれ1個何円ですか。

3 数の和差算

❹　4つの連続する整数があります。これらの4つの整数の和は186です。いちばん小さい整数はいくつですか。

4 数の和差算

❺　1000mをA，B，C，Dの4人がリレーで走ります。まずAが走り，その後，B，C，Dの順に走ります。また，2人目からは前を走る人より40mずつ長く走ります。Dは何m走ることになりますか。

4 数の和差算

❻　兄と弟が持っているゲームカードの枚数は合わせて110枚でした。兄が10枚買い足し，弟が8枚買い足したところ，兄のカードの枚数は弟のカードの枚数より16枚多くなりました。はじめに兄と弟はゲームカードをそれぞれ何枚ずつ持っていましたか。

2 数の和差算の利用

❼　ある文房具(ぶんぼうぐ)店で，ボールペンとシャープペンシルを1本ずつ買うと280円，ボールペンとえんぴつを1本ずつ買うと160円，シャープペンシルとえんぴつを1本ずつ買うと240円です。このとき，次の問いに答えなさい。

2 数の和差算の利用

(1)　シャープペンシル1本とえんぴつ1本の値段の差は何円ですか。

(2)　ボールペン，シャープペンシル，えんぴつの値段はそれぞれ1本何円ですか。

2 分配算

倍数の関係と和や差などに注目して数量を分配する問題。

基本例題1

Aと Bの2つの数があります。AはBの2倍より 20 大きく，Aと Bの和は 200 です。Aと Bはそれぞれいくつですか。

考え方

❶　まず，2数の関係を下のような線分図に表します。Bを①，Aを②+ 20 とします。

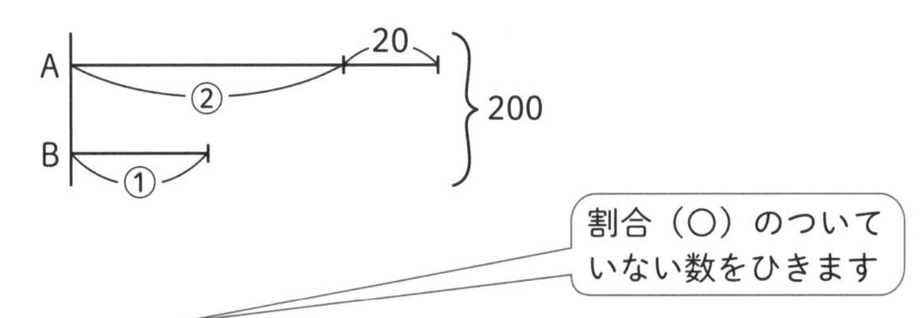

❷　図より，200 − 20 = 180 が，③つまり①であるBの3倍であることがわかります。よって，B = 180 ÷ 3 = 60　Aは，200 からBをひいて，200 − 60 = 140

参考 A = 60 × 2 + 20 で求めることもできます。

類題1　答えは別冊18ページ

1　2数A，Bの和が 160 で，BがAの3倍より 40 大きいとき，A，Bをそれぞれ求めなさい。

2　A，B，Cの3つの数があります。BはAの2倍で，CはBより 30 大きく，A，B，Cの和は 300 です。A，B，Cをそれぞれ求めなさい。

基本例題2

AとBの2つの数があります。BはAより21大きく，Aの3倍より9小さい数です。A，Bはそれぞれいくつですか。

考え方

❶ まず，倍数の関係に注目して2数の関係を下のような線分図に表します。点線で表した部分は実際にはない部分です。

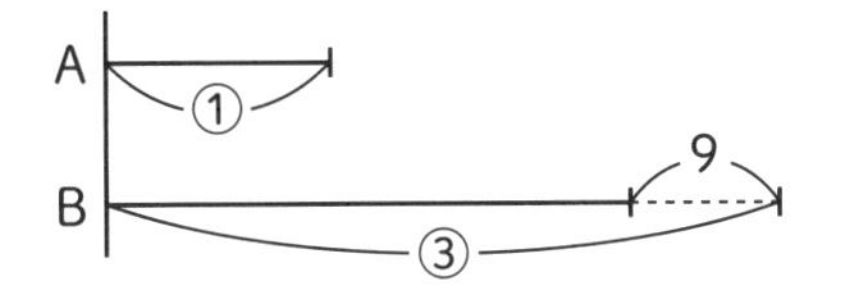

❷ 次にAとBの差を図に書き入れます。

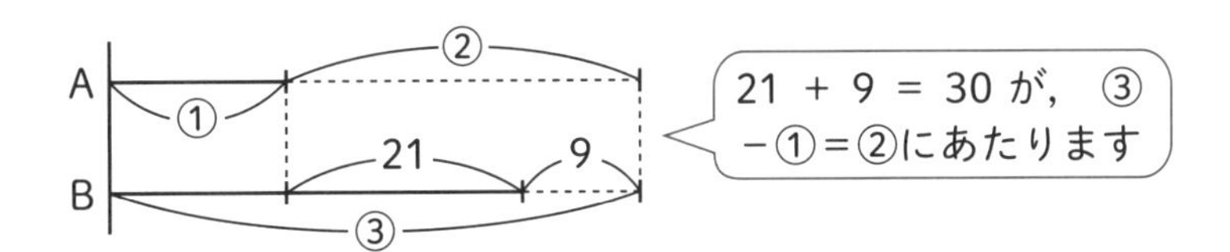

❸ Aは①なので，30 ÷ 2 = <u>15</u>　BはAより21大きいので，15 + 21 = <u>36</u>

類題2　　答えは別冊18ページ

1　大，小2つの数があります。大は小の3倍より6大きく，大と小の差は42です。このとき，大，小2つの数をそれぞれ求めなさい。

2　2つの数A，Bがあります。AはBより11大きく，Bの5倍より7小さいそうです。AとBをそれぞれ求めなさい。

分配算の練習問題 基本編

答えは別冊19ページ

1　2mのひもを2本に切り分けたら，長い方のひもが短い方のひもの長さの3倍より32cm長くなりました。短い方のひもの長さは何cmですか。

基本例題1

2　兄と弟はゲームカードを持っています。兄の持っているカードの枚数は弟の持っているカードの枚数の3倍より8枚多く，2人が持っているカードの枚数の合計は64枚です。兄と弟はそれぞれゲームカードを何枚ずつ持っていますか。

基本例題1

3　父，母，子の3人の年れいの和は88才で，母の年れいは子の年れいの3倍です。また，父は母より4才年上です。父，母，子の年れいをそれぞれ求めなさい。

基本例題1

4　母の体重は子の体重の3倍より20kg少なく，母と子の体重の合計は84kgです。母の体重と子の体重はそれぞれ何kgですか。

基本例題1

5　りささんがすいか，メロン，マンゴーを1つずつ買ったところ，代金は2180円でした。すいかの値段はマンゴーの値段の2倍より180円高く，メロンの値段はマンゴーの値段の2倍より250円安いそうです。りささんが買ったすいか，メロン，マンゴーの値段をそれぞれ求めなさい。

基本例題 1

6　兄の年れいは弟の年れいの3倍より10才少なく，兄は弟より6才年上です。兄と弟はそれぞれ何才ですか。

基本例題 2

7　ビルBの高さはビルCの高さの2倍より10m高く，ビルAの高さはビルCの高さの3倍より10m低いそうです。また，ビルAはビルBより15m高いそうです。ビルA，ビルB，ビルCの高さをそれぞれ求めなさい。

基本例題 2

分配算の練習問題 発展編

答えは別冊20ページ

❶　ボールペン１本の値段はえんぴつ１本の値段の3倍で，筆ペン１本の値段はボールペン１本の値段の2倍より20円高いそうです。えんぴつとボールペンと筆ペンを１本ずつ買うと代金は500円でした。えんぴつ，ボールペン，筆ペンはそれぞれ１本何円ですか。

3 数の分配算

❷　数A，Bがあります。AとBの和は86で，AをBでわると，商が3であまりが14になります。AとBはそれぞれいくつですか。

基本例題１の応用

❸　あるクラスの人数は男女合わせて29人で，女子は男子の $\frac{3}{4}$ より１人多いそうです。このクラスの男子と女子はそれぞれ何人ですか。

割合・比の利用

❹　りんご7個となし4個が同じ値段で，なし１個の値段はりんご2個の値段より20円安いそうです。りんごとなしはそれぞれ１個何円ですか。

比の利用

❺　三角形ABCの3つの角の大きさを調べると，角Bの大きさは角Aの大きさの2倍より10度小さく，角Cの大きさは角Bの大きさの2倍でした。角A，B，Cの角度はそれぞれ何度ですか。

3数の分配算

❻　プリン1個の値段はシュークリーム1個の値段の3倍です。持っているお金でプリンだけを買うと3個買えて20円残ります。また，持っているお金でシュークリームだけを買うと，7個買えて140円残ります。プリンとシュークリームはそれぞれ1個何円ですか。

基本例題2の応用

❼　ある美術館の入場者数を木曜日から日曜日までの4日間調べたところ，次のようになっていました。日曜日には何人の入場者がありましたか。

4数の分配算

○金曜日の入場者数は木曜日の入場者数より20人多かった。
○土曜日の入場者数は金曜日の入場者数の2倍より150人少なかった。
○日曜日の入場者数は木曜日の入場者数の2倍より40人多かった。
○4日間の入場者数の合計は4930人だった。

❽　A，B，Cの3つの数があります。BをAでわると，商が4であまりが6になります。また，CをBでわると，商が2であまりが9になります。CがBより71大きいとき，A，B，Cはそれぞれいくつですか。

3数の分配算

3 つるかめ算

2 種類のものが合計いくつあるかわかっているが、どちらがいくつあるのかわかっていない問題。3 種類になる場合もある。

基本例題1

つるとかめがいます。頭の数は全部で 10，足の数は全部で 32 本です。つるは何羽，かめは何びきいますか。

考え方

❶　足の数は，つる 1 羽が 2 本，かめ 1 ぴきが 4 本。まずは，10 羽全部をつるとして足の数を数えます。

足の数は，2 × 10 ＝ 20(本)　問題文の 32 本と比べると 12 本少ないことがわかります。

❷　次に，つるをかめと交換(こうかん)していきます。

つる 1 羽をかめ 1 ぴきにかえると，足は 2 本増えます。
足の数を 12 本増やしたいので，12 ÷ 2 ＝ 6(羽)のつるをかめと交換します。
よって，かめは 6 ぴき。つるは，10 － 6 ＝ 4(羽)です。

参考 はじめに 10 ぴき全部かめとすると，つるの数が先に求められます。

類題 1　答えは別冊 21 ページ

10 円硬貨(こうか)と 50 円硬貨が合わせて 30 枚あり，金額の合計は 820 円です。10 円硬貨と 50 円硬貨はそれぞれ何枚ありますか。

基本例題2

A君は20個のボールを投げて的に当てるゲームをしました。はじめに100点を持ってゲームを始め，ボールが1個当たるごとに10点もらえますが，1個はずすごとに5点ひかれます。A君の点数は20個のボールを投げ終えたあと240点になりました。A君がはずしたボールは何個ですか。

考え方

❶　20個のボールを全部当てたとしてその点数をもらっておきます。
100 + 10 × 20 = 300(点)
実際の得点との差は，300 − 240 = 60(点)です。

❷　1個はずすと，先にもらっていた10点を返してさらに5点ひかれるので，10 + 5 = 15(点)ずつなくなります。よって，はずしたボールは，60 ÷ 15 = 4(個)

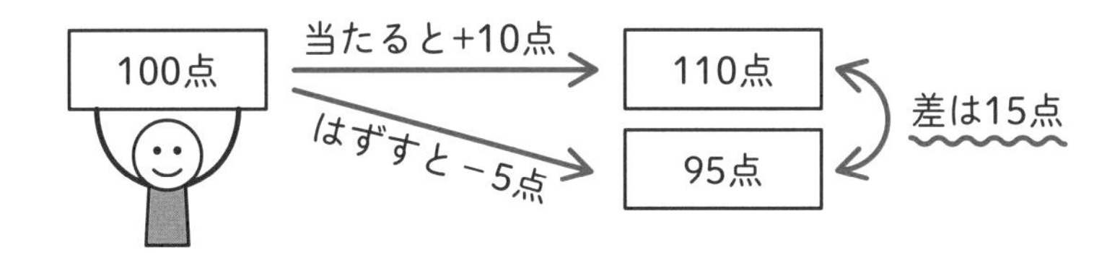

類題2　答えは別冊21ページ

1　C君は5000個のコップを運ぶアルバイトをしました。1個運ぶと5円もらえますが，途中(とちゅう)でこわすと運び賃がもらえないだけでなく，1個につき100円べんしょうしなければなりません。C君がもらったアルバイト料は23635円でした。C君がこわしてしまったコップは何個ですか。

2　A君とBさんは200段ある階段の100段目に立っていました。20回じゃんけんをして，1回勝つと3段上がり，負けると2段下がるゲームをしたところ，ゲームが終わったとき，A君は120段目に立っていました。A君は何勝何敗でしたか。ただし，あいこは考えないものとします。

つるかめ算の練習問題 基本編

答えは別冊21ページ

1　つるとかめがいます。頭の数は合計20で，足の数は全部で66本です。つるは何羽，かめは何びきですか。

基本例題 1

2　1個30円のみかんと1個80円のりんごを合わせて40個買い，2250円支払(しはら)いました。みかんとりんごをそれぞれ何個ずつ買いましたか。

基本例題 1

3　5円硬貨(こうか)と50円硬貨が合わせて200枚あり，金額の合計は4780円です。5円硬貨と50円硬貨はそれぞれ何枚ずつありますか。

基本例題 1

4　1題2点の問題と1題7点の問題で100点満点のテストをつくりたいと思います。全部で20題あるテストをつくるには，2点と7点の問題をそれぞれ何題ずつにすればよいですか。

基本例題 1

5　ある博物館の入場料は大人が１人800円，子どもが１人150円です。ある日，大人と子どもが合わせて1200人入場し，入場料の合計は792300円でした。この日の大人の入場者と子どもの入場者はそれぞれ何人ですか。

基本例題１

6　ＡさんとＢさんは200段ある階段の90段目に立ち，じゃんけんを使ったゲームをしました。じゃんけんをして，勝つと５段上がり，負けると３段下がります。２人が全部で20回のじゃんけんをしたところ，Ａさんは134段目に立っていました。あいこがなかったとすると，Ａさんは何勝何敗でしたか。

基本例題２

7　20題の算数のテストがあります。このテストは１題正解すると５点もらえますが，まちがえると点数がもらえないだけでなく２点ひかれます。Ａ君はこのテストを受けて72点でした。Ａ君がまちがえた問題は何題でしたか。

基本例題２

8　Ｂさんはコップを5000個運ぶアルバイトをしました。１個運ぶと３円もらえますが，途中（とちゅう）でわってしまうと３円がもらえないだけでなく１個につき200円べんしょうしなければなりません。Ｂさんが受け取ったアルバイト料は11955円でした。Ｂさんがわったコップは何個ですか。

基本例題２

つるかめ算の練習問題 

答えは別冊22ページ

❶　A地から1800m離れたB地まで行くのに，途中のC地までは分速150mで走り，C地からB地までは分速50mで歩いたところ，全部で30分かかりました。A地からC地までは何mありますか。

速さのつるかめ算

❷　ゆうさんはA地点から2400m離れたB地点まで走りました。はじめは分速200mで走っていましたが，疲れたので途中のC地点からは分速120mに速さを落として走りました。その結果，ゆうさんはA地点からB地点まで14分かかったそうです。A地点からC地点までは何mありますか。

速さのつるかめ算

❸　次の表は，32人のクラスで行われた算数のテストの結果を表したものです。クラスの平均点は61.25点でした。ア，イにあてはまる人数をそれぞれ求めなさい。

表を利用したつるかめ算

20点	40点	60点	80点	100点
3人	ア	15人	イ	2人

❹　1本50円のえんぴつと1本80円のボールペンを合わせて50本買いました。えんぴつ全部の金額はボールペン全部の金額より160円多かったそうです。ボールペンは何本買いましたか。

差がわかっているつるかめ算

❺　1回じゃんけんをして，勝つと5点もらえ，負けると点をもらえず，あいこの場合は1点ずつもらえるゲームがあります。しょうさんとまさきさんがこのゲームを20回したところ，しょうさんの点数は51点，まさきさんの点数は31点になりました。しょうさんは何回勝ちましたか。

つるかめ算の利用

❻　つるとかめとカブトムシがいます。頭の数は全部で30，足の数は全部で124本です。また，かめとカブトムシの頭の数の比は2：3です。つる，かめ，カブトムシの数をそれぞれ求めなさい。

3種類のつるかめ算：つるかめカブトムシ算／2種類の比がわかっているもの

❼　10円硬貨（こうか）と50円硬貨と100円硬貨が合わせて40枚あります。金額の合計は1600円で，10円硬貨と50円硬貨の枚数の比は5：3です。50円硬貨は何枚ありますか。

3種類のつるかめ算：つるかめカブトムシ算／2種類の比がわかっているもの

❽　1本300円のシャープペンシルと1本150円のボールペンと1本60円のえんぴつを合わせて10本買い，金額の合計をちょうど1500円にしたいと思います。シャープペンシルとボールペンとえんぴつの買い方を次の例のように（　）を使って，すべて答えなさい。ただし，買わないものがあってもよいものとします。

3種類のつるかめ算：条件不足のつるかめ算／比がわかっていないもの

【例】　シャープペンシル1本，ボールペン2本，えんぴつ3本を買う場合
→（1，2，3）

4 消去算

2種類のもののうち，どちらか一方だけの差や和で考える問題。一方を消去するので消去算という。中学校で学ぶ連立方程式（加減法，代入法）にあたる。3種類になる場合もある。

基本例題1

かき2個となし5個では710円，かき3個となし7個では1010円です。かきとなしはそれぞれ1個何円ですか。

考え方

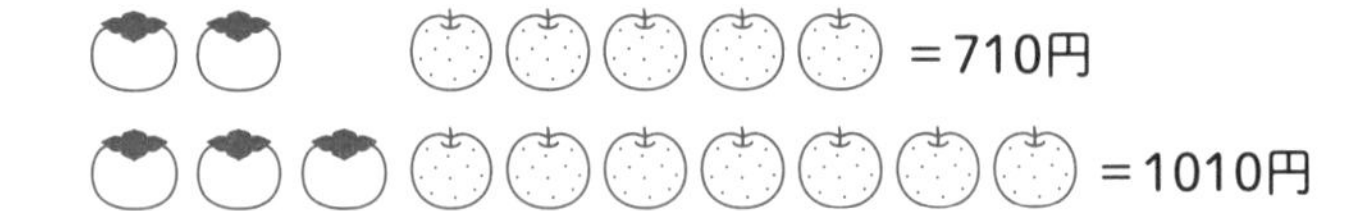

❶　まず，問題の内容を式に表してみます。

かき×2＋なし×5＝710円　…ア

かき×3＋なし×7＝1010円…イ

アとイのかきかなしのどちらかの個数をそろえて考えます。かきの方が個数が少なくそろえやすいので，アとイのかきの個数を2と3の最小公倍数6にそろえます。アの式を3倍、イの式を2倍にすると，

ア×3➜かき×6＋なし×15＝2130円…ウ

イ×2➜かき×6＋なし×14＝2020円…エ

❷　ウとエではかきの個数が同じなので，値段の差の110円がなし1個の値段とわかります。なし5個は，110×5＝550(円)なので，アの式よりかき1個の値段は，

(710－550)÷2＝80(円)になります。

参考 ア×7，イ×5で，なしを35個にそろえることができます。

類題1　　答えは別冊23ページ

1　みかん9個とりんご2個では600円，みかん4個とりんご2個では400円です。みかんとりんごはそれぞれ1個何円ですか。

2　メロン3個とすいか2個では3050円，メロン4個とすいか5個では6050円です。メロンとすいかはそれぞれ1個何円ですか。

基本例題2

りんご１個の値段はみかん３個の値段と等しく，みかん２個とりんご３個の値段は 440 円です。みかんとりんごはそれぞれ１個何円ですか。

考え方

❶　まず，式に表してみます。

りんご×１＝みかん×３　…ア

みかん×２＋りんご×３＝440 円　…イ

❷　イのりんご３個をすべてみかんと交換（こうかん）します。

アより，りんご３個の値段はみかん，３×３＝９(個)の値段と等しいので，

イは，みかん×２＋みかん×９＝440 円となります。

つまり，みかん 11 個で 440 円となるので，みかん１個は，440÷11＝40(円)です。

また，りんご１個は，40×３＝120(円)になります。

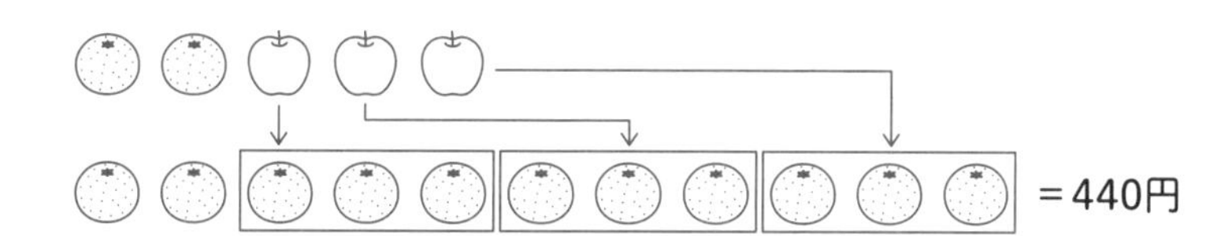

参考　みかん１個，りんご１個の値段をそれぞれ①，③とすると，440 円は①×２＋③×３＝⑪にあたります。ここから①の値段を求めて解く方法もあります。

類題 2

答えは別冊23ページ

1　なし１個の値段はみかん４個の値段と等しく，なし１個とみかん５個の値段は 270 円です。なしとみかんはそれぞれ１個何円ですか。

2　ノート１冊の値段はえんぴつ３本と同じ値段で，ノート３冊とえんぴつ２本の値段は 660 円です。ノート１冊とえんぴつ１本の値段はそれぞれ何円ですか。

消去算の練習問題 基本編

答えは別冊24ページ

1 かき3個とりんご5個の代金は920円，かき4個とりんご7個の代金は1270円です。かきとりんごはそれぞれ1個何円ですか。

基本例題 1

2 えんぴつ3本とボールペン5本の値段は780円，えんぴつ4本とボールペン3本の値段は600円です。えんぴつとボールペンはそれぞれ1本何円ですか。

基本例題 1

3 ある動物園では大人の入園料と子どもの入園料が異なります。ある日曜日，大人が120人，子どもが85人入園して，入園料の合計は212000円でした。次の月曜日は大人が80人，子どもが45人入園して，入園料の合計は132000円でした。次の火曜日は，大人が50人，子どもが35人入園しました。火曜日の入園料の合計は何円ですか。

基本例題 1

4 ある店では，ケーキ1個の値段がシュークリーム4個の値段と等しく，ケーキ2個とシュークリーム3個を買うと770円になります。ケーキ1個とシュークリーム1個の値段はそれぞれ何円ですか。

基本例題 2

5　ある店で，シャツAとシャツBを売っています。シャツBの値段はシャツAの値段よりも200円高く，シャツA 5枚とシャツB 1枚を買うと，3200円になります。シャツA 1枚とシャツB 1枚の値段はそれぞれ何円ですか。

基本例題 2

6　シャープペンシル1本の値段はえんぴつ2本の値段より30円高く，シャープペンシル3本とえんぴつ5本の値段は750円です。シャープペンシル1本とえんぴつ1本の値段はそれぞれ何円ですか。

基本例題 2

7　ショートケーキ1個の値段はまんじゅう5個の値段より20円安く，まんじゅう7個とショートケーキ3個の値段は1700円です。まんじゅうとショートケーキはそれぞれ1個何円ですか。

基本例題 2

8　3種類のおもりA，B，Cがあります。A 5個の重さはB 3個の重さと等しく，C 2個の重さはB 1個の重さより15 g重いそうです。A 5個とC 4個の重さの和が155 gのとき，A，B，Cの1個の重さをそれぞれ求めなさい。

基本例題 2

消去算の練習問題 発展編

答えは別冊25ページ

❶　ある店で，みかん3個，かき4個，りんご2個を買うと540円になります。みかん5個，かき7個，りんご2個を買うと800円になります。みかん4個とかき5個を買うと460円になります。みかん，かき，りんご1個の値段はそれぞれ何円ですか。

3種類の消去算

❷　えんぴつ3本と消しゴム2個が同じ値段で，コンパス1個の値段は消しゴム2個の値段より10円高いそうです。また，コンパス2個とえんぴつ3本の値段は380円です。えんぴつ1本，消しゴム1個，コンパス1個の値段はそれぞれ何円ですか。

3種類の消去算／代入算

❸　キウイ9個とメロン3個をお見舞(みま)い用のかご1つに入れてもらうと，かご代もふくめて1650円になります。また，キウイ6個とメロン2個をお見舞い用のかご1つに入れてもらうと，かご代もふくめて1120円になります。お見舞い用のかごは1つ何円ですか。

3種類の消去算

❹　黒石と白石が合わせて264個あり，黒石の $\frac{1}{8}$ と白石の $\frac{1}{6}$ の合わせて39個には傷がついています。傷がついていない白石は何個ありますか。

割合をそろえる消去算

❺　ある小学校の6年生の人数は男女合わせて100人です。また，6年生の男子の $\frac{1}{4}$ と女子の $\frac{1}{6}$ の合わせて22人はバスで通学しています。この学校の6年生の男子と女子はそれぞれ何人いますか。

割合をそろえる消去算

❻　ある人の12月の定期券代はバスと電車を合わせて10000円でしたが，1月からバスの定期券代が1割，電車の定期券代が2割値上がりしたので，バスと電車を合わせた定期券代が11600円になりました。1月の電車だけの定期券代は何円ですか。

割合をそろえる消去算

5 年(ねん)れい算(ざん)

年れいの和や差などを考えて解く問題。

基本例題1

今，母は 40 才，子は 12 才です。このとき，次の問いに答えなさい。

❶　母の年れいが子の年れいの 2 倍になるのは今から何年後ですか。

❷　母の年れいが子の年れいの 5 倍だったのは今から何年前ですか。

考え方　ポイント **2 人の年れいの差は変わらない。**

❶　母と子の年れいの差は，40 − 12 = 28(才)

この差は何年たっても変わらないので，母の年れいが子の年れいの 2 倍になるとき，2 人の年れいの関係は右の図のように表せます。図の①は子の年れいなので，このときの子の年れいは 28 才。

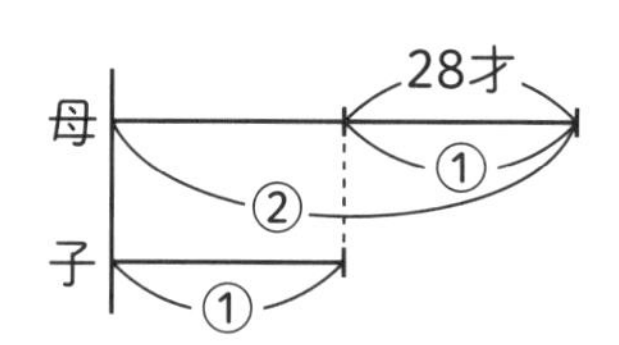

よって，今から，28 − 12 = 16(年後)

❷　母の年れいが子の年れいの 5 倍だったとき，2 人の年れいの関係は右の図のように表せます。図の④はこのときの子の年れい①の 4 倍で，これが 28 才なので，このときの子の年れいは，28 ÷ 4 = 7(才)

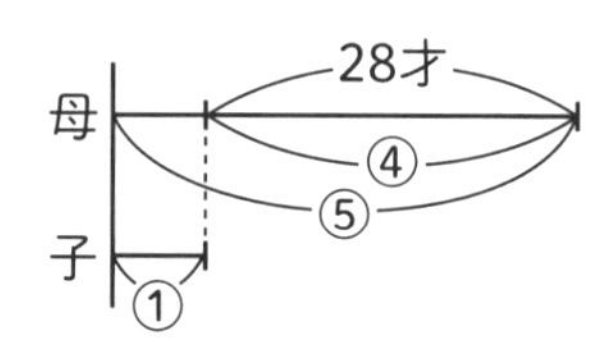

よって，今から，12 − 7 = 5(年前)

類題1　今，父は 42 才，子は 10 才です。このとき，次の問いに答えなさい。

答えは別冊 26 ページ

1　父の年れいが子の年れいの 3 倍になるのは，今から何年後ですか。

2　父の年れいが子の年れいの 5 倍だったのは，今から何年前ですか。

基本例題2

今，父は 40 才，2 人の子は 11 才と 9 才です。このとき，次の問いに答えなさい。

❶　2 人の子の年れいの和が父の年れいと等しくなるのは，今から何年後ですか。

❷　今から 15 年後に，父，母，2 人の子の 4 人の年れいの和が 159 才になります。今，母は何才ですか。

考え方

❶　今，子ども 2 人の年れいの和は，11 ＋ 9 ＝ 20(才)です。父の年れいと子ども 2 人の年れいは，40 － 20 ＝ 20(才)ちがいます。父の年れいは毎年 1 才ずつ，子ども 2 人の年れいの和は毎年 2 才ずつ増えるので，差は毎年，2 － 1 ＝ 1(才)ずつ縮まります。
よって，年れいが等しくなるのは，20 ÷ 1 ＝ <u>20(年後)</u>

❷　今，母を入れた 4 人の年れいの和は，159 － 15 × 4 ＝ 99(才)
今，母を除いた 3 人の年れいの和は，40 ＋ 11 ＋ 9 ＝ 60(才)なので，母の年れいは，99 － 60 ＝ <u>39(才)</u>

類題2　今，母は 37 才，2 人の子は 12 才と 9 才です。このとき，次の問いに答えなさい。

答えは別冊 26 ページ

1　2 人の子の年れいの和が母の年れいと等しくなるのは，今から何年後ですか。

2　今から 12 年後に，父，母，2 人の子の 4 人の年れいの和が 144 才になります。今，父は何才ですか。

年れい算の練習問題 基本編

答えは別冊26ページ

1 今，祖父は71才，孫は11才です。このとき，次の問いに答えなさい。

基本例題1

(1) 祖父の年れいが孫の年れいの5倍になるのは，今から何年後ですか。

(2) 祖父の年れいが孫の年れいの11倍だったのは，今から何年前ですか。

2 今，母は40才，子は12才です。このとき，次の問いに答えなさい。

基本例題1

(1) 子の年れいが母の年れいの $\frac{3}{7}$ になるのは，今から何年後ですか。

(2) 子の年れいが母の年れいの $\frac{1}{8}$ だったのは，今から何年前ですか。

3 るなさんの今から20年後の年れいは，今から4年前の年れいの7倍になるそうです。るなさんは今何才ですか。

基本例題1

4 今，兄は16才，弟は10才です。弟の年れいが兄の年れいの $\frac{7}{9}$ になるのは，兄が何才のときですか。

基本例題1

5 今，母は40才，2人の子は13才と10才です。このとき，次の問いに答えなさい。

基本例題 2

(1) 2人の子の年れいの和が母の年れいと等しくなるのは何年後ですか。

(2) 今から13年後に，父もふくめた4人の年れいの和が154才になります。父は今何才ですか。

6 今，父，母，姉，弟の4人の年れいの和は104才です。10年前にはまだ弟が生まれておらず，父，母，姉の3人の年れいの和は68才でした。弟は今何才ですか。

基本例題 2

7 今，父は42才，母は40才で，3人の子の年れいは，15才，12才，9才です。このとき，次の問いに答えなさい。

基本例題 2

(1) 3人の子の年れいの和が父母の年れいの和と等しくなるのは，今から何年後ですか。

(2) 今から10年前，家族の年れいの和は何才でしたか。

年れい算の練習問題 発展編

答えは別冊27ページ

❶ 今，父は42才，3人の子は10才，7才，5才です。このとき，次の問いに答えなさい。

基本例題２の発展

(1) 3人の子の年れいの和が父の年れいと等しくなるのは，父が何才のときですか。

(2) 3人の子の年れいの和が母の年れいと等しくなるのは今から9年後です。母は今何才ですか。

❷ 今，父は45才，姉は11才，妹は7才です。このとき，次の問いに答えなさい。

基本例題２の発展

(1) 父の年れいが姉妹の年れいの和の2倍になるのは，今から何年後ですか。

(2) 父の年れいが姉妹の年齢の和の5倍だったのは，今から何年前ですか。

(3) 姉妹の年れいの和が父の年れいの $\frac{6}{7}$ になるのは今から何年後ですか。

❸ 今，祖母は70才です。父は母より4才年上で，子は父が28才のときに生まれました。今から9年前には，祖母の年れいは，父、母、子の3人の年れいの和と等しくなっていました。今，子は何才ですか。

年れい算／和差算

❹ 今，みまさんの家族はお父さん，お母さん，みまさん，妹の4人で，年れいの和は106才です。今から6年前にはおばあさんが一緒（いっしょ）に暮らしていて，5人の年れいの和は150才でした。10年前には妹がまだ生まれておらず，妹を除いた4人の年れいの和は132才でした。また，お父さんはお母さんより6才年上で，今から20年後には，みまさんと妹の年れいの和がお母さんの年れいと同じになります。このとき，次の問いに答えなさい。

基本例題2の発展

(1) 6年前のおばあさんの年れいは何才でしたか。

(2) 今，妹は何才ですか。

(3) 今，お母さんは何才ですか。

(4) お母さん，みまさん，妹の年れいの和がお父さんの年れいの1.5倍になるのは，今から何年後ですか。

6 差集め算（さあつざん）

差の集まりから数量を求める問題。

基本例題1

同じページ数の本をAさんとBさんが同時に読み始めました。Aさんは1日に12ページ，Bさんは1日に10ページずつ読み，Aさんが何日かでちょうど読み終えたとき，Bさんはあと32ページ残っていました。このとき，次の問いに答えなさい。

❶ Aさんはこの本を何日で読み終えましたか。

❷ この本は何ページありますか。

考え方

❶ 2人が読み終えるページ数は，1日に，12 − 10 = 2(ページ)ずつ差がつきます。Aさんが読み終えたとき，32ページの差がついていたので，Aさんがこの本を読み終えるのにかかった日数は，32 ÷ 2 = 16(日)です。

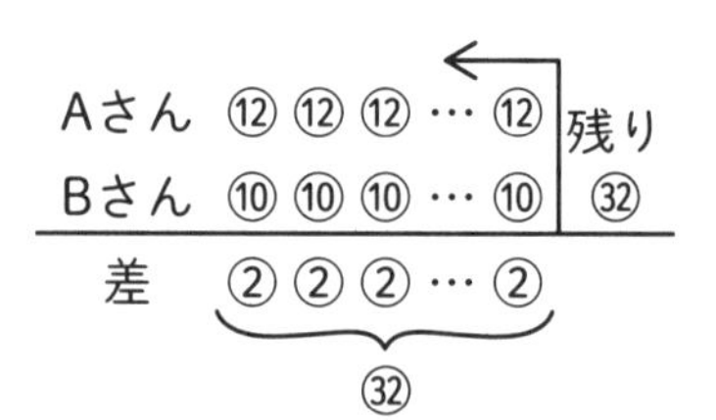

❷ Aさんは1日12ページずつ16日かけて読み終えたので，この本のページ数は，12 × 16 = 192(ページ)とわかります。

類題1 答えは別冊28ページ

1 1本150円のシャープペンシルと1本90円のえんぴつを同じ本数買ったところ，シャープペンシルだけの代金はえんぴつだけの代金より300円高かったそうです。えんぴつは何本買いましたか。

2 れんさんは1冊220円のノートを，しょうさんは1冊180円のノートを同じ冊数だけ買ったところ，れんさんの支払（しはら）ったお金の方が280円高かったそうです。れんさんは何円支払いましたか。

基本例題2

1個45円のみかんと1個80円のりんごを買いました。買った個数はりんごの方が3個多く，りんごだけの代金はみかんだけの代金より520円高かったそうです。りんごとみかんをそれぞれ何個買いましたか。

考え方 ポイント **個数をそろえて考えます。**

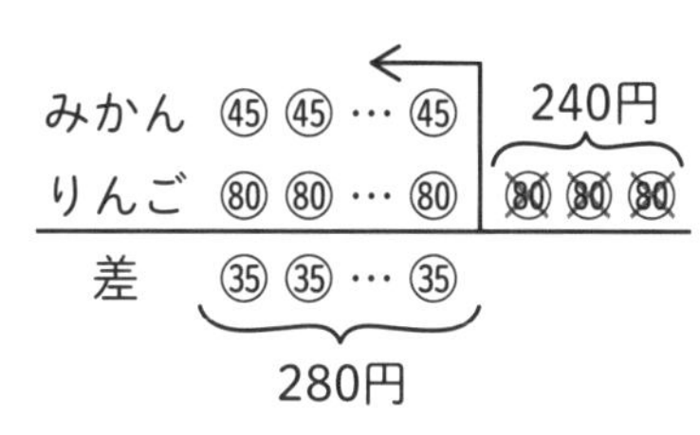

❶ りんごをみかんと同じ個数だけ買ったとします。りんごだけの代金は，80 × 3 = 240(円)少なくなるので，みかんだけの代金との差は，520 − 240 = 280(円)になります。

❷ りんご1個の値段とみかん1個の値段の差は，80 − 45 = 35(円)なので，買ったみかんの個数は，280 ÷ 35 = 8(個)

❸ りんごはみかんより3個多く買ったので，8 + 3 = 11(個)

類題2 答えは別冊28ページ

1 1個120円のなしと1個90円のりんごを買いました。買った個数はりんごの方が2個多く，なしだけの代金とりんごだけの代金は同じでした。りんごとなしをそれぞれ何個買いましたか。

2 1個320gのサッカーボールと1個200gのバレーボールが体育館の倉庫にあります。サッカーボールはバレーボールより1個多く，サッカーボールだけの重さの合計はバレーボールだけの重さの合計よりも1760g重いそうです。サッカーボールとバレーボールはそれぞれ何個ありますか。

差集め算の練習問題 基本編

答えは別冊29ページ

1 1個250gの赤いボールと1個235gの青いボールが同じ数ずつあります。赤いボール全部の重さの和は，青いボール全部の重さの和より135g重いそうです。赤いボールは何個ありますか。

基本例題1

2 はじめ，袋(ふくろ)の中に赤い球と白い球が同じ数だけ入っていました。この中から，1回に赤い球を5個，白い球を2個ずつ同時に何回か取り出したところ，赤い球がちょうどなくなったとき，白い球はまだ袋の中に21個残っていました。このとき，次の問いに答えなさい。

基本例題1

(1) 球を取り出したのは何回ですか。

(2) はじめ，袋の中には赤い球が何個入っていましたか。

3 明日から毎朝，兄は3km，弟は1.2km走ることにします。何日間走れば2人の走る道のりの差が27kmになりますか。

基本例題1

4 かきは1個90円，なしは1個140円です。かきとなしを同じ個数ずつ買ったところ，なしだけの代金は，かきだけの代金よりも450円高くなりました。かきとなしを合わせて何個買いましたか。

基本例題1

5　かいとさんは1冊120円のノートを何冊か買う予定で，ちょうど買えるだけのお金を持って文房具(ぶんぼうぐ)店に行きました。その文房具店ではセール中で，買おうとしていたノートが1冊あたり30円安くなっていたので，持っていたお金で予定よりちょうど3冊多く買うことができました。このとき，次の問いに答えなさい。

基本例題2

（1）　かいとさんはノートを何冊買う予定でしたか。

（2）　かいとさんが文房具店に持っていったお金は何円でしたか。

6　水の入っていない水そうがあります。この水そうを満水にするのに，毎分4Lずつ水を入れると，毎分6Lずつ水を入れたときより20分多く時間がかかるそうです。このとき，次の問いに答えなさい。

基本例題2

（1）　毎分4Lずつ水を入れると何分で満水になりますか。

（2）　この水そうの容積は何Lですか。

7　買ってきた針金を，6cmずつ切り分けても，8cmずつ切り分けても，ちょうど何本かに切り分けることができます。また，6cmずつ切り分けると8cmずつ切り分けたときより6本多く切り分けることができます。買ってきた針金の長さは何m何cmですか。

基本例題2

差集め算の練習問題 発展編

答えは別冊30ページ

❶　姉と妹が同じ金額のお金を持って文房具(ぶんぼうぐ)店に行きました。姉は1本110円のボールペンを何本か買ったところ120円が残り，妹は1本80円のえんぴつを何本か買ったところ440円が残りました。姉が買ったボールペンの本数は妹が買ったえんぴつの本数より1本多かったそうです。このとき，次の問いに答えなさい。

基本例題2の発展

(1)　妹が買ったえんぴつは何本ですか。

(2)　姉ははじめに何円持っていましたか。

❷　みゆさんが今持っているお金でなしだけを買うと9個買えて30円あまり，りんごだけを買うとちょうど15個買えます。また，なし1個の値段はりんご1個の値段より50円高いそうです。このとき，次の問いに答えなさい。

基本例題2の発展

(1)　なし9個の値段とりんご9個の値段は何円違(ちが)いますか。

(2)　りんごは1個何円ですか。

(3)　みゆさんが今持っているお金は何円ですか。

❸　持っているお金で同じアイスクリームを7個買うと20円残るはずでしたが，そのアイスクリームが1個あたり20円値引きされていたので，8個買っても40円残ります。このとき，次の問いに答えなさい。

基本例題2の発展

(1)　値引きされていたアイスクリームは1個何円ですか。

(2)　持っているお金は何円ですか。

❹　まりんさんは，1個350円のケーキと1個150円のプリンを何個かずつ買う予定で3700円を用意していましたが，間違(まちが)えて個数を逆にして買ったので，実際に支払(しはら)ったお金は3300円でした。このとき，次の問いに答えなさい。

個数を逆にして買う問題

(1)　ケーキとプリンのどちらを何個多く買う予定でしたか。

(2)　実際に買ったプリンは何個ですか。

❺　兄と弟は同じ小学校に通っています。ある日，2人は8時ちょうどに家を出発して学校に向かいました。兄は分速90mで歩いて始業時刻の7分前に学校に着き，弟は分速60mで歩いて始業時刻の3分前に学校に着きました。このとき，次の問いに答えなさい。

速さの差集め算

(1)　この小学校の始業時刻は何時何分ですか。

(2)　兄弟の家から学校まで何mありますか。

7 過不足算（かふそくざん）

あまりや不足から差の集まりを考えて数量を求める問題。

基本例題1

あるクラスで画用紙を配ることになりました。1人に4枚ずつ配ると22枚あまり，1人に6枚ずつ配ると42枚不足します。このクラスの人数は何人ですか。また，画用紙は何枚ありますか。

考え方

❶　1人に4枚ずつ配るときと6枚ずつ配るときに必要な枚数の差は，右の図のように，22 + 42 = 64(枚)です。

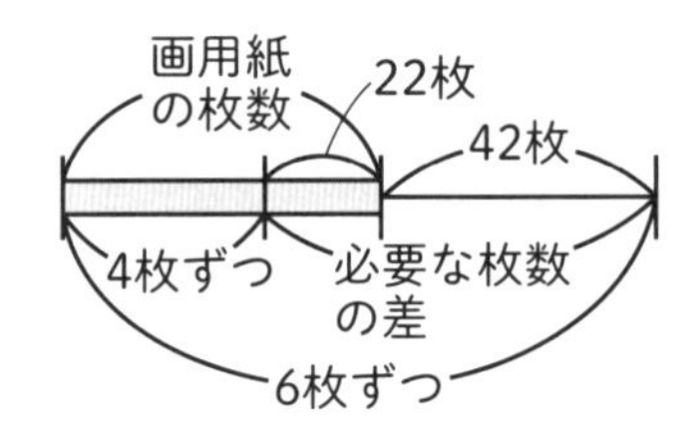

❷　1人に配る枚数の差が，クラスの人数分集まると64枚になるので，このクラスの人数は，64 ÷(6 − 4)= 32(人)とわかります。

❸　1人に4枚ずつ配ると22枚あまることから，画用紙の枚数は，4 × 32 + 22 = 150(枚)

参考 右のような面積図に表す方法もあります。この場合長方形のたてがクラスの人数，面積が画用紙の枚数を表します。面積からたての人数を求めることができます。

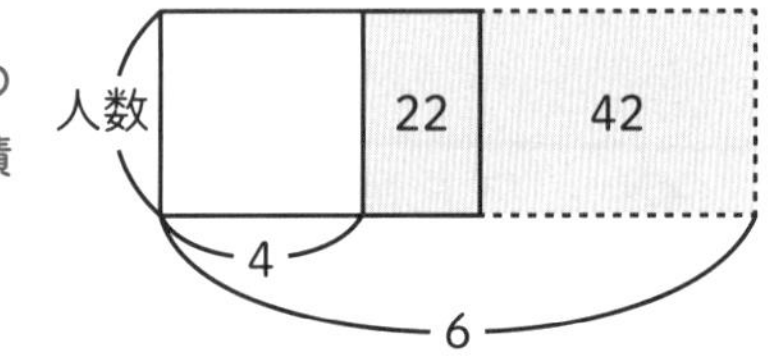

類題1　答えは別冊31ページ

習字の半紙をもかさんの班で分けるのに，1人に5枚ずつ配ると6枚たりなくなり，3枚ずつ配ると4枚あまります。もかさんの班の人数を求めなさい。また，半紙は全部で何枚ありますか。

基本例題2

子ども会に集まった子どもたちにあめを配ります。1人に2個ずつ配ると74個あまるので，1人に5個ずつ配ることにしましたが，それでも2個あまります。子どもは何人いますか。また，あめは何個ありますか。

考え方

❶　1人に2個ずつ配るときと5個ずつ配るときに必要なあめの個数の差は，右の図のように，74 − 2 = 72(個)です。

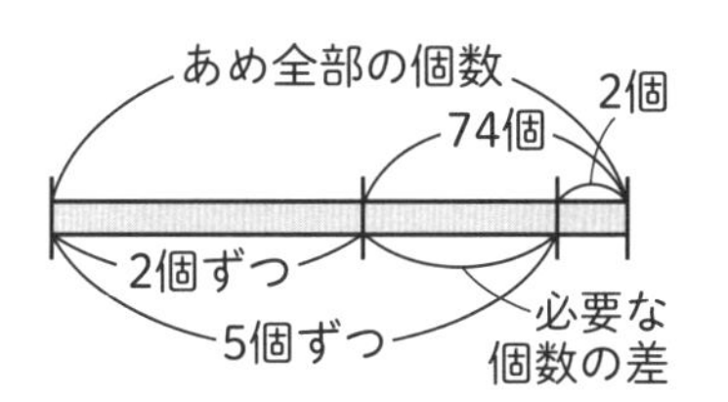

❷　1人に配る個数の差が，子どもの人数分集まると72個になるので，子どもの人数は，72 ÷ (5 − 2) = 24(人)です。

❸　1人に5個ずつ配ると2個あまることから，あめの個数は，5 × 24 + 2 = 122(個)です。

参考 面積図に表すと右の図のようになります。かげをつけた部分の面積が必要な個数の差になります。

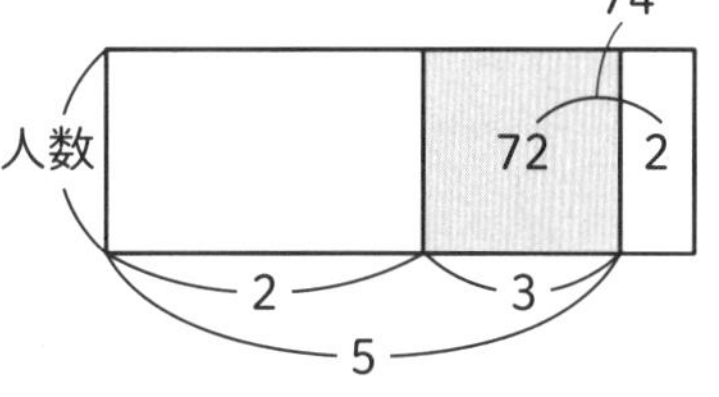

類題2　答えは別冊31ページ

1　何人かの子どもにえんぴつを配ります。1人に4本ずつ配ると17本あまるので，1人に6本ずつ配ることにしましたが，3本あまりました。子どもは何人いますか。また，えんぴつは何本ありますか。

2　おはじきを何人かの子どもで分けるのに，1人に8個ずつ分けると20個不足し，1人に6個ずつ分けると4個不足します。子どもは何人いますか。また，おはじきは何個ありますか。

過不足算の練習問題 基本編

答えは別冊31ページ

1 あるクラスで色紙を配るのに，1人に4枚ずつ配ると38枚あまり，1人に7枚ずつ配るには46枚たりないそうです。このとき，次の問いに答えなさい。

基本例題1

(1) このクラスの人数は何人ですか。

(2) 色紙は何枚ありますか。

2 子ども会に参加した子どもたちにえんぴつを配ります。1人に3本ずつ配ると46本残り，1人に5本ずつ配ると10本残ります。このとき，次の問いに答えなさい。

基本例題2

(1) 子ども会に参加した子どもは何人ですか。

(2) えんぴつは何本ありますか。

3 かいとさんのクラスではお楽しみ会に必要な費用をクラス全員から集めることになりました。1人500円ずつ集めると3000円たりず，1人550円ずつ集めてもまだ1300円たりないそうです。かいとさんのクラスの人数は何人ですか。また，1人600円ずつ集めると何円あまりますか。

基本例題1

4 ゆうかさんは，何日かの予定で1冊の本を全部読む計画を立てようとしています。毎日12ページずつ読むと予定している日数では30ページ残ります。また，毎日15ページずつ読むと予定している日数では6ページ残ります。この本は何ページありますか。また，予定の日数は何日ですか。

基本例題 2

5 りんごを箱につめる作業をします。大きい箱と小さい箱があり，箱の数は同じです。大きい箱に30個ずつつめると，最後の箱には13個しか入りません。また，小さい箱に20個ずつつめると，13個のりんごがあまります。このとき，次の問いに答えなさい。

基本例題 1

（1） 小さい箱は何箱ありますか。

（2） りんごは何個ありますか。

6 講堂の長いすに6年生が座ります。1脚(きゃく)に3人ずつ座ると24人が座れず，1脚に6人ずつ座ると誰も座らない長いすがちょうど8脚できます。

基本例題 1

（1） 6年生は何人いますか。

（2） 座れない人も空きもないようにぴったり座るには，1脚に何人ずつ座ればよいですか。

過不足算の練習問題 発展編

答えは別冊32ページ

❶　公園内のベンチに5年生全員が座ります。1脚(きゃく)に3人ずつ座ると34人が座れず，1脚に5人ずつ座ると誰も座らないベンチが1脚でき，最後のベンチには4人だけ座ることになります。公園のベンチは何脚ありますか。また，5年生は何人いますか。

空席のあるベンチ

❷　えんぴつとボールペンが何本かずつあり，えんぴつの本数はボールペンの本数の2倍です。集まった子どもたちにえんぴつを5本ずつ配ると84本あまり，ボールペンを7本ずつ配ると6本あまります。このとき，次の問いに答えなさい。

2倍の個数のものを配る問題

(1)　集まった子どもたちは何人ですか。

(2)　ボールペンは何本ありますか。

❸　赤玉と青玉があります。赤玉の個数は青玉の個数の2倍です。子どもたちに分けるのに，赤玉を5個ずつ分けると6個不足し，青玉を2個ずつ分けると1個あまります。子どもの人数と赤玉と青玉を合わせた個数を求めなさい。

2倍の個数のものを配る問題

❹　スーパーマーケット内にいるお客さんに，アイスクリームの割引券を1人に5枚ずつ配ると30枚あまり，牛乳の無料券を1人に2枚ずつ配るには4枚不足します。アイスクリームの割引券の枚数は，牛乳の無料券の枚数の3倍です。このとき，次の問いに答えなさい。

3倍の個数のものを配る問題

(1)　スーパーマーケット内にいるお客さんは何人ですか。

(2)　牛乳の無料券は何枚ありますか。

❺　らむさんのクラスでアサガオの種を配ることになりました。1人に5個ずつ配ると35個不足するので，1人に3個ずつ配ることにしました。ところが，実際に配り始めてみるとたくさんあまりそうな気がしたので，8人に3個ずつ配ったあと，残りの人には1人分の個数をあと1個ずつ増やして配り終えました。その結果，2個あまったそうです。らむさんのクラスの人数は何人ですか。また，アサガオの種は何個ありましたか。

配る個数が変わる問題

❻　6年生が修学旅行に行きました。旅館の部屋の数は決まっていて，1部屋に7人ずつ入ると12人が入れなくなるので，3つの部屋に6人ずつ入れ，残りの部屋に8人ずつ入れようとしたところ，最後の部屋だけ4人しか入らないことになりました。修学旅行に行った6年生は全部で何人ですか。

配る個数が変わる問題

難問に挑戦！

答えは別冊 33 ページ

問題　1個360円のケーキと1個240円のプリンと1個160円のシュークリームを何個かずつ買って、ちょうど2000円になるようにしたいと思います。どれも少なくとも1個ずつは買うものとすると，どのような買い方ができますか。（ケーキ、プリン、シュークリーム）の順に（3，5，9）のように考えられる個数の組をすべて書きなさい。

第3章
割合に関する問題

1 相当算

割合からもとにする量（全体の量）を求める問題。

基本例題1

ある長さのリボンをA, B, Cの3人で分けるのに, Aは全体の $\frac{2}{5}$ を切り取り, Bは全体の $\frac{1}{6}$ より10cm長く切り取り, 残りをCがもらいます。Cがもらうリボンの長さが55cmのとき, はじめのリボンの長さは何cmですか。

考え方

$\frac{2}{5}+\frac{1}{6}=\frac{12}{30}+\frac{5}{30}=\frac{17}{30}$ だから, $10+55=65$(cm)がはじめのリボンの長さの, $1-\frac{17}{30}=\frac{13}{30}$ にあたります。よって, はじめのリボンの長さは,

$65 \div \frac{13}{30}=$ 150(cm)

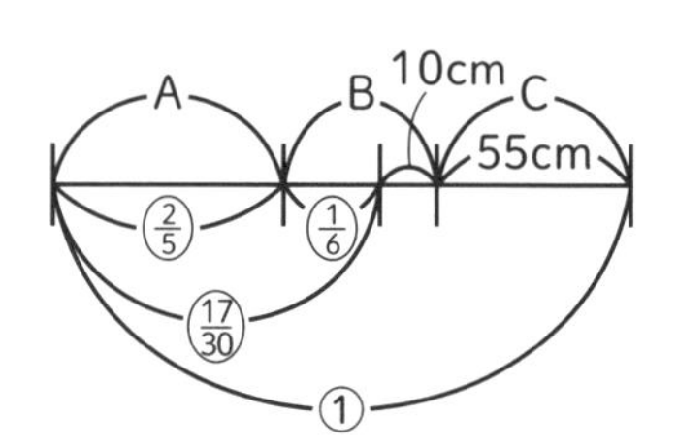

類題1

答えは別冊35ページ

ある中学校で, 全校生徒に海外へ行ったことがあるかどうか聞いたところ, 全校生徒の $\frac{1}{5}$ より20人多い生徒が海外へ行ったことがあり, 海外へ行ったことがない生徒は268人でした。この中学校の全校生徒は何人ですか。

基本例題2

❶ けんとさんは, 持っていたお金の $\frac{2}{5}$ で本を買い, 残りのお金の $\frac{5}{12}$ でコンパスを買ったところ, 560円が残りました。けんとさんがはじめに持っていたお金は何円ですか。

❷ しおりさんは, 持っていたお金の $\frac{1}{6}$ と100円で本を買い, 残ったお金の $\frac{4}{7}$ でボールペンを買ったところ, 600円が残りました。しおりさんがはじめに持っていたお金は何円ですか。

考え方 ポイント **線分図をかいて考えましょう。**

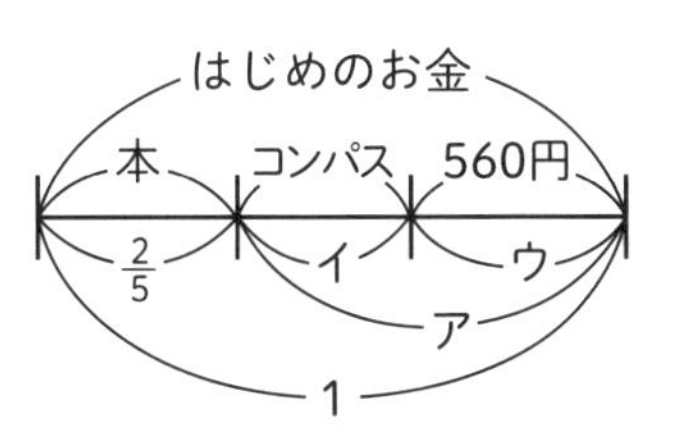

❶ 右の図より，けんとさんがはじめに持っていたお金を 1 とすると，アは $\frac{3}{5}$ 。また，イはアの $\frac{5}{12}$ なので，ウはアの $\frac{7}{12}$ にあたります。よって，560 円は，けんとさんがはじめに持っていたお金の，$\frac{3}{5} \times \frac{7}{12} = \frac{7}{20}$　けんとさんがはじめに持っていたお金は，$560 \div \frac{7}{20} =$ 1600(円)

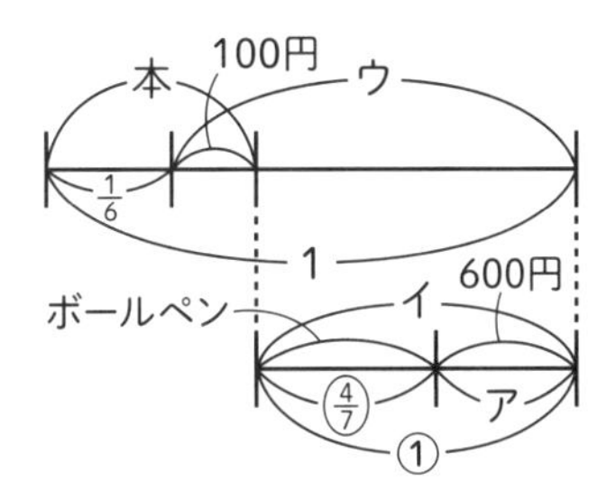

❷ 右の図のように，2 本の線分図をかきます。下の線分図のアにあたる割合は $\frac{3}{7}$ なので，イ $\times \frac{3}{7} =$ 600 より，イにあてはまる金額(本を買ったあとにしおりさんが持っていた金額)は，$600 \div \frac{3}{7} = 1400$ (円)　よって，上の線分図のウにあたる金額は，$1400 + 100 = 1500$(円)　1500 円は，はじめにしおりさんが持っていたお金の $\frac{5}{6}$ にあたるから，しおりさんがはじめに持っていたお金は，$1500 \div \frac{5}{6} =$ 1800(円)

類題2　答えは別冊 35 ページ

1 しょうさんは，持っていたお金の $\frac{1}{4}$ でノートを買い，残りのお金の $\frac{2}{15}$ でえんぴつを買ったところ，520 円が残りました。520 円はしょうさんがはじめに持っていたお金の何分のいくつですか。また，しょうさんがはじめに持っていたお金は何円でしたか。

2 めいさんは，持っていたお金の $\frac{2}{9}$ と 130 円で本を買い，残ったお金の $\frac{3}{11}$ でノートを買ったところ，720 円が残りました。めいさんははじめに何円持っていましたか。

相当算の練習問題 基本編

答えは別冊35ページ

1 かきぞめの練習をするのに持っていた半紙の枚数の $\frac{1}{4}$ と2枚を使ったら，22枚残りました。はじめにあった半紙は何枚ですか。

基本例題1

2 今，砂糖が何gかあります。全体の $\frac{1}{5}$ を今日使い，全体の $\frac{1}{4}$ を明日使うとき，次の問いに答えなさい。

基本例題1

(1) 今日と明日の2日間で使う砂糖の重さの合計が270gになるのは，今ある砂糖の重さが何gのときですか。

(2) 明日使ったあと，残りの重さが462gになるのは，今ある砂糖が何gのときですか。

3 兄，弟，妹の3人でおばあさんからもらったお金を分けます。兄が全体の $\frac{1}{2}$，弟が全体の $\frac{1}{3}$ と100円をとったので，妹がもらったお金は1500円になりました。このとき，次の問いに答えなさい。

基本例題1

(1) おばあさんからもらったお金の合計は何円でしたか。

(2) 弟は何円もらいましたか。

4　ある本を1日目は全体の $\frac{1}{4}$，2日目は残りの $\frac{5}{12}$ を読んだところ，49ページ残っていました。このとき，次の問いに答えなさい。

基本例題2

(1)　2日目に読んだのは本全体の何分のいくつですか。

(2)　この本は全部で何ページありますか。

5　持っていたお金の30％で本を買い，残ったお金の $\frac{1}{6}$ でノートを買いました。このとき，次の問いに答えなさい。

基本例題2

(1)　ノートの代金ははじめに持っていたお金の何分のいくつですか。

(2)　このあとさらに，残ったお金の $\frac{2}{7}$ でボールペンを買ったところ，500円が残りました。はじめに持っていたお金は何円でしたか。

6　1本の針金をA，B，Cで切り分けて使います。はじめにAが全体の $\frac{1}{4}$ と30cmを切り取り，次にBが残りの長さの $\frac{1}{3}$ と25cmを切り取り，その残りの95cmをCがもらいました。このとき，次の問いに答えなさい。

基本例題2

(1)　Aが切り取ったあと，針金は何cm残っていましたか。

(2)　はじめの1本の針金の長さは何cmでしたか。

相当算の練習問題 発展編

答えは別冊36ページ

❶　運動会で，6年生全員が赤組，青組，白組の3つの組に分かれて競うことになりました。赤組の人数は6年生全員の $\frac{1}{4}$ より20人多く，青組の人数は6年生全員の $\frac{1}{4}$ より16人多く，白組の人数は6年生全員の $\frac{1}{3}$ でした。6年生は全部で何人いますか。

基本例題１の発展

❷　ある小学校の5年生の人数を調べると，男子の人数は5年生全体の人数の $\frac{1}{3}$ より20人多く，女子の人数は5年生全体の人数の $\frac{1}{2}$ より2人少ないことがわかりました。この学校の5年生は全部で何人ですか。

基本例題１の発展

❸　ゆうきさんは，お母さんからもらったおこづかいのうちの $\frac{1}{5}$ で本を買い，次に残りのお金の37.5％で筆箱を買い，最後に残ったお金の $\frac{2}{3}$ で文房具(ぶんぼうぐ)のセットを買ったところ，500円残りました。このとき，次の問いに答えなさい。

基本例題２の発展

(1)　ゆうきさんがお母さんからもらったおこづかいは何円でしたか。

(2)　ゆうきさんが買った文房具のセットは何円でしたか。

❹　えりかさんは，持っていたお金の $\frac{1}{6}$ と100円で本を買い，次に残ったお金の1割と60円でノートを買ったところ，1200円が残りました。えりかさんが買った本は何円でしたか。

基本例題２の発展

❺　ある学校の6年生男子の人数は，6年生全体の人数の $\frac{7}{13}$ より3人少なく，女子の人数は6年生全体の人数の $\frac{5}{9}$ より8人少ないそうです。この学校の6年生の女子は何人ですか。

基本例題１の発展

❻　ある本を読むのに，1日目には全体の $\frac{1}{4}$ より12ページ多く読み，2日目には1日目に読んだページ数の $\frac{1}{2}$ と2ページを読み，3日目には80ページを読んですべて読み終えました。このとき，次の問いに答えなさい。

基本例題２の発展

(1)　この本は全部で何ページありますか。

(2)　2日目には何ページ読みましたか。

❼　AさんとB君が同じ本をそれぞれ3日間で読み終わりました。Aさんは毎日同じページ数ずつ読みました。B君は1日目に全体の $\frac{1}{4}$ を，2日目には残りの $\frac{2}{9}$ を読み，3日目にはAさんよりも24ページ多く読んだそうです。この本は全部で何ページありますか。

基本例題２の発展

2 倍数算

数量の増減によって，比や倍数の関係が変わる問題（比を使わない問題は第2章「2　分配算」参照）。

基本例題1

兄と弟のはじめの所持金の比を 4：3 とします。次の場合，兄のはじめの所持金は何円になりますか。

❶ 弟だけが 300 円使ったあと，兄と弟の所持金の比が 8：5 になった。

❷ 2 人が 600 円ずつ使うと，兄と弟の所持金の比は 5：3 になった。

❸ 兄が弟に 600 円あげると，兄と弟の所持金の比は 2：3 になった。

考え方　ポイント　変わらないものを見つける。

❶ この場合，兄の所持金が変わらないので，これを右のように，4 と 8 の最小公倍数⑧としてそろえます。弟の，⑥－⑤＝① が 300 円にあたるので，兄のはじめの所持金は，300 × 8 ＝ 2400（円）

	兄	弟		兄	弟
			2倍		
はじめ	4	3	➡	⑧	⑥
あと	8	5	➡	⑧	⑤

はじめの比の前項と後項を2倍して，「はじめ」と「あと」の兄の比をそろえます

❷ この場合，兄と弟の差が，はじめとあとで変わらないので，差にあたる比を 1 と 2 の最小公倍数②にそろえます。兄の，⑧－⑤＝③ が 600 円にあたるので，①は，600 ÷ 3 ＝ 200（円）　よって，兄のはじめの所持金は，200 × 8 ＝ 1600（円）

「はじめ」の比の前項と後項を 2 倍します

	兄	弟		差
はじめ	4	3	➡	1
あと	5	3	➡	2

⇓

	兄	弟		差
はじめ	⑧	⑥	➡	②
あと	⑤	③	➡	②

❸ この場合，兄と弟の和が，はじめとあとで変わらないので，和にあたる比を右のように 7 と 35 の最小公倍数㉟としてそろえます。⑳－⑭＝⑥ が 600 円にあたるので，①は，600 ÷ 6 ＝ 100（円）　よって，兄のはじめの所持金は，100 × 20 ＝ 2000（円）

「はじめ」の比を 5 倍，「あと」の比を 7 倍します

	兄	弟		和
はじめ	4	3	➡	7
あと	2	3	➡	5

⇓

	兄	弟		和
はじめ	⑳	⑮	➡	㉟
あと	⑭	㉑	➡	㉟

基本例題2　**変わらないものがない場合**難

兄と弟のはじめの所持金の比は５：２でしたが，兄が 200 円使い，弟がお父さんから 400 円もらったので，２人の所持金の比は３：２になりました。はじめ，兄は何円持っていましたか。

考え方　ポイント　**変わらないものがない場合は比例式をつくる。**

A：B ＝ C：D　の形の式を比例式といいます。（B・C：内項，A・D：外項）➜ 外項の積と内項の積は等しい。
A × D = B × C

はじめの兄の所持金を⑤，弟の所持金を②とします。変化があったあとの兄と弟の所持金が３：２になったことより，

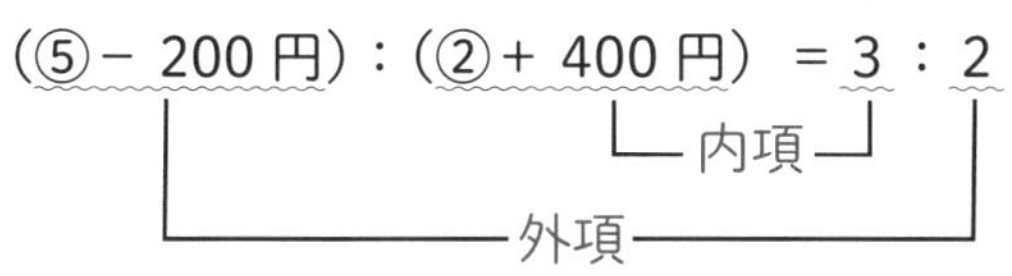

外項の積と内項の積が等しいことより，

２ ×（⑤－ 200 円）＝ ３ ×（②＋ 400 円）

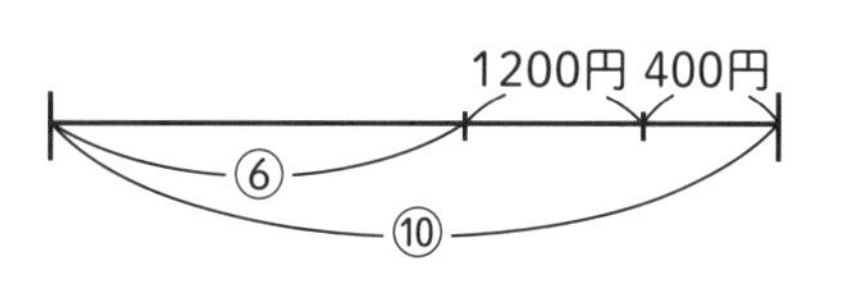

２ ×（⑤ － 200 円）＝ ３ ×（② ＋ 400 円）

とかけて，

⑩－ 400 円＝⑥＋ 1200 円　右上の図から，⑩－⑥＝④が，1200 ＋ 400 ＝ 1600（円）にあたることがわかります。

比の①は，1600 ÷ 4 ＝ 400（円）なので，兄のはじめの所持金は，400 × 5 ＝ 2000（円）

類題　はじめに姉と弟が持っていたお金の比を７：５とします。　答えは別冊 37 ページ

1　姉が 400 円の本を買うと，姉と弟が持っているお金の比は 17：15 になりました。はじめ，姉が持っていたお金は何円でしたか。

2　２人が 440 円のコンパスを１本ずつ買うと，姉と弟が持っているお金の比は５：２になりました。はじめ，姉が持っていたお金は何円でしたか

倍数算の練習問題 基本編

答えは別冊38ページ

1　はじめ，兄は弟の2倍のお金を持っていましたが，弟がおばあさんから500円もらったので，2人の所持金の比は9：7になりました。はじめ，弟は何円持っていましたか。

基本例題1①

2　はじめ，兄と弟の所持金の比は7：4でしたが，2人ともお母さんから300円もらったので，2人の所持金の比は17：11になりました。はじめ，兄は何円持っていましたか。

基本例題1②

3　はじめ，兄と弟の所持金の比は9：5でしたが，兄が弟に200円あげたので，2人の所持金の比は4：3になりました。今，兄は何円持っていますか。

基本例題1③

4　容器Aと容器Bの中の水の量は，はじめ3：2でしたが，Aから10Lくみ出したところ，容器Aと容器Bの中の水の量の比は7：8になりました。はじめ容器Aに入っていた水は何Lでしたか。

基本例題1①

5　容器Aに入っている水は，容器Bに入っている水の4倍です。もし，容器Aの中から2Lの水を取り出して容器Bに入れると，容器Aと容器Bに入っている水の量の比は10：3になります。今，容器Aに入っている水は何Lですか。

基本例題1③

6　約分すると $\frac{3}{4}$ になる分数をAとします。次のとき，分数Aはそれぞれいくつですか。

(1)　分数Aの分子に6を加えて約分すると $\frac{5}{6}$ になる。

基本例題1①

(2)　分数Aの分子と分母に18を加えて約分すると $\frac{9}{11}$ になる。

基本例題1②

7　右の図のように，池の中に底につくまでA，Bの棒を立てました。はじめ，AとBの水面上に出ていた部分の比は9：7でしたが，雨が降って水面が18cm上がったので，水面上に出ている部分の比は9：5になりました。はじめ，棒Bの水面上に出ていた部分の長さは何cmでしたか。

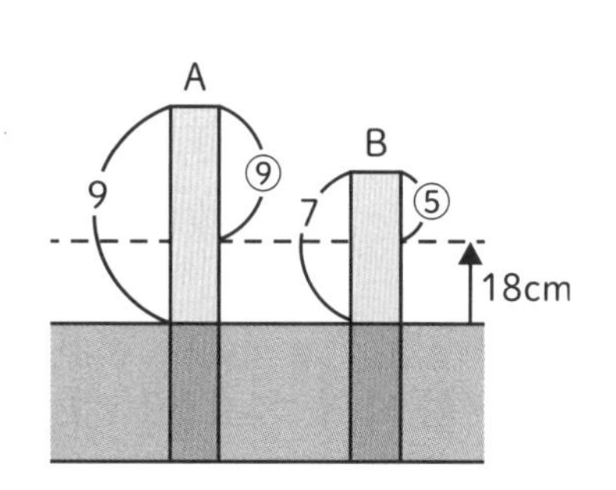

基本例題1②

倍数算の練習問題 発展編

答えは別冊39ページ

❶　はじめ，兄は4000円，弟は3600円持っていましたが，近所のお祭りで兄が弟の2倍のお金を使ったので，兄と弟が持っているお金は等しくなりました。兄と弟はそれぞれ何円使いましたか。

基本例題 2

❷　先月，姉の貯金額は妹の貯金額の3倍でした。今月になって，姉が4800円，妹が600円新たに貯金を増やしたところ，姉の貯金額は妹の貯金額の4倍になりました。先月の姉と妹の貯金額はそれぞれ何円でしたか。

基本例題 2

❸　約分すると $\frac{2}{3}$ になる分数Aの分子に42，分母に99を加えて約分したところ，$\frac{1}{2}$ になりました。約分する前の分数Aを求めなさい。

基本例題 2

❹　ある湖にいる白鳥とカモの数の比を調べたところ，昨日は4：7でした。今日は昨日より白鳥が12羽，カモが24羽少なくなっていたので，白鳥とカモの数の比は3：5になりました。今日，白鳥は何羽いますか。

基本例題 2

❺　はじめ，水そうAと水そうBに入っていた水の量の比は15：7でした。水そうBから何Lかの水をくみ出し，水そうAからその3倍の水をくみ出したところ，水そうAには144L，水そうBには72Lの水が残りました。水そうBからくみ出した水は何Lですか。

基本例題 2

❻　現在，父は40才，母は38才で，2人には15才，12才，10才の3人の子がいます。父母の年れいの和と子ども3人の年れいの和の比が26：19になるのは今から何年後のことですか。

年れい算の応用

❼　りんご1個とみかん1個の値段の比は4：1でしたが，りんごが20円安くなり，みかんが10円値上がりしたので，りんご1個とみかん1個の値段の比は5：2になりました。はじめ，りんごとみかんは1個何円でしたか。

基本例題 2

❽　昨年，ある中学校では，新入生の男子と女子の人数の比が9：8でした。今年の新入生は男子が昨年より3人減り，女子が昨年より2人増えたので，男子と女子の比は15：14になりました。今年の男子と女子の新入生はそれぞれ何人ですか。

基本例題 2

3 売買損益算

物の売買や利益・損失に関する問題。

基本例題1

次の問いに答えなさい。

❶　2000円で仕入れた品物に4割の利益を見込んで定価をつけましたが，売れないので，定価の10％引きで売りました。実際の利益は何円ですか。

❷　ある商品に原価の20％の利益を見込んで定価をつけましたが，売れないので定価の10％引きで売ったところ，320円の利益がありました。この商品の原価は何円ですか。

考え方　ポイント　仕入れ値（原価）⇒定価⇒売り値　の順に値段をつけます。

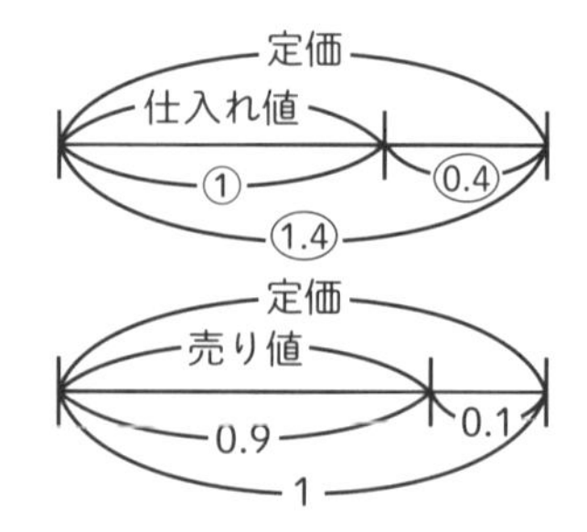

❶　4割は0.4ですが，4割増やして定価をつけるので，定価は仕入れ値の1.4倍になり，2000 × 1.4 = 2800（円）になります。10％は0.1ですが，定価の10％引きは，定価の0.9倍（90％）になるので売り値は，2800 × 0.9 = 2520（円）です。

実際の利益は，2520 − 2000 = 520（円）

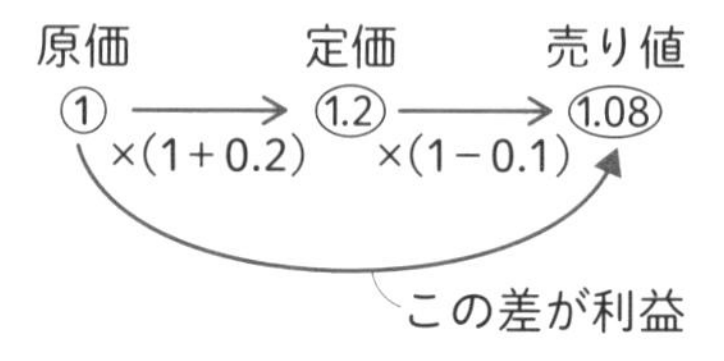

❷　原価（仕入れ値）を①とします。このとき，右のように，売り値は(1.08)となるので，利益の割合は，(1.08)−①＝(0.08)　これが320円にあたるので，原価①は，320 ÷ 0.08 = 4000（円）

類題1　答えは別冊40ページ

1500円で仕入れた品物に6割の利益を見込んで定価をつけましたが，売れないので定価の2割引きで売りました。実際の利益は何円ですか。

基本例題2

ある商品を 100 個仕入れ，4 割の利益を見込んで定価をつけました。40 個は定価で売れましたが，残りは売れ残ったので定価の 2 割 5 分引きで売りました。その結果，全部売れて，利益は全部で 38000 円でした。この商品の定価は何円でしたか。

考え方

❶　1 個の仕入れ値を①とすると，1 個の定価は⦅1.4⦆，定価の 2 割 5 分引きは，⦅1.4⦆ × (1 − 0.25) = ⦅1.05⦆と表せます。

❷　⦅1.4⦆で売れたのが 40 個，⦅1.05⦆で売れたのが，100 − 40 = 60(個)なので、売り上げの合計の割合は，⦅1.4⦆ × 40 + ⦅1.05⦆× 60 = ⦅119⦆となります。また，仕入れの総額の割合は，①× 100 = ⦅100⦆　よって，利益の 38000 円にあたる割合は，⦅119⦆− ⦅100⦆= ⑲となります。ここから，仕入れ値①は，38000 ÷ 19 = 2000(円)とわかります。

❸　定価は，仕入れ値の 1.4 倍なので，2000 × 1.4 = 2800(円)です。

参考 下のようにまとめるとわかりやすくなります。

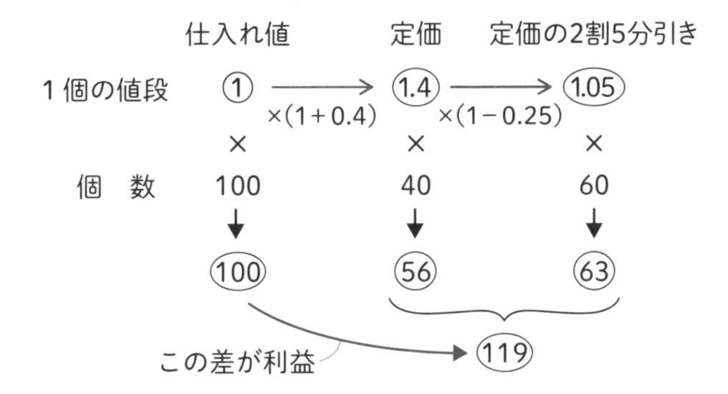

類題2　答えは別冊 40 ページ

ある商品を 40 個仕入れ，仕入れ値の 8 割の利益を見込んで定価をつけました。定価で 10 個売りましたが，残りは売れなかったので，定価の 2 割引きで売ったところ，すべて売ることができました。利益は 31800 円だったそうです。この商品の仕入れ値は 1 個何円ですか。

売買損益算の練習問題 基本編

答えは別冊40ページ

1　原価2000円の品物に2割増しで定価をつけました。このとき，次の問いに答えなさい。

基本例題 1

（1）　定価は何円ですか。

（2）　定価の1割引きで売ると利益は何円になりますか。

2　800円で仕入れた品物に3割の利益を見込(こ)んで定価をつけましたが，売れないので定価の20%引きで売りました。このとき，次の問いに答えなさい。

基本例題 1

（1）　定価は何円ですか。

（2）　実際の利益は何円ですか。

3　1000円で仕入れた品物に2割の利益を見込んで定価をつけましたが，売れないので定価から150円ひいて売りました。実際の利益は何円ですか。

基本例題 1

4　仕入れた品物に5割の利益を見込んで定価をつけ，定価の10%引きの4320円で売りました。仕入れ値は何円ですか。

基本例題 1

5　仕入れた品物に3割の利益を見込んで定価をつけましたが，売れないので定価の2割引きで売ったところ，320円の利益がありました。この品物の仕入れ値は何円ですか。

基本例題 1

6　□円で仕入れた品物に40％の利益を見込んで定価をつけましたが，売れないので定価の3割引きで売ったところ，26円の損失がでました。

□にあてはまる数を求めなさい。

基本例題 1

7　ある商品を100個仕入れ，仕入れ値の5割の利益を見込んで定価をつけました。30個は定価通り売れましたが，70個が売れ残ってしまったので，残りの70個は定価の2割引きで売ったところ，すべて売れて，69600円の利益がありました。このとき，次の問いに答えなさい。

基本例題 2

(1)　この商品1個の仕入れ値を1とすると，売り上げ全部はいくつになりますか。

(2)　この商品1個の仕入れ値は何円ですか。

8　ある商品を200個仕入れ，仕入れ値の60％の利益を見込んで定価をつけました。定価通りに50個売り，残りを定価の2割5分引きで売ったところ，48000円の利益がありました。この商品1個の仕入れ値を求めなさい。

基本例題 2

売買損益算の練習問題 

答えは別冊41ページ

❶　ある商品に原価の7割の利益を見込(こ)んで定価をつけましたが，売れないので定価の1500円引きで売ったところ，390円の利益がありました。この商品の定価は何円ですか。

基本例題1の応用

❷　ある商品に1800円の利益を見込んで定価をつけましたが，売れないので定価の2割引きで売ったところ，実際の利益は300円でした。この商品の仕入れ値は何円でしたか。

基本例題1の応用

❸　ある商店ではりんごを200個仕入れ，1個につき仕入れ値の50%の利益を見込んで定価をつけました。初日に定価通りに80個売り，2日目は定価の2割引きで100個売りましたが，残りの20個はいたんでいたので捨てました。利益は全部で3200円だったそうです。このとき，次の問いに答えなさい。

廃棄(はいき)するものがある問題

(1)　1個の仕入れ値を1とすると，売り上げは全部でいくつになりますか。

(2)　もし，定価通り全部売れていたら，利益は何円になっていましたか。

4 ある商店では，仕入れた商品に2割の利益を見込んで定価をつけましたが，仕入れた商品の2割はいたんでいたので定価の3割引きで売り，残りは定価で売りました。その結果，仕入れた商品はすべて売れ，利益は全部で19200円になりました。このとき，次の問いに答えなさい。

比の利用

(1)　仕入れの総額と売り上げの総額の比を求めなさい。

(2)　もし，仕入れた商品をすべて定価で売っていたら，全部で何円の利益になるはずでしたか。

5 1個□円で50個仕入れたくだものに，1個について300円の利益を見込んで定価をつけましたが，そのうちの4割はいたんでいたので定価の2割引きで売り，残りは定価で売りました。その結果，利益は11400円でした。このとき，□にあてはまる数を求めなさい。

基本例題2の応用

6 3000円で仕入れた品物が40個あります。そのうちのいくつかは仕入れ値の2割増しで売りましたが，残りは売れなかったので仕入れ値の2割引きで売りました。その結果，全部で6000円の損失になりました。このとき，仕入れ値の2割増しで売った個数は何個ですか。

つるかめ算の利用

4 食塩水（しょくえんすい）

食塩水の濃度（のうど）や食塩の量など求める問題。

基本例題1

15g の食塩を 60g の水に加えてよくかき混ぜ，食塩水 A をつくりました。このとき，次の問いに答えなさい。

❶ 食塩水 A の濃（こ）さは何% ですか。

❷ 食塩水 A に水を加えて 10%の食塩水 B をつくります。水を何 g 加えればよいですか。

❸ 食塩水 A に 12%の食塩水 C を 125g 加えてよく混ぜ合わせると何%の食塩水ができますか。

考え方

❶ （食塩水の濃さ）=（食塩の重さ）÷（食塩水全体の重さ）で求めます。100 倍すると%で求められます。

15 ÷ (15 + 60) = 0.2　0.2 × 100 = 20(%)

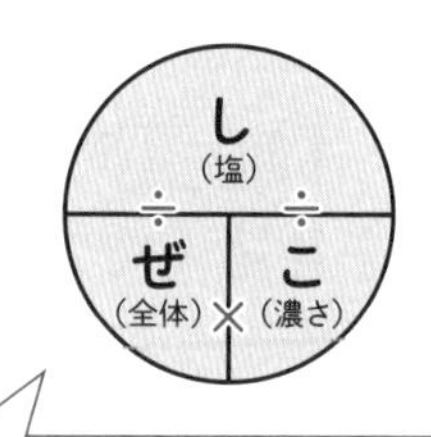

濃さ＝塩÷全体（食塩水）
塩＝全体（食塩水）×濃さ
全体（食塩水）＝塩÷濃さ

❷ 下の図で，食塩水 B にとけている食塩は 15g のままなので，食塩水 B 全体の重さは，15 ÷ 0.1 = 150(g)　よって，加える水の重さは，

150 − 75 = 75(g)

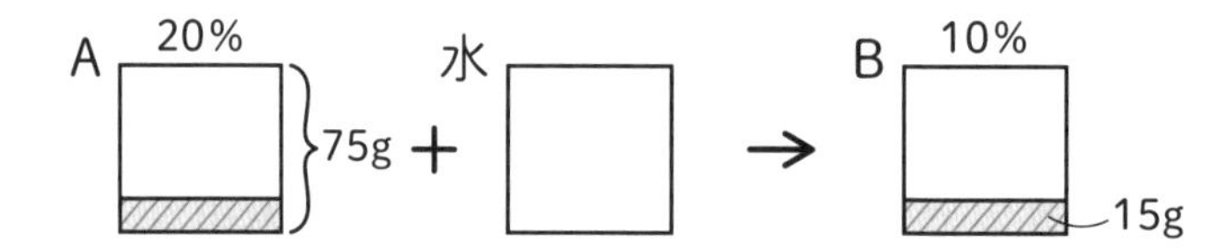

❸ 下の図で，食塩水 C にふくまれる食塩の重さは，125 × 0.12 = 15(g)
混ぜ合わせた食塩水にふくまれる食塩の重さは，15 + 15 = 30(g)
全体の重さは，75 + 125 = 200(g)　よって，濃さは，
30 ÷ 200 × 100 = 15(%)

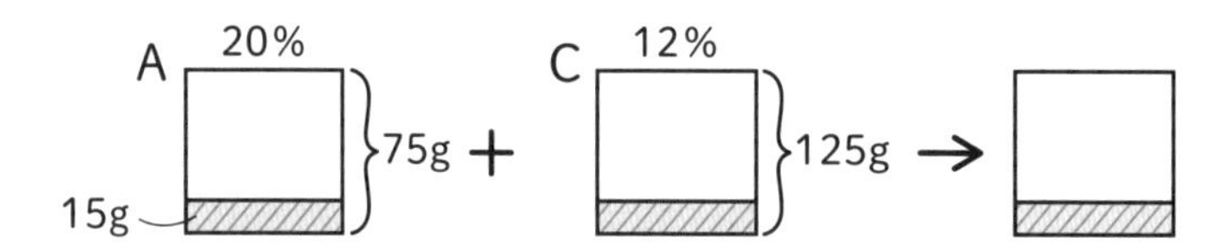

基本例題2

4%の食塩水が600gあります。このとき，次の問いに答えなさい。

❶　この食塩水に14%の食塩水を加えて6%の食塩水をつくりたいと思います。14%の食塩水を何g混ぜればよいですか。

❷　この食塩水に食塩を加えて濃さを10%にしたいと思います。食塩を何g加えればよいですか。

考え方　ポイント　**食塩や全体の重さから解けない問題は面積図を使います。**

❶　右の図で，長方形のたては濃さ(%)，横は全体の重さ(g)，面積は食塩の量を表しています。濃さをならすと6%になることから，図の斜線(しゃせん)部分の面積(食塩の重さ)が等しくなることがわかります。このとき，ウが求める重さです。図のアは，6 − 4 = 2(%)，イは，14 − 6 = 8(%)で，斜線部分の面積(食塩の重さ)が等しいことから，ウ = 2 × 600 ÷ 8 = 150(g)

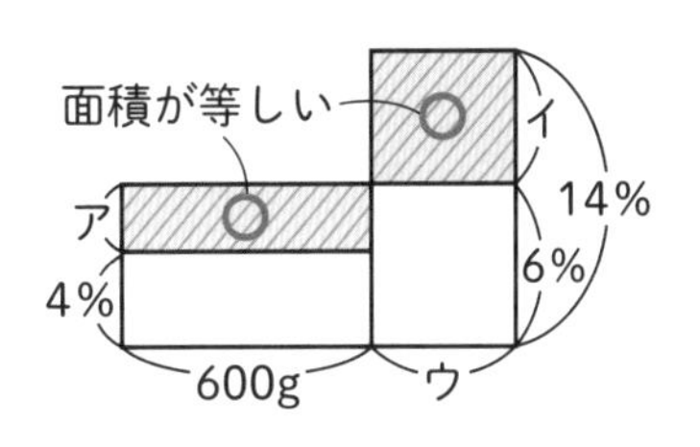

別解　長方形の面積が等しいとき，たての長さの比と横の長さの比は逆比になります。たてが2：8 = 1：4だから，横は4：1になり，ウは，600 ÷ 4 = 150(g)と求めることもできます。

❷　食塩を100%の食塩水と考えて，右の図のような面積図をかいて求めます。図のウが求める食塩の重さです。このとき，図のアは6%，イは90%なので，6 × 600 = 90 ×ウとなります。よって，ウ = 3600 ÷ 90 = 40(g)

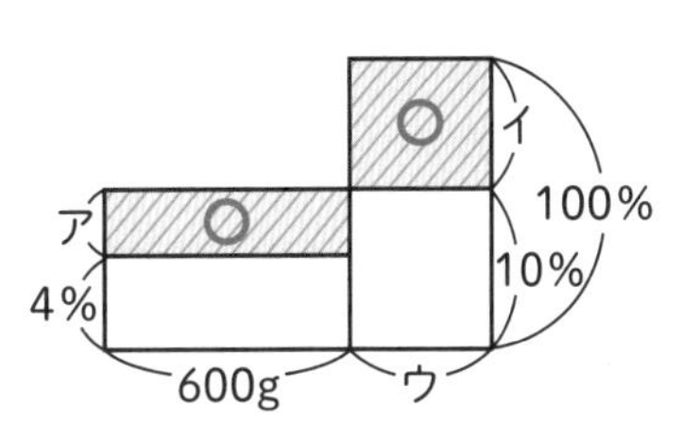

面積図のかき方　上の例題2①を例に解説します。

①　混ぜ合わせる食塩水を左右に並べてかきます。　②　できる食塩水の濃さをかき入れます。　③　斜線部分の面積が等しい。

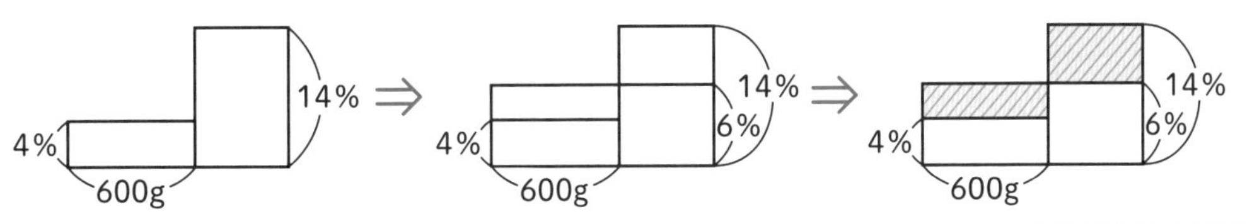

第3章　4　食塩水

食塩水の練習問題 基 本 編

答えは別冊42ページ

1 25gの食塩を100gの水にとかすと何%の食塩水ができますか。

基本例題 1

2 5%の食塩水180gに20gの食塩を加えると，何%の食塩水ができますか。

基本例題 1

3 12%の食塩水50gに250gの水を加えると，何%の食塩水になりますか。

基本例題 1

4 15%の食塩水が240gあります。この食塩水を熱して水を蒸発させ，濃(こ)さを20%にしたいと思います。水を何g蒸発させればよいですか。

基本例題 1

5 3%の食塩水400gと12%の食塩水200gを混ぜると，何%の食塩水ができますか。

基本例題 1

6 3%の食塩水と10%の食塩水を3：4の割合で混ぜると何%の食塩水ができますか。

基本例題 1

7　2%の食塩水100gと5%の食塩水400gと12%の食塩水500gを混ぜると何%の食塩水ができますか。

基本例題1

8　4%の食塩水300gに食塩を混ぜたところ，10%の食塩水ができました。何gの食塩を混ぜましたか。

基本例題2

9　2%の食塩水350gに8%の食塩水を何gか加えたところ，3.8%の食塩水ができました。8%の食塩水を何g混ぜましたか。

基本例題2

10　12%の食塩水360gにある濃さの食塩水を480g混ぜたところ，8%の食塩水ができました。何%の食塩を混ぜましたか。

基本例題2

11　2%の食塩水と10%の食塩水を混ぜ合わせたところ，8%の食塩水が280gできました。2%の食塩水と10%の食塩水をそれぞれ何gずつ混ぜましたか。

基本例題2

食塩水の練習問題 発展編

答えは別冊43ページ

❶　10%の食塩水が300gあります。この食塩水から80gの食塩水を取り出し，残った食塩水から20gの水を蒸発させると何%の食塩水ができますか。

基本例題１の発展

❷　12%の食塩水に水を加えてよく混ぜたら7.5%の食塩水ができました。12%の食塩水と水を何対何の割合で混ぜましたか。

基本例題２の発展

❸　2%の食塩水があります。この食塩水を熱して240gの水を蒸発させると5%の食塩水ができます。2%の食塩水は何gありますか。

基本例題２の発展

❹　とけている食塩と水の重さの割合が1：19である食塩水が200gあります。この食塩水にある濃(こ)さの食塩水を300g加えると，とけている食塩と水の重さの割合が2：23になりました。加えた食塩水の濃さは何%でしたか。

比で表された濃さ

❺　容器の中に16％の食塩水が500g入っています。この中の食塩水を200g捨て，かわりに200gの水を入れると容器の中の食塩水の濃さは何％になりますか。

捨てた食塩水のかわりに水を入れる問題

❻　容器Aには5％の食塩水が400g，容器Bには10％の食塩水が400g入っています。はじめに容器Aから100gの食塩水を取り出して容器Bに入れよくかき混ぜます。次に容器Bから200gの食塩水を取り出して容器Aに入れてよくかき混ぜます。このとき，最後に容器Aと容器Bに入っている食塩水の濃さはそれぞれ何％ですか。

食塩水間のやりとり

❼　容器Aには5％の食塩水が300g，容器Bには8％の食塩水が600g入っています。容器Aと容器Bから同じ重さの食塩水を取り出し，Aから取り出した食塩水をBに，Bから取り出した食塩水をAに入れてそれぞれかき混ぜました。その結果，容器Aの中の食塩水は6.2％になりました。このとき，次の問いに答えなさい。

食塩水間のやりとり

(1)　最後に容器Bの中の食塩水の濃さは何％になりましたか。

(2)　容器Aから取り出した食塩水は何gですか。

特訓！ 食塩水の面積図

答えは別冊44ページ

次の □ にあてはまる数を求めなさい。

❶ 13％の食塩水210gと3％の食塩水 □ gを混ぜたら10％の食塩水ができました。

❷ 12％の食塩水 □ gと2％の食塩水160gを混ぜたら8％の食塩水ができました。

❸ 11％の食塩水150gと □ ％の食塩水120gを混ぜたら7％の食塩水ができました。

❹ □ ％の食塩水250gと10％の食塩水150gを混ぜたら6％の食塩水ができました。

❺　19％の食塩水□gに4％の食塩水を混ぜたら10％の食塩水が150gできました。

❻　8％の食塩水に2％の食塩水□gを混ぜたら3％の食塩水が60gできました。

❼　2％の食塩水180gに食塩を□g混ぜると，10％の食塩水ができます。

❽　5％の食塩水□gに食塩を混ぜたところ，15％の食塩水が570gできました。

❾　12％の食塩水□gに水を120g混ぜたところ，濃さが3％になりました。

難問に挑戦！

答えは別冊 45 ページ

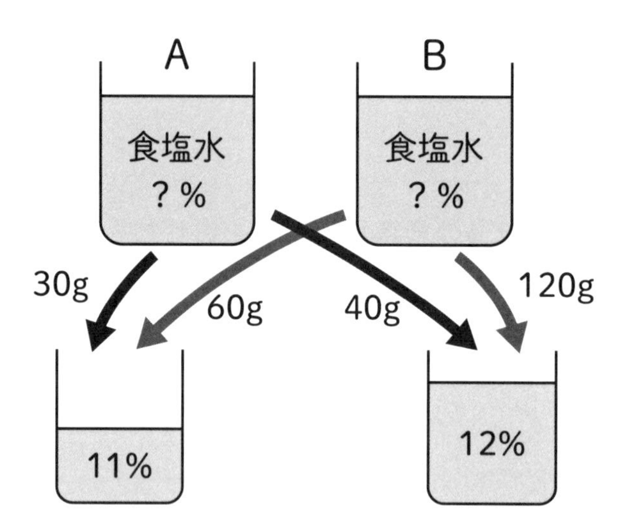

問題　容器A，Bにそれぞれ異なる濃(こ)さの食塩水が入っています。容器Aから30g，容器Bから60gを取り出して混ぜると11％の食塩水ができ，容器Aから40g，容器Bから120gを取り出して混ぜると12％の食塩水ができます。容器A，Bに入っている食塩水の濃さをそれぞれ求めなさい。

第4章
速さに関する問題

❶ 旅人算
❷ 通過算
❸ 時計算
❹ 流水算
❺ 比の利用・速さと比

1 旅人算

2 人の速さの和や差から出会ったり，追いついたりする時間を求める問題。

基本例題1

兄の歩く速さを毎分 80m，弟の歩く速さを毎分 60m として，次の問いに答えなさい。

❶ 兄と弟は 420m 離れたところに立っています。兄と弟が同時に向かい合って出発したとき，2 人は何分後に出会いますか。

❷ 弟が家を出て歩いて駅に向かった 2 分後に兄が家を出て歩いて駅に向かいました。兄が弟に追いつくのは兄が家を出てから何分後ですか。

考え方 ポイント 1 分たつごとに 2 人の間の距離がどうなるのかを考えます。

❶ 1 分ごとに 2 人は，80 + 60 = 140(m)ずつ近づきます。420m の距離がすべてなくなれば兄と弟は出会うことになります。よって，2 人が出会うのは，420 ÷ 140 = 3(分後)

❷ 兄が家を出たとき，弟は家から 60 × 2 = 120(m)のところにいます。兄が出発すると 2 人の間の距離は 1 分ごとに，80 − 60 = 20(m)ずつなくなります。よって，兄が追いつくのは，120 ÷ 20 = 6(分後)

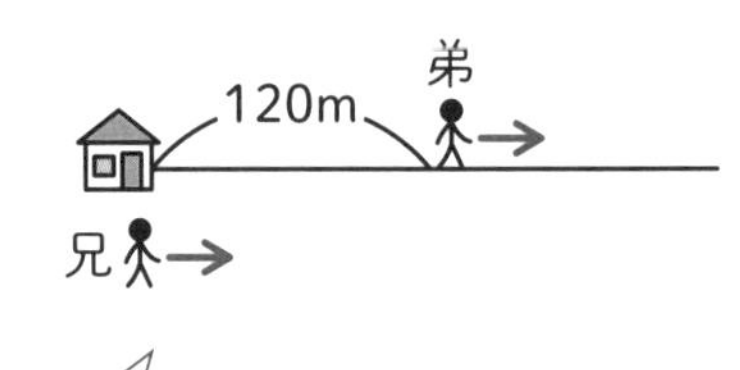

旅人算は必ず 2 人を同時に出発させて考えます

類題 1 A は分速 90m，B は分速 60m で歩きます。2 人が 600m 離れたところから同時に歩いて出発するとき，次の問いに答えなさい。

答えは別冊 46 ページ

1 A と B が向かい合って出発すると何分後に出会いますか。

2 A が B を追いかけると何分後に追いつきますか。

基本例題2

姉は分速130mで，妹は分速110mで，同時に家を出発して学校までの間を走って往復したところ，妹は学校から60mのところで戻(もど)ってくる姉とすれ違(ちが)いました。家から学校まで何mありますか。

考え方

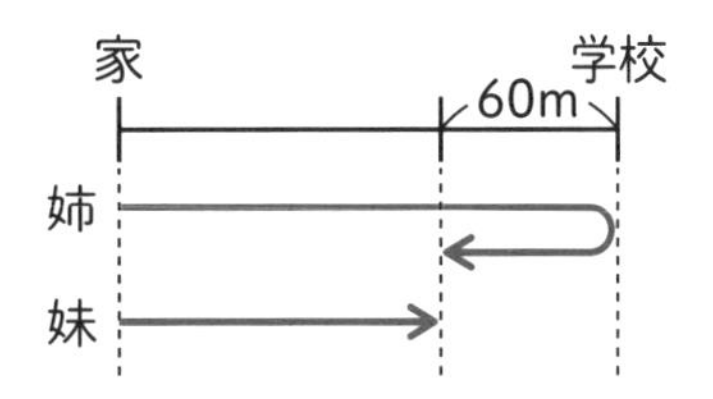

❶　まず，右のように，図に表します。このとき，2人が走った道のりの差が60mの2倍の120mであることがわかります。

❷　2人の走った道のりは1分間に，130 − 110 = 20(m)ずつ差ができるから，その差が120mになるのは，
　120 ÷ 20 = 6(分後)

❸　家から学校までの道のりは，妹が姉とすれ違うまでに進んだ道のりに60mを加えた道のりだから，110 × 6 + 60 = 720(m)

類題2　兄は分速90m，弟は分速60mで歩きます。このとき，次の問いに答えなさい。

答えは別冊46ページ

1　兄と弟が家を同時に出発して駅までの間を歩いて往復したところ，2人は駅から240mのところですれ違いました。2人は家を出てから何分後にすれ違いましたか。また，家から駅までの道のりは何mですか。

2　兄と弟が家を同時に出発して学校まで歩いて往復したところ，2人は出発して12分後にすれ違いました。家から学校まで何mありますか。

旅人算の練習問題 基本編

答えは別冊46ページ

1 Aさんは分速150m，Bさんは分速90mで歩きます。このとき，次の問いに答えなさい。

(1) 1.2km離(はな)れたところから2人が同時に向かい合って出発すると，何分後に出会いますか。

基本例題1①

(2) 2km離れたところから2人が同時に向かい合って出発するとき，2人の間の道のりがはじめて200mになるのは，出発してから何分後ですか。

基本例題1①

2 めいさんは1km離れている駅に向かって午前7時ちょうどに歩いて家を出発しました。めいさんのお母さんはめいさんの忘れ物に気づき，めいさんが出発してから6分後に自転車でめいさんを追いかけました。めいさんの歩く速さを毎分50m，お母さんの自転車の速さを毎分110mとして次の問いに答えなさい。

基本例題1②

(1) お母さんがめいさんに追いつく時刻を求めなさい。

(2) お母さんがめいさんに追いつくのは，駅まであと何mの地点ですか。

3 AさんとBさんが1周1600mある池の周囲を同時に同じ地点を出発して同じ方向に歩きます。AさんとBさんの歩く速さをそれぞれ毎分150m，毎分70mとすると，Aさんが1周遅(おく)れのBさんに追いつくのは出発してから何分後ですか。また，追いついた地点は出発点から何m離れていますか。短いほうの道のりを答えなさい。

基本例題1②

4 兄は自転車で，弟は徒歩で，同時に家を出発してポストまでの間を往復したところ，2人はポストから180mの地点ですれ違(ちが)いました。兄の自転車の速さは毎分180m，弟の歩く速さは毎分90mです。2人がすれ違ったのは，出発してから何分後ですか。

基本例題 2

5 学校から700m離れた公園まで，Aさん，Bさんの2人が走って往復しました。Aさん，Bさんの走る速さはそれぞれ毎分150m，130mです。このとき，次の問いに答えなさい。

基本例題 2

(1) 2人は何分後にすれ違いますか。

(2) 2人がすれ違った地点は公園から何mのところですか。

6 姉は家から妹は学校から同時に出発して家と学校の間を往復します。2人の家と学校は500m離れていて，姉は分速150m，妹は分速100mで走り続けます。姉と妹が2回目にすれ違うのは何分後ですか。また，すれ違う場所は家から何m離れたところですか。

基本例題 2

7 右の図のような長方形の周上を，点Pは頂点Aを，点Qは頂点Cを出発点とし，同時にスタートしてそれぞれ矢印の方向に回ります。点P，点Qの動く速さをそれぞれ毎秒5cm，4cmとして，次の問いに答えなさい。

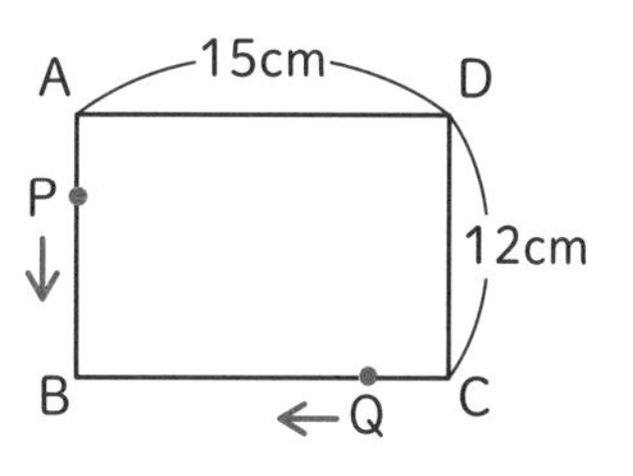

基本例題 2

(1) 点Pと点Qがはじめて重なるのは出発してから何秒後ですか。

(2) 点Pと点Qが2回目に重なるのは出発してから何秒後ですか。

旅人算の練習問題 発 展 編

答えは別冊47ページ

❶　兄は家を出発し，毎分90mの速さで200m離(はな)れたA駅との間を往復します。弟は兄と同時にA駅を出発し，毎分60mの速さで家との間を往復します。兄と弟が2回目に出会う地点は，1回目に出会う地点から何m離れていますか。

往復する旅人算

❷　1周1200mある池の周囲を，姉と弟が同時に出発して歩いてまわります。2人が反対方向にまわり始めると8分で出会い，同じ方向にまわり始めると40分後に姉が弟に追いつきます。このとき，姉と弟の歩く速さをそれぞれ求めなさい。

旅人算／和差算

❸　右の図のような円形の池があります。この池のまわりを，A，B，Cの3人が同じ地点から同時に出発してまわります。Aは分速70m，Bは分速50mで左回りに，Cは分速80mで右回りに出発したところ，AとCが出会ってから3分後にBとCが出会いました。この池の周囲の長さは何mありますか。

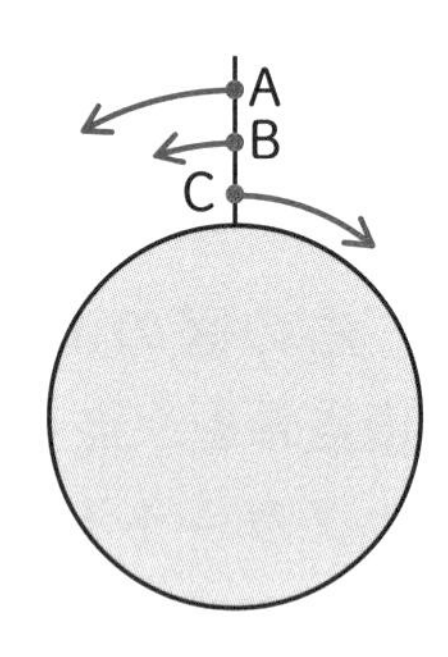

3人の旅人算

4　右のグラフは，ある日の朝，姉妹が家から900m離れた学校に向かったときの出発してからの時間と家からの道のりを表したものです。このとき，グラフのア，イにあてはまる数を求めなさい。

旅人算のグラフ

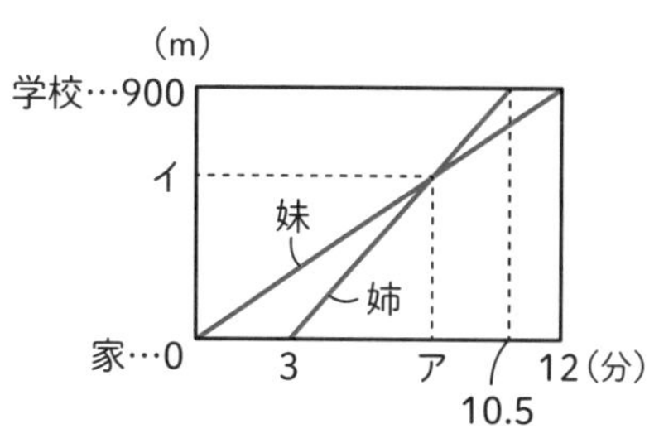

5　右のグラフは，ある日，家を出発し1400m離れた駅に向かった弟と，その駅から家に向かった兄のようすを表したものです。このとき，グラフのア，イにあてはまる数をそれぞれ求めなさい。

旅人算のグラフ

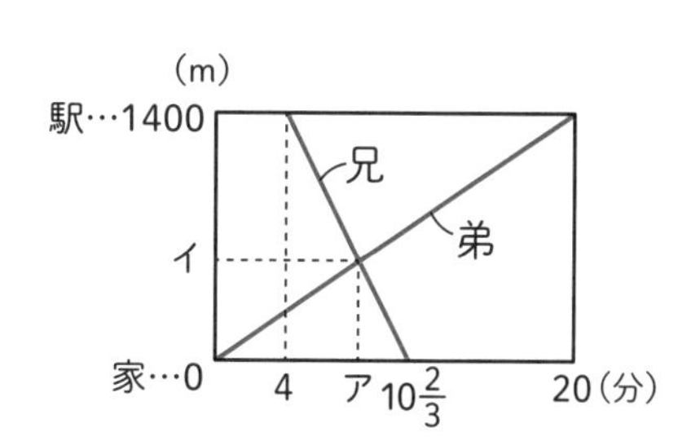

6　右のグラフは，P地とQ地の間を往復している2台のバスA，Bの進行のようすを表したものです。バスはそれぞれ一定の速さで走り，バスAはP地，Q地でそれぞれ12分ずつ停車し，バスBはP地，Q地それぞれ10分ずつ停車します。グラフのア，イにあてはまる数をそれぞれ求めなさい。

旅人算／ダイヤグラム

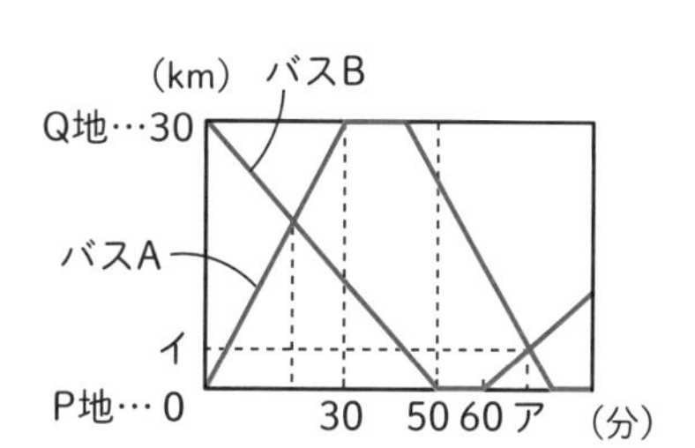

2 通過算（つうかざん）

列車など長さがあるものが動く問題。

基本例題1

秒速 20m で走っている電車があります。この電車がホームに立っている人の前を通過するのに 6 秒かかりました。このとき，次の問いに答えなさい。

❶ この電車の長さは何 m ですか。

❷ この電車がある鉄橋を通過するのに 15 秒かかりました。鉄橋の長さは何 m ですか。

考え方 ポイント **列車の一部（先頭など）が動く長さを考える。**

❶ 右の図のように，電車の先頭が電車の長さだけ動くのに 6 秒かかったことになります。(道のり) = (速さ) × (時間) なので，この電車の長さは，20 × 6 = 120(m)

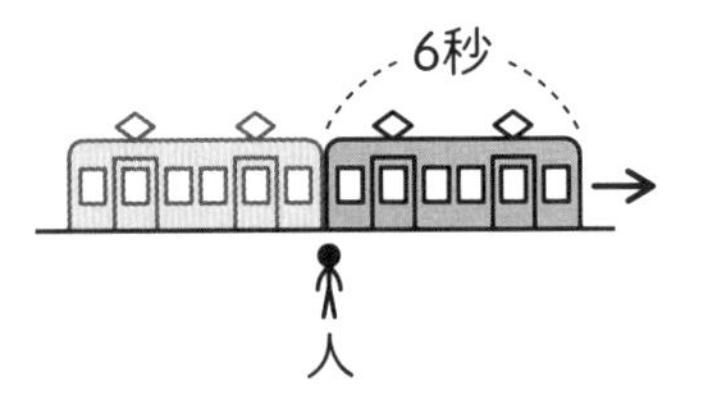

人や電柱などは点として考えます(幅は考えない)

❷ 右の図のようになります。図のアの長さは，20 × 15 = 300(m)　そこから電車の長さを引いて鉄橋の長さを求めます。300 − 120 = 180(m)

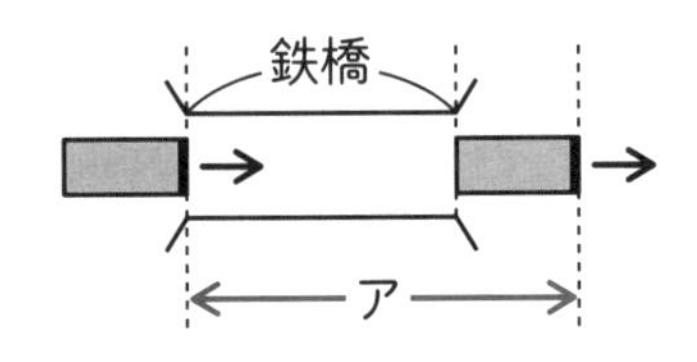

類題1　秒速 18m で走っている長さ 90m の電車があります。このとき，次の問いに答えなさい。

答えは別冊48ページ

1　この電車が線路わきに立っている電柱の前を通過するのに何秒かかりますか。

2　この電車があるトンネルを通過するのに 1 分 25 秒かかりました。このトンネルの長さは何 m ですか。

基本例題2

秒速 15m で走っている長さ 90m の普通(ふつう)電車 A と，秒速 20m で走っている長さ 120m の急行電車 B があります。このとき，次の問いに答えなさい。

❶ 普通電車 A が反対方向に走っている急行電車 B とすれ違(ちが)い始めてからすれ違い終わるまでに何秒かかりますか。

❷ 急行電車 B が同じ方向に走っている普通電車 A に追いついてから追い越(こ)し終わるまでに何秒かかりますか。

考え方 ポイント 次の 2 つの公式を覚えておきましょう。

① (すれ違うのにかかる時間) = (列車の長さの和) ÷ (速さの和)
② (追い越すのにかかる時間) = (列車の長さの和) ÷ (速さの差)

❶ 列車の先頭部分○は右の図のようになります。○が列車の長さの和だけ離(はな)れるのにかかる時間を求めればよいので，(90+120) ÷ (15 + 20) = 6(秒)

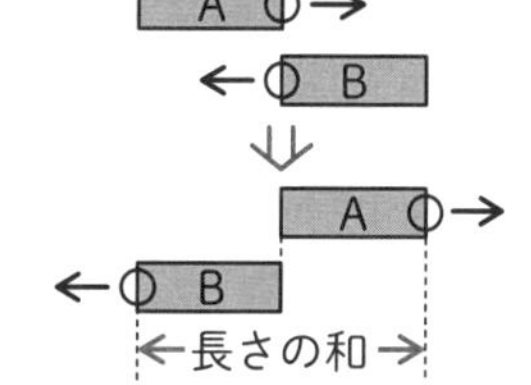

❷ 列車の先頭部分○は右の図のようになります。図のように，○が動く長さの差が列車の長さの和になるので，(90+120) ÷ (20 − 15) = 42(秒)

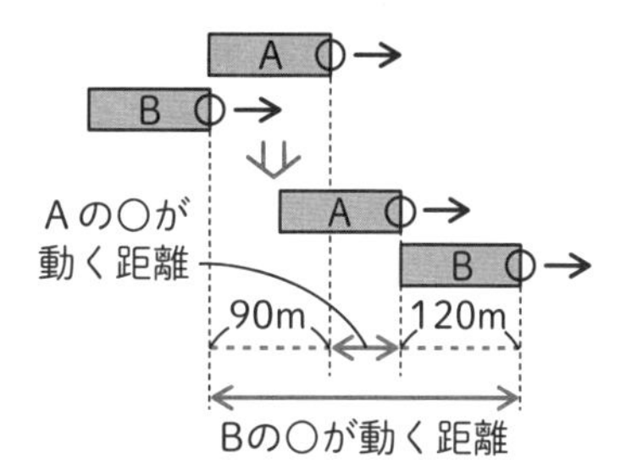

類題 2 秒速 16m で走っている長さ 110m の普通電車 A と，秒速 20m で走っている長さ 142m の急行電車 B があります。このとき，次の問いに答えなさい。

答えは別冊 48 ページ

1 普通電車 A と急行電車 B がすれ違い始めてからすれ違い終わるまでに何秒かかりますか。

2 急行電車 B が普通電車 A に追いついてから追い越し終わるまでに何秒かかりますか。

通過算の練習問題 基本編

答えは別冊48ページ

1　秒速15mで走っている長さ120mの電車があります。このとき，次の問いに答えなさい。

基本例題1

(1)　この電車がホームに立っている人の前を通過するのに何秒かかりますか。

(2)　この電車が930mの鉄橋を通過するのに何分何秒かかりますか。

(3)　この電車が1500mの長さがあるトンネルを通過するとき，トンネルの中に完全に隠(かく)れている時間は何分何秒ですか。

2　長さ4475mのトンネルを長さ145mの列車が通り過ぎるのに5分30秒かかりました。このとき，次の問いに答えなさい。

基本例題1

(1)　この列車は秒速何mで走っていますか。

(2)　この列車がある鉄橋を通過するのに1分5秒かかりました。鉄橋の長さは何mありますか。

3　長さ100mの電車が一定の速さで走っています。この電車が踏切(ふみきり)の前に立っている人の前を通過するのに8秒，鉄橋を渡(わた)り始めてから渡り終わるまでに40秒かかりました。この電車は時速何kmで走っていますか。また，通過した鉄橋の長さも求めなさい。

基本例題1

4　一定の速さで走っている電車があります。この電車が長さ725mの鉄橋を通過するのに34秒，1200mのトンネルを通過するのに53秒かかりました。このとき，次の問いに答えなさい。

基本例題 1

(1)　この電車の速さは毎秒何mですか。

(2)　この電車の長さは何mですか。

5　急行電車は長さが140mで，秒速24mで走っています。また，普通(ふつう)電車は長さが94mで，秒速15mで走っています。このとき，次の問いに答えなさい。

基本例題 2

(1)　急行電車が反対方向から走ってきた普通電車とすれ違(ちが)い始めてからすれ違い終わるまでに何秒かかりますか。

(2)　急行電車が同じ方向に走っている普通電車に追いついてから追い越(こ)し終わるまでに何秒かかりますか。

6　電車Aは，長さが157.5mで，時速72kmで走ります。Bさんは線路に沿った道路を時速9kmで走ります。このとき，次の問いに答えなさい。

基本例題 2

(1)　電車Aが反対方向から走ってきたAさんとすれ違い始めてからすれ違い終わるまでに何秒かかりますか。

(2)　電車Aが同じ方向に走っているBさんに追いついてから追い越し終わるまでに何秒かかりますか。

通過算の練習問題 発展編

答えは別冊49ページ

❶　特急電車は長さが180mで，時速144kmで走っています。また，急行電車は，長さが132mで，時速90kmで走っています。反対方向に走っている特急電車と急行電車が同時に同じトンネルに入ったところ，トンネルに入り始めてから18秒ですれ違(ちが)い始めました。このとき，次の問いに答えなさい。

基本例題２の発展

(1)　このトンネルの長さは何mですか。

(2)　同じ方向に走っている特急電車と急行電車が同じトンネルに同時に入り始めました。トンネルに入り始めてから何秒後に特急電車は急行電車を追い越(こ)し終わりますか。

❷　時速72kmで走っている長さ150mの急行電車と時速54kmで走っている長さ130mの普通(ふつう)電車があります。このとき，次の問いに答えなさい。

基本例題２の発展

(1)　向かい合って走っている急行電車と普通電車が840mある橋の両端(りょうはし)に同時にさしかかりました。２つの電車がすれ違い終わるのは同時に橋にさしかかってから何秒後ですか。

(2)　急行電車が200m前を走っている普通電車を追い越すのにかかる時間は何分何秒ですか。

❸ ある電車が300mある鉄橋を渡(わた)り始めてから渡り終わるまでに24秒かかりました。また，この電車が長さ450mのトンネルを通過するとき，トンネルの中にすっかり隠(かく)れている時間は26秒でした。このとき，次の問いに答えなさい。

基本例題１の発展

(1)　この電車の速さは毎秒何mですか。

(2)　この電車の長さは何mですか。

❹ A君は長さ150mの特急電車の3両目の窓際に座っています。この特急電車が300mの鉄橋を渡るとき，鉄橋の片端がA君の目の前に来てから，もう一方の端がA君の目の前にくるまでに12秒かかりました。また，前方から来た長さ120mの貨物列車の先頭がA君の目の前に来てから，この貨物列車の最後尾(さいこうび)がA君の目の前に来るまでに3秒かかりました。貨物列車の速さは毎秒何mですか。

基本例題２の発展

❺ 長さ123mの電車Aと長さ117mの電車Bがそれぞれ一定の速さで走っています。電車Aが反対方向から来た電車Bとすれ違い始めてからすれ違い終わるまでに4.8秒かかりました。また，電車Aが同じ方向に走っている電車Bに追いついてから追い越し終わるまでに60秒かかりました。このとき，電車Aと電車Bの秒速をそれぞれ求めなさい。

通過算／和差算

3 時計算

時計に関する問題。

基本例題1

次の時刻に時計の長針と短針がつくる角のうち，小さいほうの角度を求めなさい。

❶ 4 時 46 分　　❷ 11 時 37 分

考え方 ポイント 次の角度は覚えておこう。

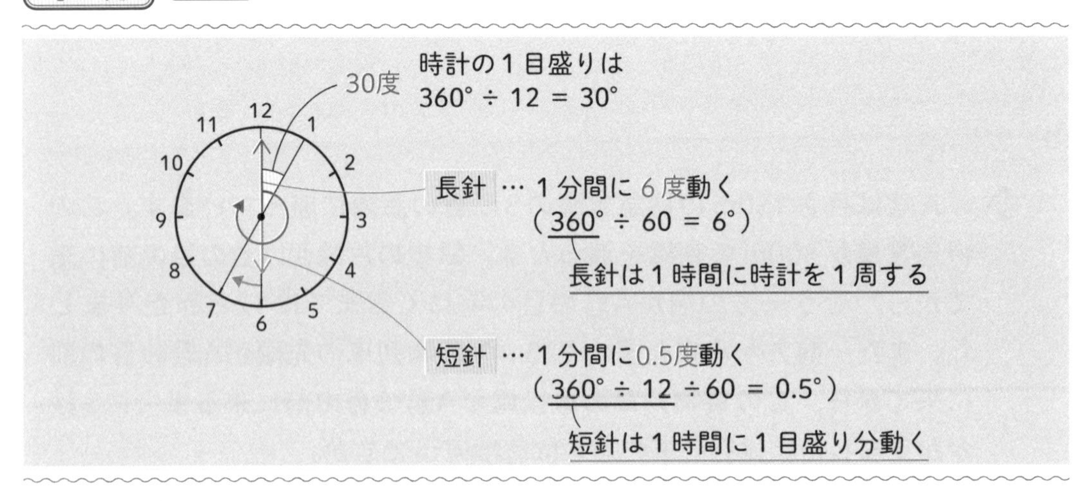

❶ 右の図で，アの角度は長針が 1 分間に動く角度なので，6 度。イの角度は，30 × 4 = 120(度)　ウの角度は，あと 14 分で時刻が 5 時になり，短針が 5 を指すことから，0.5 × 14 = 7(度)　角ア＋角イ＋角ウ = 6 + 120 + 7 = 133(度)

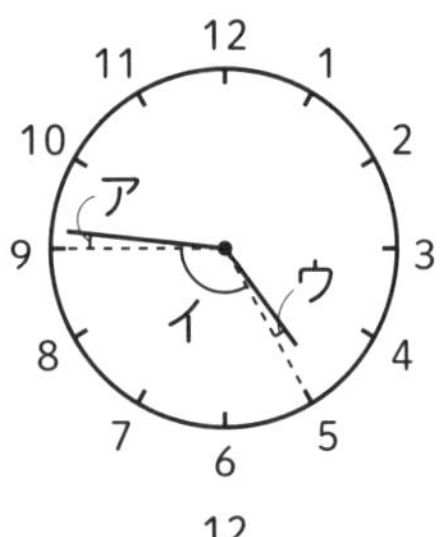

❷ 右の図で，アの角度は短針が 37 分間に動く角度なので，0.5 × 37 = 18.5(度)　イの角度は，30 × 3 = 90(度)　ウの角度は長針が，40 − 37 = 3(分)で動く角度なので，6 × 3 = 18(度)　角ア＋角イ＋角ウ = 18.5 + 90 + 18 = 126.5(度)

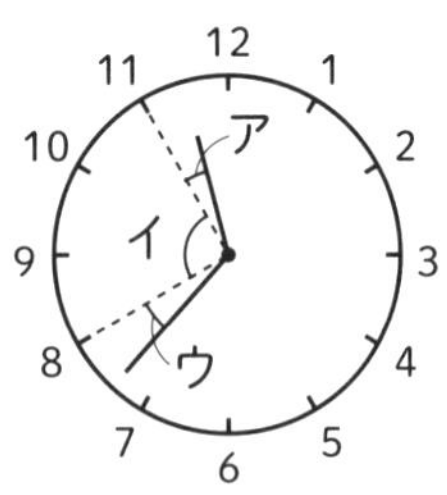

類題 1

答えは別冊50ページ

2 時 32 分に長針と短針がつくる角のうち小さいほうの角の大きさを求めなさい。

基本例題2

次の時刻は何時何分ですか。

❶ 3時と4時の間で，長針と短針が重なる時刻

❷ 4時と5時の間で，長針と短針の間の角が90°になる時刻

考え方

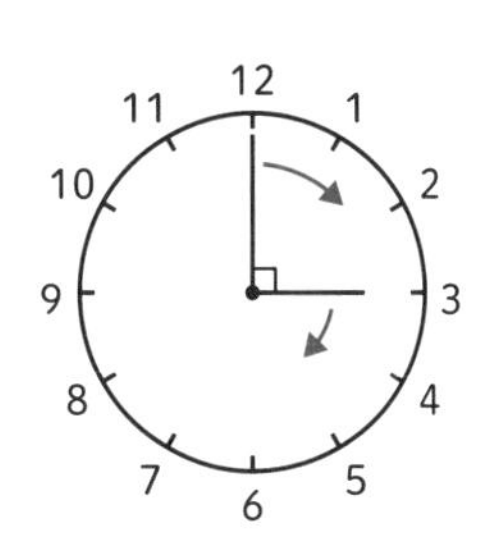

❶ 3時ちょうどのとき，時計の長針と短針は右の図の位置にあり，間の角度は90度です。ここから長針が短針を追いかけます。1分間に2つの針の間の角度は，$6 - 0.5 = 5.5$(度)ずつ小さくなるので，長針が短針に追いつくのは，

$90 \div 5.5 = 90 \div 5\frac{1}{2} = \underline{16\frac{4}{11}\text{(分後)}}$

わり切れないので分数で計算

❷ 右の図1，図2の2回ある。4時ちょうどのときの2つの針の間の角度は，$30 \times 4 = 120$(度)　ここから長針が短針を追いかけます。図1の状態になるのは，長針が短針との間を，$120 - 90 = 30$(度)　縮めたときなので，

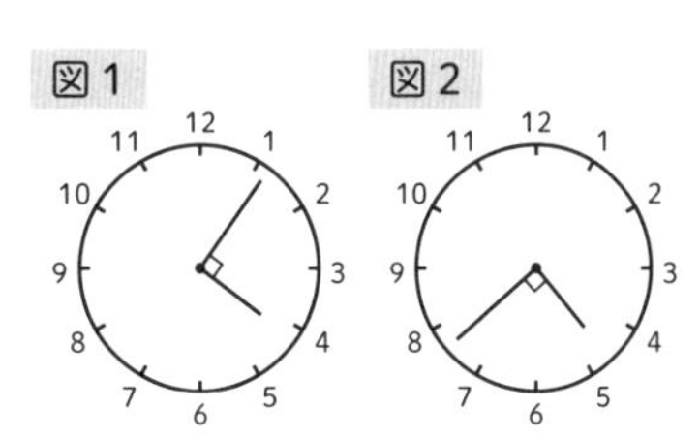

$30 \div (6 - 0.5) = 30 \div 5\frac{1}{2} = \underline{5\frac{5}{11}\text{(分後)}}$

図2の状態になるのは，長針が短針に追いついて、さらに90度引き離(はな)したとき。つまり，長針が短針より，$120 + 90 = 210$(度)　多く動いたときなので，

$210 \div (6 - 0.5) = 210 \div 5\frac{1}{2} = \underline{38\frac{2}{11}\text{(分後)}}$

類題2　4時と5時の間で次のようになる時刻は4時何分ですか。　答えは別冊50ページ

1　長針と短針が重なる。

2　反対側に一直線になる(長針と短針の間の角度が180度になる)。

第4章　❸ 時計算

時計算の練習問題 基本編

答えは別冊50ページ

1　次の時刻で，時計の長針と短針がつくる角のうち小さいほうの角の大きさを求めなさい。

基本例題 1

（1）　9時22分

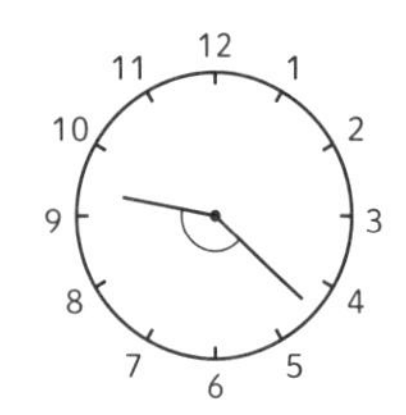

（2）　5時11分

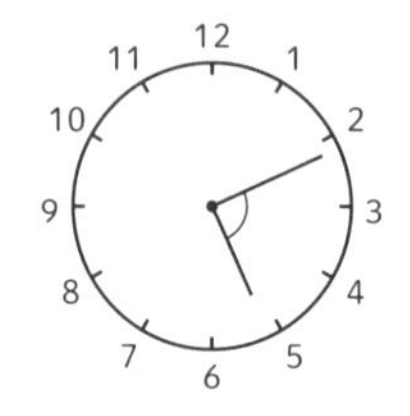

（3）　3時4分

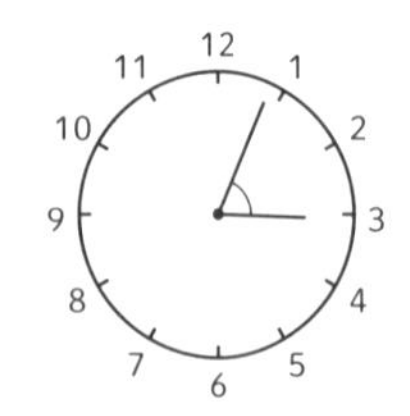

（4）　10時8分

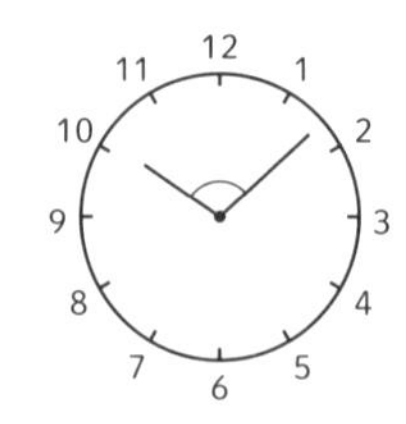

（5）　8時36分

（6）　7時18分

（7）　0時48分

（8）　1時17分

2　2時53分を指している時計の長針と短針がつくる角のうち，大きいほうの角の大きさを求めなさい。

基本例題 1

3　次の問いに答えなさい。

基本例題 2

（1）　7時と8時の間で，時計の長針と短針が重なる時刻は何時何分ですか。

（2）　0時の次に時計の長針と短針が重なる時刻は何時何分ですか。

4　次の問いに答えなさい。

基本例題 2

（1）　3時と4時の間で時計の長針と短針の間の角の大きさが60度になる時刻が2回あります。3時何分と3時何分ですか。

（2）　10時と11時の間で時計の長針と短針の間の角の大きさが90度になる時刻が2回あります。10時何分と10時何分ですか。

5　次の問いに答えなさい。

基本例題 2

（1）　8時と9時の間で時計の長針と短針が反対側に一直線になるのは8時何分ですか。

（2）　2時と3時の間で時計の長針と短針が反対側に一直線になるのは2時何分ですか。

（3）　時計の長針と短針のつくる角が90度になってから，次に90度になるまでに何分かかりますか。

時計算の練習問題 発 展 編

答えは別冊52ページ

❶ 1時と2時の間で，次の時刻は1時何分何秒ですか。

基本例題2の発展

(1) 長針と短針が重なる時刻。

(2) 長針と短針のつくる角が初めて90度になる時刻。

(3) 長針と短針が反対側に一直線になる時刻。

❷ Aさんの腕(うで)時計は1時間に3分遅(おく)れます。Aさんは3月5日の午後3時にこの時計を正しい時刻に合わせました。このとき，次の問いに答えなさい。ただし，Aさんの腕時計に午前午後の区別はありません。

遅れる時計

(1) 3月6日の午前6時にAさんの腕時計は何時何分を指していますか。

(2) Aさんの腕時計が初めて2時43分を指すのは，正しい時刻で何月何日の何時何分ですか。午前午後をつけて答えなさい。

❸ ある日の午前8時にすずかさんの時計は7時57分を指していました。この日の午後8時にはすずかさんの時計は8時2分を指していました。すずかさんの時計が正しい時刻を指していたのはこの日の何時何分ですか。午前午後をつけて答えなさい。

進む時計

❹ 右の図の時計の文字盤には数字が書かれていません。図のアの角度は102.5度です。
このとき，この時計は何時何分を指していますか。

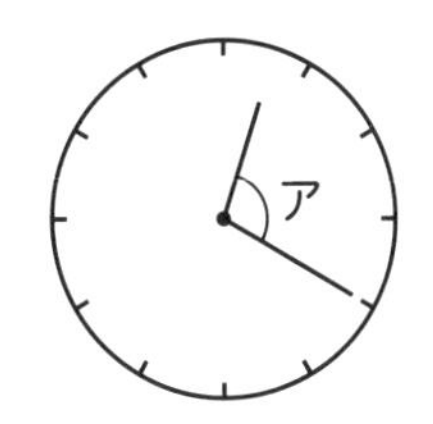

文字盤の数字がない時計

❺ 右の図のように，時計の長針と短針が文字盤の12と6を結ぶ直線について線対称な位置にあります。このときの時刻は何時何分ですか。

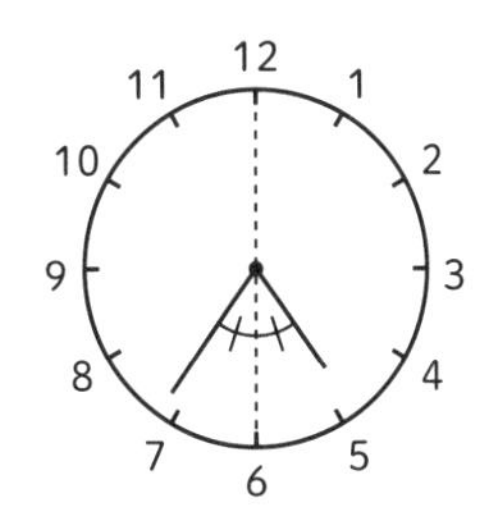

時計算／線対称な位置

❻ 右の図のように，8時と9時の間で，中心と12を結ぶ線と短針のつくる角を長針が2等分しています。このときの時刻は何時何分ですか。

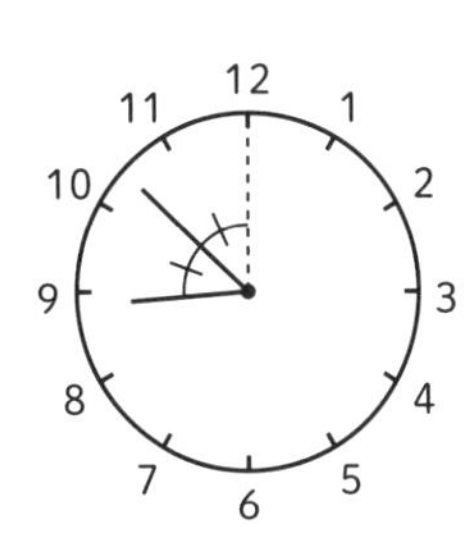

時計算／線対称な位置

特訓！ 時計算　角度の求め方

答えは別冊53ページ

次のとき，時計の長針と短針の間の小さいほうの角度を求めなさい。

❶　0時10分

❷　1時20分

❸　3時35分

❹　2時25分

❺　3時42分

❻　4時37分

❼ 8時38分

❽ 7時16分

❾ 11時8分

❿ 10時27分

⓫ 5時7分

⓬ 2時56分

⓭ 1時53分

⓮ 6時49分

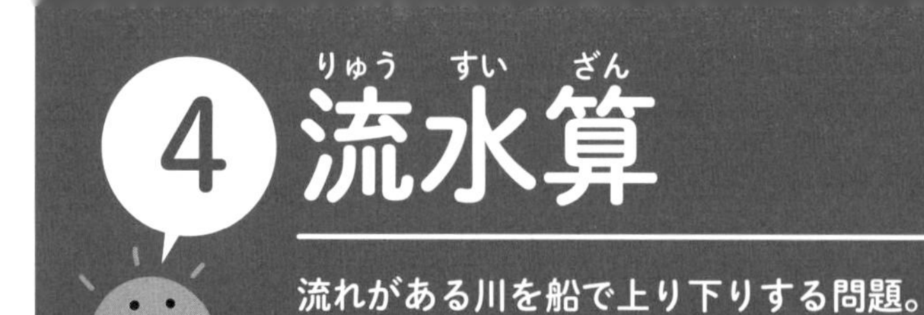

4 流水算

流れがある川を船で上り下りする問題。

基本例題1

川の上流のA地から2250m離れている下流のB地までの間を船で往復します。船の静水時（流れがないとき）の速さが毎分600m，川の流れの速さが毎分150mのとき，往復するのに何分かかりますか。

考え方

（下りの速さ）＝（船の静水時の速さ）＋（川の流れの速さ）
（上りの速さ）＝（船の静水時の速さ）－（川の流れの速さ）

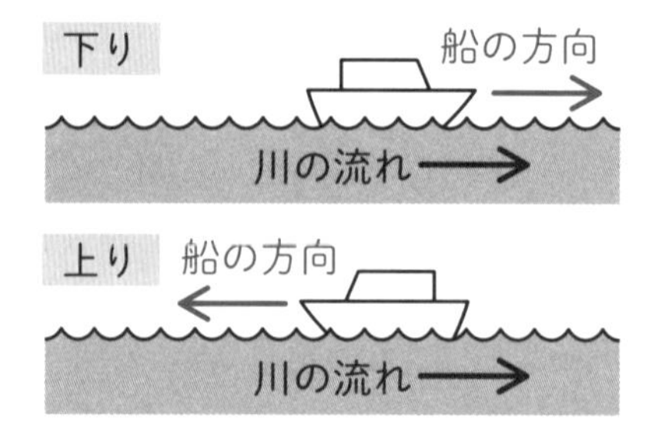

A地からB地へ下るとき，船の静水時の速さに川の流れの速さが加わるので，かかる時間は，2250 ÷(600 + 150) = 3(分)
B地からA地へ上るとき，船の静水時の速さから川の流れの速さをひいた速さになるので，かかる時間は，2250 ÷(600 − 150) = 5(分)
よって，往復するのにかかる時間は，3 + 5 = 8(分)

類題1 答えは別冊54ページ

川の上流のA地から120km離れている下流のB地までの間を静水時の速さが毎時65kmの船で往復します。川の流れの速さが毎時15kmのとき，往復で何時間何分かかりますか。

基本例題2

川の上流のA地から16km離れている下流のB地まで船で往復したところ，行きに20分，帰りに25分かかりました。このとき，船の静水時の速さと，川の流れの速さをそれぞれ分速で求めなさい。

考え方

参考 次のような図を使って考えると考えやすくなります。

【和差算を利用した図】

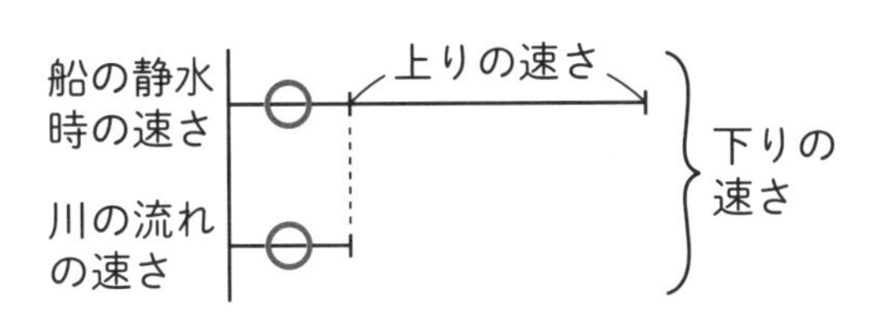

＊この本では，和差算の図を用いて解説します。

【流水算だけに用いる図】

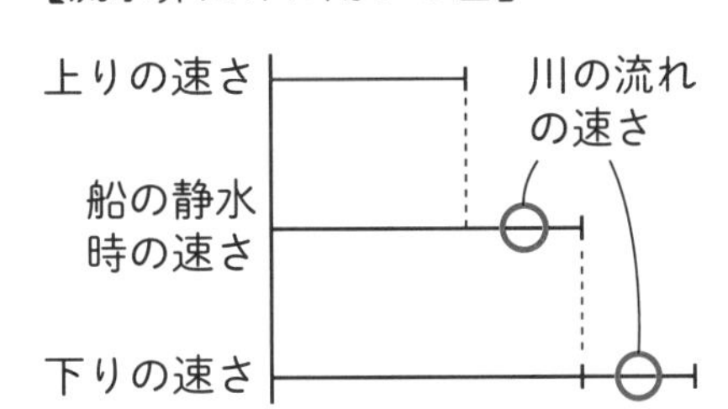

16km = 16000m なので，
行き(下り)の分速は，16000 ÷ 20 = 800(m)
帰り(上り)の分速は，16000 ÷ 25 = 640(m)
船の静水時の速さ，川の流れの速さ，上りの速さ，下りの速さの関係は右の図のようになる。

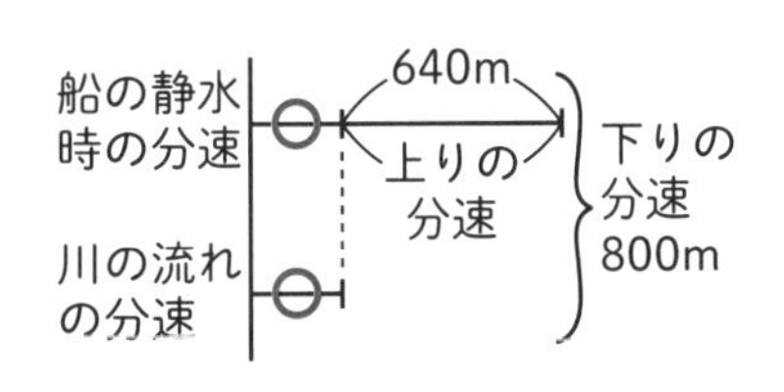

川の流れの分速は，
(800 − 640) ÷ 2 = 80(m)　船の静水時の分速は，640 + 80 = 720(m)

和差算の考え方で求める

類題2　川の上流のA地から7020m離れた川下のB地まで，船で往復したところ，行きに7.8分，帰りに9分かかりました。このとき，次の問いに答えなさい。

答えは別冊54ページ

1　川の流れの速さは毎分何mですか。

2　この船の静水時の速さは毎分何mですか。

流水算の練習問題 基本編

答えは別冊54ページ

1　ある川の上流にA地，下流にB地があり，A地とB地は80km離(はな)れています。川の流れの速さを毎時5kmとして，次の問いに答えなさい。

基本例題1

(1)　静水時の速さが毎時75kmの船でA地からB地まで進むと何時間かかりますか。

(2)　静水時の速さが毎時65kmの船でB地からA地まで進むと何時間何分かかりますか。

2　右の図のように，A地から，150m離れたB地まで動いている「動く歩道」があります。この「動く歩道」は分速40mで動きます。普段分速80mで歩いている人がこの「動く歩道」上をいつもの速さで歩いて，かかる時間を計測しました。このとき，次の問いに答えなさい。

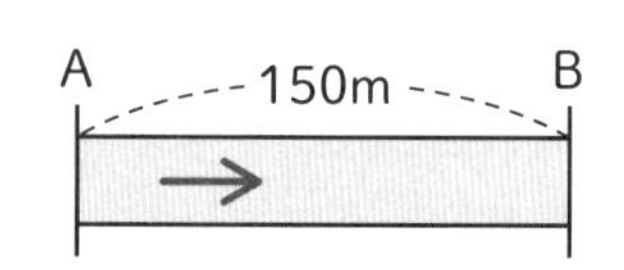

基本例題1

(1)　A地からB地まで歩くと，何分何秒かかりますか。

(2)　B地からA地まで歩くと，何分何秒かかりますか。

(3)「動く歩道」の速さを分速70mにすると，A地とB地の間を往復するのに何分かかりますか。

3　川の上流のA地から，2.4km離れた下流のB地まで船で往復するのに，行きは4分，帰りは6分かかりました。このとき，次の問いに答えなさい。

基本例題2

(1)　川の流れの速さは毎分何mですか。

(2)　この船の静水時の速さは毎分何mですか。

4　分速80mで流れている川の上流のA地から6km離れた下流のB地まで船で下ったところ，12分かかりました。この船の静水時の速さは毎分何mですか。

基本例題2

5　秒速2mで流れている川を，下流のB橋から1km離れている上流のA橋まで船でさかのぼったところ，2分5秒かかりました。この船の静水時の速さは毎分何mですか。

基本例題2

6　右のグラフは川に沿って1800m離れているA地とB地の間を船で往復したときの様子を表したものです。このとき，次の問いに答えなさい。ただし，船の静水時の速さは一定であるとします。

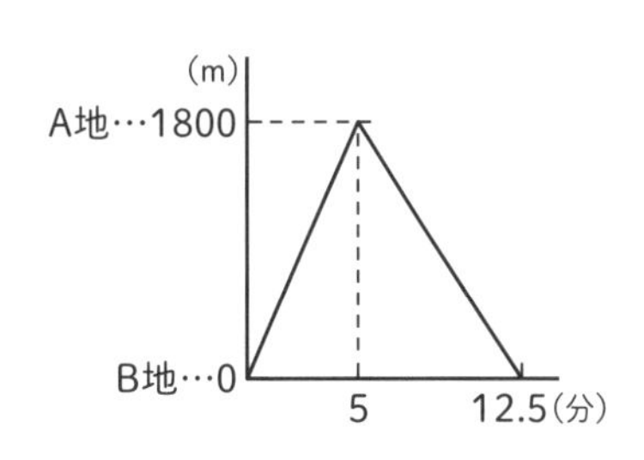

基本例題2

(1)　A地とB地はどちらが川上にありますか。

(2)　船の静水時の速さと川の流れの速さはそれぞれ毎分何mですか。

流水算の練習問題 発展編

答えは別冊55ページ

❶　A空港からB空港まで675km離(はな)れています。風がないときには時速450kmで飛ぶ飛行機が，ある日，A空港からB空港までの間を往復しました。この日はずっと秒速25mの風がA空港の方角からB空港の方角に向かって吹(ふ)いていました。帰りには行きより何分何秒多くかかりましたか。

基本例題1の発展

❷　次の文中の［ア］～［ウ］にあてはまる数をそれぞれ答えなさい。
「川の上流のA地から，14km離れている下流のB地まで船で往復したところ，行きに40分，帰りに56分かかりました。この船の静水時の速さは毎分［ア］m，川の流れの速さは毎分［イ］mです。また，もし，帰りに船の静水時の速さを1.5倍にしていたら，帰りにかかる時間は実際にかかった時間よりも［ウ］分短くなるはずでした。」

基本例題1の発展

❸　ある船で川上のA地から川下のB 地まで往復すると，行きに1時間20分，帰りに2時間かかりました。このとき，次の問いに答えなさい。

比の利用／流水算

(1)　この船の静水時の速さは川の流れの速さの何倍ですか。

(2)　もし，帰りに川の流れの速さが行きの2倍になっていたら，帰りにかかる時間は何時間何分になっていましたか。

❹ 川の上流にP地，その8640m下流にQ地があります。川の流れの速さを毎分60m，A船とB船の静水時の速さをともに毎分300mとするとき，次の問いに答えなさい。

流水算，比の利用

(1) A船はP地からQ地へ向かって，B船はQ地からP地へ向かって同時に出発すると，A船とB船はP地から何m下流ですれ違(ちが)いますか。

(2) ある日，A船がQ地からP地へ向かったところ，途中(とちゅう)で船のエンジンが故障して下流に流されましたが，その後エンジンが直ったのでふたたびP地に向かったところ，Q地を出発してから46分後にP地に到着(とうちゃく)しました。エンジンが止まっていた間にA船は下流に何m流されましたか。

❺ 上りのエスカレーターがあります。1階から2階まで行くのに，このエスカレーター上に立ち止まったまま上ると40秒，毎秒2段ずつ歩きながら上ると15秒かかります。このとき，次の問いに答えなさい。

エスカレーター，比の利用

(1) このエスカレーターが止まっているとき，1階から2階まで何段ありますか。

(2) このエスカレーターを毎秒1段ずつ歩いて上ると，1階から2階まで何秒かかりますか。

5 比(ひ)の利(り)用(よう)・速(はや)さと比(ひ)

比を使ってほかの数量の比を求める問題・速さに関して比を用いる問題など。

基本例題1

次の問いに答えなさい。比はもっとも簡単な整数の比で表しなさい。

❶ $A \times \frac{1}{3} = B \times 2$，$A \times 0.4 = C$のとき，A：B：Cを求めなさい。

❷ 1個80円のかきと1個120円のりんごをそれぞれ何個かずつ買ったところ，代金の合計は1680円になりました。また，買ったかきの個数とりんごの個数の比が3：5でした。かきは何個買いましたか。

考え方

❶ $A \times \frac{1}{3} = B \times 2$のとき，Aを2とすると，Bは$\frac{1}{3}$となります。

よって，A：B＝$2 : \frac{1}{3} = 6 : 1$ …①

（3をかけて）

また，$A \times 0.4 = C$のとき，Aを1とするとCは0.4となります。よって，A：C＝1：0.4＝10：4＝5：2 …②

①，②より，Aを5と6の最小公倍数30にそろえて右のように連比をつくると，A：B：C＝30：5：12

A	B	C
$6^{\times 5}$	$1^{\times 5}$	
$5^{\times 6}$		$2^{\times 6}$
30	5	12

❷ （かきだけの値段）：（りんごだけの値段）＝80 × 3：120 × 5＝2：5

かきだけの値段を求めると，1680 ÷（2 ＋ 5）× 2＝480(円)

買ったかきの個数は，480 ÷ 80＝6(個)

類題1

答えは別冊56ページ

1　Aの4割とBの6割が等しく，Bの30%がCの40%と等しいとき，A：B：Cをもっとも簡単な整数の比で表しなさい。

2　10円硬貨(こうか)と50円硬貨が何枚かずつあります。10円硬貨と50円硬貨の枚数の比は7：5で，金額の合計は1600円です。50円硬貨は何枚ありますか。

基本例題2

兄は分速375mで，弟は分速300mで走ります。

❶ 兄と弟が100m競走をします。2人が同時にゴールインするためには，兄のスタートラインを何m下げればよいですか。

❷ 兄と弟が家を同時に出発してポストまで競走したところ，兄は弟より6秒早く着きました。家からポストまでの道のりは何mですか。

考え方 ポイント 同じ道のりを進むとき，速さの比とかかる時間の比は逆比になる。

❶ 兄と弟の走る速さの比は，375：300 = 5：4 です。同じ時間に進む道のりの比は速さの比と等しいので，やはり5：4になります。2人が同時にゴールするには，右の図のようにすればよいことになります。

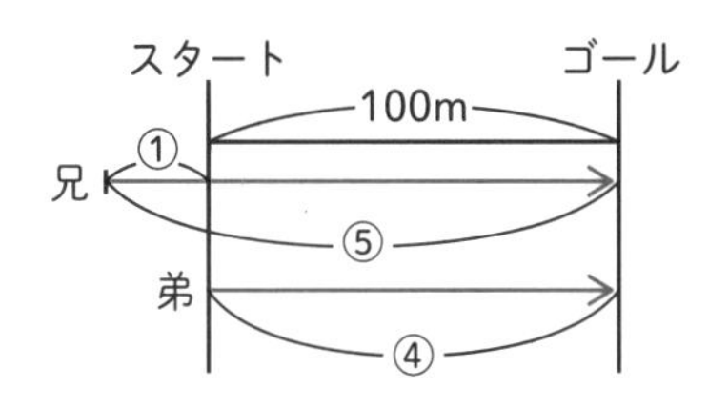

よって，下げるのは，100 ÷ 4 = 25(m)

❷ 2人は家からポストまで同じ道のりを走ります。同じ道のりを進むとき，速さの比とかかる時間の比は逆比になるので，兄と弟がポストまでにかかった時間の比は，4：5 かかった時間の差の6秒が比の1にあたるので，弟がかかった時間は，6 × 5 = 30(秒) 30秒は $\frac{1}{2}$ 分なので，家からポストまでの道のりは，300 × $\frac{1}{2}$ = 150(m)

類題2 答えは別冊56ページ

1 兄と弟が家から学校まで競走したところ，兄は120秒，弟は150秒かかりました。このときの速さで兄と弟が200m競走をすると，兄がゴールインしたとき，弟はゴールまであと何mのところを走っていますか。

2 Aさんは，家と学校の間を往復するのに，行きは分速90m，帰りは分速60mで歩いたところ，往復に10分かかりました。Aさんの家から学校まで何mありますか。

第4章 5 比の利用・速さと比

比の利用・速さと比の練習問題 基本編

答えは別冊56ページ

1 次のとき，A：Bをもっとも簡単な整数の比で求めなさい。

基本例題1

(1) $A \times \frac{1}{3} = B \times \frac{2}{5}$

(2) Aの35%とBの14%が等しい。

2 次のとき，A：B：Cをもっとも簡単な整数の比で求めなさい。

基本例題1

(1) A：B＝6：5，$B \times 9 = C \times 10$

(2) $A \times 3 = B \times \frac{3}{5} = C \times \frac{1}{2}$

3 50円硬貨（こうか）と100円硬貨があり，枚数の比は5：2で，金額の合計は1800円です。50円硬貨と100円硬貨はそれぞれ何枚ありますか。

基本例題1

4 みかんとりんごの1個の値段の比は2：5で，みかんを15個とりんごを8個買うと代金は1400円になります。みかんとりんごはそれぞれ1個何円ですか。

基本例題1

5　姉と妹が家から郵便局まで時間をはかって競走したところ，姉は2分40秒，妹は3分20秒かかりました。このときと同じ速さで2人が100m競走をすると，姉がゴールに着いたとき，妹はゴールまであと何mの地点を走っていますか。

基本例題2

6　AさんとBさんが100m競走をしたところ，Aさんがゴールに着いたとき，Bさんはまだゴールの8m手前を走っていました。このときと同じ速さで学校から公園まで競走したところ，Aさんは3分50秒かかりました。Bさんは何分何秒かかりましたか。

基本例題2

7　ちはやさんは毎朝家を午前8時に出て毎分90mの速さで歩いて登校し，学校には始業時刻の2分前に着きます。ある日，家を午前8時に出ましたが，腹痛のため毎分60mの速さで歩いたら始業時刻に2分遅(おく)れてしまいました。このとき，次の問いに答えなさい。

基本例題2

(1)　学校の始業時刻は何時何分ですか。

(2)　ちはやさんの家から学校まで何mありますか。

8　ある池のまわりを歩いて1周するのに，姉は24分，妹は28分かかります。この池のまわりを同じ地点を出発して2人が同時に反対方向に歩き出すと，何分後に出会いますか。

基本例題2

比の利用・速さと比の練習問題 発展編

答えは別冊57ページ

❶　1個80円のガムと1個150円のチョコレートを何個かずつ買ったところ，ガムだけの代金とチョコレートだけの代金の比が8：21になりました。買ったチョコレートの数は買ったガムの数より4個多かったそうです。このとき，次の問いに答えなさい。

商の利用

(1)　買ったガムとチョコレートの個数を求めなさい。

(2)　代金は全部で何円でしたか。

❷　ある日の午後1時ちょうどに兄は家を出発して駅へ，弟は駅を出発して家へ，それぞれ一定の速さで歩き出しました。2人は家と駅の間にあるポストの前で午後1時6分にすれ違い（ちが），兄はその4分後に駅に着きました。このとき，次の問いに答えなさい。

基本例題2の発展

(1)　兄と弟の歩く速さの比を求めなさい。

(2)　弟が家に着く時刻を求めなさい。

❸　姉は分速110mでA地からB地へ向かって，妹は分速70mでB地からA地へ向かって，同時に歩き出しました。2人が出会ったのはA地とB地の真ん中から70m離（はな）れた地点でした。A地とB地は何m離れていますか。

基本例題2の発展

❹　ある池の周囲をAさんとBさんが同時に同じ地点を出発して走ります。2人が同じ方向に進むと，出発して22分後にAさんがBさんを追い越し，反対方向に進むと2分で出会うそうです。このとき，次の問いに答えなさい。

速さの比／和差算

(1)　AさんとBさんの速さの比を求めなさい。

(2)　Bさんはこの池の周囲を1周するのに何分何秒かかりますか。

❺　兄が4歩で歩く道のりを弟は6歩で歩き，兄が16歩歩く間に弟は15歩歩きます。兄と弟の速さの比を求めなさい。

歩幅の比と速さの比

❻　ある道路を走っているバスは11分間隔で運転されています。ある日，この道路を時速4kmで歩いていたA君はバスに12分ごとに追い越されました。バスは時速何kmで走っていますか。ただし，バスの速さは一定で，バスの長さは考えないものとします。

等間隔で運行されるバス

❼　みくさんは，A地からB地まで，右の図のようなコースを通って歩きました。上りと平地と下りの道のりの比は5：3：4で，上り，平地，下りでの速さはそれぞれ毎分50m，毎分60m，毎分80mです。みくさんはA地からB地に行くのに，1時間40分かかりました。みくさんがこのコースをB地からA地まで戻るのに，何時間何分何秒かかりますか。

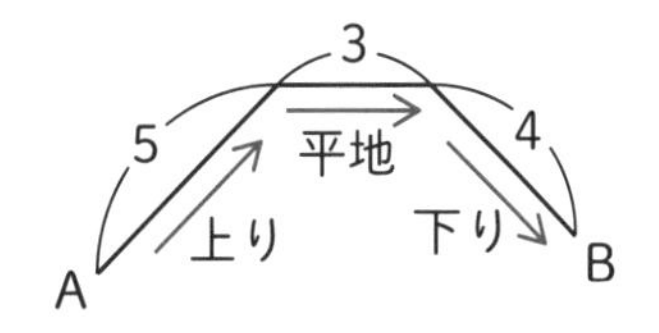

同じ道のりを進む時間の比

難問に挑戦！

答えは別冊 59 ページ

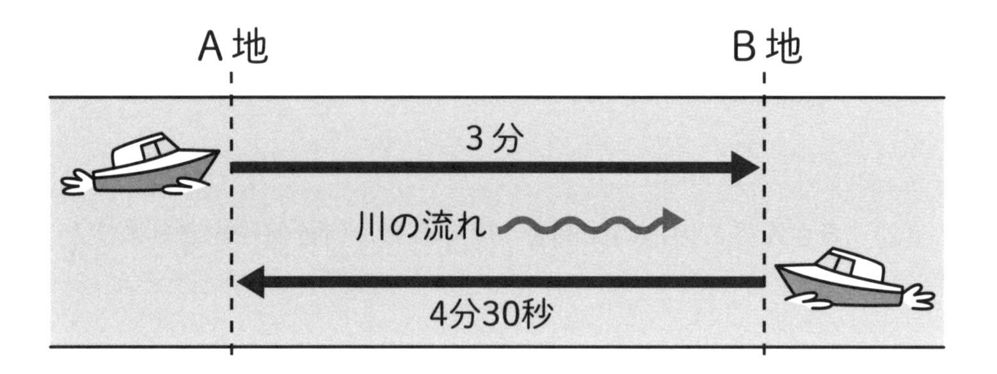

問題　川に沿って1800m離(はな)れている上流のA地と下流のB地があります。ある日，モーターボートでA地からB地に行くのに3分かかりました。また，帰りには川の流れの速さが行きの $\frac{2}{3}$ になっていたため，同じモーターボートでB地からA地に戻(もど)るのに4分30秒かかりました。このモーターボートの静水時の速さは毎分何mですか。

第5章
平均・のべ・仕事に関する問題

❶ 平均算

❷ のべ算（帰一算）／仕事算

❸ ニュートン算

1 平均算

平均に関する問題。

基本例題1

ゆうみさんは，算数，国語，理科，社会のテストを受けました。4 教科の平均点は 67 点で，算数は 79 点でした。このとき，次の問いに答えなさい。

❶ 4 教科の合計点は何点ですか。

❷ 国語，理科，社会 3 教科の平均点は何点ですか。

考え方

❶ (合計)＝(平均)×(回数)で求めます。
ゆうみさんの 4 教科の合計点は，67 × 4 ＝ 268(点) です。

(平均) ＝ (合計) ÷ (人数や回数)
(合計) ＝ (平均) × (人数や回数)

❷ 国語，理科，社会の合計点は，4 教科の合計点から算数の得点をひいて，268 − 79 ＝ 189(点)
よって，国語，理科，社会の 3 教科の平均点は，189 ÷ 3 ＝ 63(点)

類題1

答えは別冊 60 ページ

1 れんさんのこれまで受けた 4 回の漢字テストの平均点は 78 点です。次の漢字テストで何点をとれば 5 回の平均点が 80 点になりますか。

2 6 年生の男子 52 人の通学時間の平均は 17 分，女子 48 人の通学時間の平均は 12 分です。6 年生全員の通学時間の平均は何分ですか。

基本例題2

あるクラスの男子 18 人の体重の平均は 40kg，女子の体重の平均は 42kg で，クラス全員の体重の平均は 40.8kg です。このクラスの女子は何人ですか。

考え方

❶　人数の分かる，男子の体重の合計は 40 × 18 で求められますが，人数の分からない，女子の体重の合計やクラス全員の体重の合計は求めることができません。

❷　こういう場合，右の図のような面積図をかいて考えます。長方形のたてが体重の平均，横が人数で，長方形の面積は体重の合計を表しています。
男子の合計を表す長方形の面積と，女子の合計を表す長方形の面積の和が，図の太線で囲ったクラスの合計を表す長方形の面積と等しくなるので，アとイの面積は等しくなります。

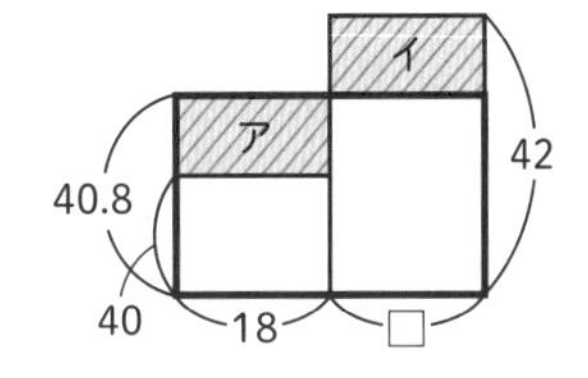

❸　女子の人数を□人とすると，図の斜線（しゃせん）部分アとイの面積が等しいことより，
(40.8 − 40) × 18 = (42 − 40.8) × □となります。
よって，14.4 = 1.2 × □，□ = 14.4 ÷ 1.2 = 12(人)

基本例題 2 を例に解説します。

① 平均をたてに，人数を横にとって，長方形を左右に並べてかきます。

② 全員の平均点をかき入れます。

③ 斜線部分の面積が等しいことから考えます。

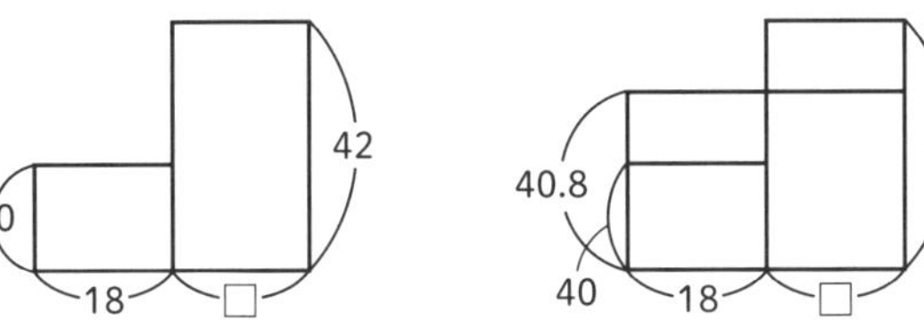

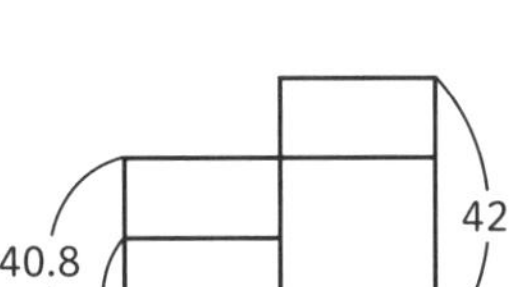

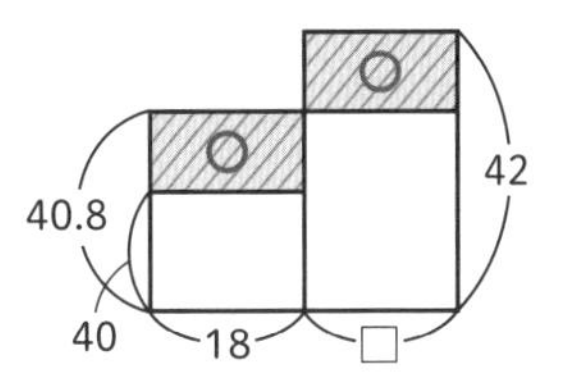

類題 2

答えは別冊 60 ページ

あるクラスの男子の身長の平均は 137cm，女子 14 人の身長の平均は 143cm で，クラス全員の身長の平均は 139.8cm です。このクラスの男子は何人いますか。

平均算の練習問題 基本編

答えは別冊60ページ

1　A，B，C，Dの4人の通学時間は，Aが11分，Bが10分，Cが6分，Dが15分です。A，B，C，D，4人の通学時間の平均は何分ですか。

基本例題1

2　ある小学校の5年生92人の体重の平均は35kg，6年生108人の体重の平均は40kgです。この小学校の5年生と6年生を合わせると，体重の平均は何kgになりますか。

基本例題1

3　けんと君のこれまでの5回の計算テストの平均点は82.4点でしたが，今度の6回目のテストで□点をとると，平均点は85点になります。□にあてはまる数を答えなさい。

基本例題1

4　A，B，C，Dの4人が50m走をしました。タイムをはかると，4人の平均タイムは9.3秒で，Aのタイムは9.6秒でした。このとき，次の問いに答えなさい。

基本例題1

(1)　A，B，C，D，4人のタイムの合計は何秒ですか。

(2)　Aを除いた3人の平均タイムは何秒ですか。

5 しょう君は，これまでに算数のテストを何回か受けました。これまでの平均点は78点です。次のテストで100点をとると，全部の平均点が80点になります。しょう君はこれまでに何回算数のテストを受けましたか。

基本例題 2

6 町のお祭りに何人かの大人と子どもが来ていました。大人だけの年れいの平均は41才で，子ども48人の年れいの平均は9才，全員の年れいの平均は17才でした。大人は何人来ていましたか。

基本例題 2

7 まりんさんのこれまでの漢字テストの平均点は90点でしたが，次のテストで60点をとってしまうと，平均点は88点になってしまいます。次の漢字テストは何回目のテストですか。

基本例題 2

8 男子6人と女子何人かのグループで算数のテストを行いました。男子6人の平均点は60点，女子の平均点は74点で，全員の平均点は68点でした。女子は何人いますか。

基本例題 2

平均算の練習問題 発展編

答えは別冊61ページ

❶ ある小学校の生徒12人の身長を調べた結果，次のようになりました。このとき，あとの問いに答えなさい。

仮平均の利用

140.2cm	144.5cm	142.4cm	151.0cm	140.8cm	142.5cm
142.0cm	148.0cm	143.0cm	149.6cm	152.0cm	150.0cm

(1) それぞれの身長の140cmを超(こ)えた長さをすべてたすと何cmになりますか。

(2) この12人の身長の平均は何cmですか。

❷ A小学校とB小学校の6年生は合わせて200人で，A小学校の6年生の通学時間の平均は17分，B小学校の6年生の通学時間の平均は9分です。また，両校の6年生を合わせると通学時間の平均は14分になります。A小学校の6年生は何人ですか。

面積図／比の利用

❸ サッカーボールとソフトボールが合わせて30個あります。サッカーボールだけの重さの平均は350g，ソフトボールだけの重さの平均は190gで，30個全部の重さの平均は222gです。サッカーボールとソフトボールはそれぞれ何個ありますか。

面積図／比の利用

❹　ある中学校の入学試験の受験者は全部で300人で，そのうち60人が合格，240人が不合格でした。また，受験者全員の平均点は208点，合格者だけの平均点と不合格者だけの平均点の差は40点でした。このとき，次の問いに答えなさい。

面積図の利用

(1)　受験者全員の得点の合計は何点でしたか。

(2)　受験者全員が合格者の平均点と同じ点数をとっていたとすると，受験者全員の得点の合計は何点になりますか。

(3)　合格者の平均点は何点ですか。

❺　ある中学校の入学試験で，全受験者200人のうち80人が合格しました。受験者全員の平均点は104点で，合格者の平均点は合格最低点よりも25点高く，不合格者の平均点は合格最低点よりも35点低かったそうです。合格最低点は何点でしたか。

面積図／比の利用

❻　ある小学校の先生と6年生の人数の合計は100人で，6年生の男子の人数は女子の人数の2倍です。先生の体重の平均は52kg，6年生女子の体重の平均は40kg，6年生男子の体重の平均は35kgです。また，先生もふくめた100人の体重の平均は38.2kgです。この小学校の6年生の男子は何人いますか。

面積図／比の利用

のべ算(帰一算)／仕事算

のべ算…ある量を１とし，全体をのべの量で表す問題（帰一算ともいう）。
仕事算…全体の量を１または決まった量として考える問題。

基本例題1（のべ算）

6人が12日働いて終わる仕事があります。この仕事を9人ですると，何日で終わりますか。

考え方

❶ 1人が1日にできる仕事の量を1とします。
全員が1日に同じ量の仕事ができると考えます。

まず，仕事全体の量を求めます

❷ このとき，仕事全体の量は，1日に6ずつすると12日かかるので，
6 × 12 = 72

❸ 9人で働くと1日に9できるので，72の仕事をするのにかかる日数は，
72 ÷ 9 = 8(日)

類題1

答えは別冊62ページ

1　6人でするど60日かかる仕事があります。この仕事を8人でするど，何日で終わりますか。

2　プールから毎分同じ量の水をくみ出すポンプがあります。いっぱいになったプールの水を全部くみ出すのに，ポンプ3台では48時間かかります。9時間で全部くみ出すには何台のポンプを使わなくてはなりませんか。

基本例題2（仕事算）

ある仕事をするのに，A 1 人では 20 日，B 1 人では 30 日かかります。この仕事を A と B の 2 人ですると何日で終わりますか。

考え方

❶ まず，仕事全体の量を 1 として，A，B それぞれが 1 日にできる仕事の量を求めます。

A が 1 日にできる仕事の量…$1 \div 20 = \frac{1}{20}$

B が 1 日にできる仕事の量…$1 \div 30 = \frac{1}{30}$

仕事全体の量を 20 と 30 の最小公倍数 60 にすると整数で求められます。（別解参照）

❷ A と B が 1 日にできる仕事量の和を求めます。

$$\frac{1}{20} + \frac{1}{30} = \frac{3}{60} + \frac{2}{60} = \frac{5}{60} = \frac{1}{12}$$

❸ 1 日に $\frac{1}{12}$ ずつ仕事をすると何日で終わるのかを求めます。

$1 \div \frac{1}{12} = \underline{12（日）}$

別解 仕事全体の量を 60 とすると，A，B が 1 日にできる仕事の量はそれぞれ，
$60 \div 20 = 3$，$60 \div 30 = 2$ となります。
よって，$60 \div (3 + 2) = \underline{12（日）}$

類題 2 ある仕事をするのに，A 1 人では 15 日，B 1 人では 18 日かかります。このとき，次の問いに答えなさい。

答えは別冊 62 ページ

1 A と B が 2 人で働くと，1 日でこの仕事のうちどれだけができますか。分数で答えなさい。

2 A と B の 2 人で 6 日間したあと，残りを A 1 人ですると，2 人で仕事を始めてから何日で全部の仕事が終わりますか。

のべ算（帰一算）／仕事算の練習問題 基本編

答えは別冊62ページ

1　ある仕事を仕上げるのに，7人で25日かかります。この仕事を35日で仕上げるには，1日に何人必要ですか。

基本例題1

2　8人で60日かかってできる仕事があります。この仕事をするのに，10人で35日間働きましたが，その残りを5人で仕上げることになりました。あと何日かかりますか。

基本例題1

3　6人の大工さんを15日間やとって135万円を支払いました。このあと大工さん2人を14日間やといます。大工さんに支払うお金をあと何円用意すればよいですか。

基本例題1

4　1200個の製品をつくるのに，6人で1日8時間働いて5日間かかりました。同じペースで製品をつくるとすると，9人で10日間働いて3150個の製品をつくるには，1日に何時間働けばよいですか。

基本例題1

5 ある仕事をするのに，A1人では15時間，B1人では10時間かかります。このとき，次の問いに答えなさい。

基本例題2

(1) AとBが2人でこの仕事をすると何時間で終わりますか。

(2) この仕事をAとBで2時間したあと，残りをA1人ですると，2人で仕事を始めてから終わるまで全部で何時間かかりますか。

6 ある水そうには，水を入れるA，B2本の管がついています。A管だけで水を入れると満水にするのに40分かかり，A管とB管同時に使うと15分で満水になります。この水そうにB管だけで水を入れると何分で満水になりますか。

基本例題2

7 ある仕事を仕上げるのに，A1人では21日，B1人では35日かかります。この仕事をAとBの2人で始めましたが，途中(とちゅう)でAが来なくなったので，仕事を始めてからちょうど20日で仕上げることができました。Aが働いていたのは何日間ですか。

基本例題2

のべ算（帰一算）／仕事算の練習問題 発展編

答えは別冊63ページ

❶　4人で電車に乗ったところ，座席が3つしか空いていなかったので，目的地までの1時間40分の間，みんなが同じ時間座れるように交代で座ることにしました。1人何分ずつ立つことになりますか。

のべ算

❷　大人4人ですると15時間かかる仕事があります。子ども1人ができる仕事の量は大人1人が同じ時間にする仕事の量の $\frac{1}{3}$ です。この仕事をはじめは大人2人と子ども3人で12時間して，残りの仕事を大人8人でしました。この仕事を終わらせるのに全部で何時間かかりましたか。

のべ算

❸　Aが3日でできる仕事をBは5日かかります。この仕事をAとBの2人ですると仕上げるまでに12日かかります。この仕事をA 1人で始めて何日間か行い，途中(とちゅう)からBと交代して残りはB 1人で仕上げました。その結果，Aが仕事を始めてからBが仕事を終えるまで全部で28日かかりました。Aが仕事をしていたのは何日間ですか。

比の利用・つるかめ算

❹　ある仕事を終わらせるのに，A 1 人では24日，B 1 人では16日，C 1 人では12日かかります。このとき，次の問いに答えなさい。

3 人の仕事算

(1)　3人でこの仕事をすると何日で終わりますか。

(2)　3人でこの仕事を始めましたが，途中からCが休んだため，仕上げるまでに全部で8日かかりました。Cは何日休みましたか。

❺　大人1人ですると48日かかる仕事があります。子どもが1日にできる仕事の量は，大人が1日にできる仕事の量の2割です。この仕事を大人が子どもに教えながらすると，大人のできる仕事の量は10%減りますが，子どもができる仕事の量は50%増えます。この仕事を大人2人が子ども2人に教えながらすると，全部で何日かかりますか。

能率が変わるのべ算

❻　ある仕事をA 1 人ですると70日，B 1 人ですると42日，C 1 人ですると35日かかります。この仕事を2人ですると能率が上がり，普段（ふだん）の2割多くの仕事ができ，3人でするとさらに能率が上がり，普段の5割多くの仕事ができます。この仕事をAとCで9日，AとBで3日した後，残りをA，B，Cの3人ですると，仕事を始めてから終わるまで，全部で何日かかりますか。

能率が変わる仕事算

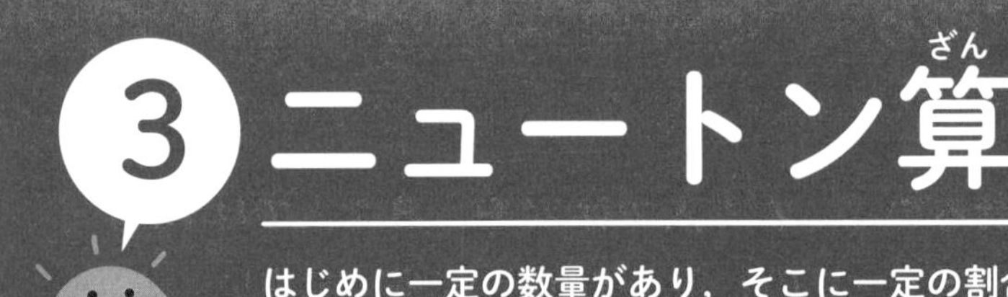

3 ニュートン算

はじめに一定の数量があり，そこに一定の割合で加わり続ける数量を減らす問題。

基本例題1

いま，ある泉には900Lの水がたまっています。この泉には1分間に20Lの割合で水がわき出てきます。この泉の水を1台のポンプを使ってくみ出すと，30分で泉の水がなくなります。このとき，次の問いに答えなさい。

❶ ポンプ1台が1分間にくみ出す水の量は何Lですか。

❷ ポンプを4台使うと，何分で泉の水がなくなりますか。

考え方　参考 どのポンプも毎分同じ量の水をくみ出すと考えます。

❶ はじめに泉にたまっていた水の量を二重線として右の図のように表します。
1台のポンプが1分間にくみ出す水の量を①とすると，①×30＝㉚が，900＋20×30＝1500(L)にあたります。
よって，①(1分間にポンプ1台がくみ出す水の量)は，1500÷30＝50(L)

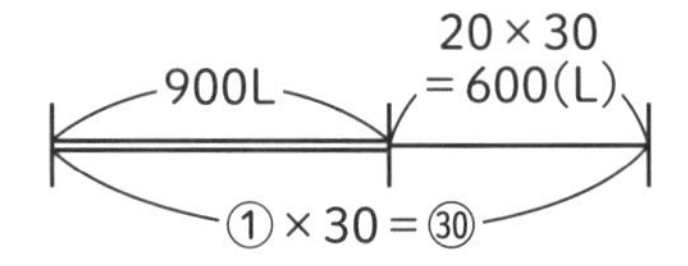

❷ 4台のポンプでは1分間に，50×4＝200(L)ずつくみ出せます。
1分間にわき出る水が20Lあるので，はじめにたまっていた900Lの水は1分間に，200−20＝180(L)ずつなくなっていきます。
よって，900÷180＝5(分)で泉の水はなくなります。

類題1　答えは別冊64ページ

ある博物館では，開館時に150人が行列をつくって並んでいます。このあと毎分20人の人がやってきて行列に加わります。入り口を1つ開けると10分で行列がなくなるそうです。入り口を2つにすると，何分で行列がなくなりますか。

基本例題2

毎分 8L の水がわき出ている井戸に水がたまっています。この井戸の水をからにするのに，ポンプを 2 台使うと 70 分かかり，ポンプを 3 台使うと 42 分かかります。ポンプを 4 台使うと何分でからになりますか。

考え方

右の図のように，はじめにたまっている水を二重線として 2 本の線分図をかきます。このとき，ポンプ 1 台が 1 分間にくみ出す水の量を①とします。

❶ 上の線と下の線の違(ちが)いに注目します。

70 分間，42 分間にわき出る水の量はそれぞれ，$8 \times 70 = 560$(L)，$8 \times 42 = 336$(L)なので，差は，$560 - 336 = 224$(L)

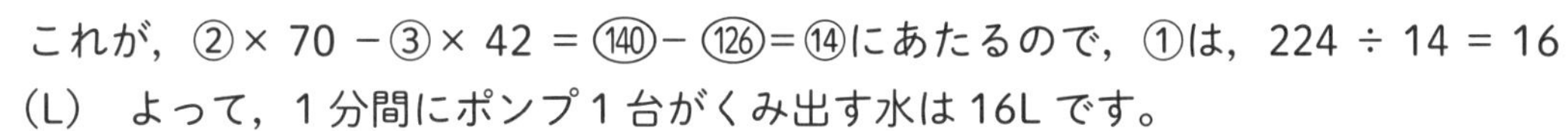

これが，②× 70 −③× 42 = (140)− (126)= ⑭にあたるので，①は，$224 \div 14 = 16$(L) よって，1 分間にポンプ 1 台がくみ出す水は 16L です。

❷ 次に，はじめにたまっている水の量(図の二重線の部分)を求めます。

上のほうの線分図より，(140)は，$16 \times 140 = 2240$(L)

よって，はじめにたまっている水は，$2240 - 560 = 1680$(L)

❸ 4 台のポンプを使うと 1 分間にくみ出す水の量は，$16 \times 4 = 64$(L)ですが，毎分 8L の水がわき出ているので，はじめにたまっている水は，毎分 64L ずつではなく，$64 - 8 = 56$(L)ずつ減ることになります。

よって，井戸がからになるまでの時間は，$1680 \div 56 =$ 30(分)

類題 2 答えは別冊 64 ページ

あるコンサートの開場時刻に入場者の行列ができていました。この行列には毎分 12 人ずつ加わり続けます。入場口を 1 つ開けると 45 分で行列がなくなり，入場口を 2 つ開けると 9 分で行列がなくなります。入場口を 3 つにすると何分で行列がなくなりますか。

ニュートン算の練習問題 基本編

答えは別冊64ページ

1 1800Lの水がたまっている泉があります。この泉には毎分12Lの水がわき出ています。この泉の水を，ポンプを3台使ってくみ出します。ポンプ1台が1分間にくみ出す水の量が16Lのとき，くみ出し始めてから何分で泉の水はなくなりますか。

基本例題1

2 ある美術館の入場券売り場には，売り始める前に130人が並んでいました。売り始めたあとも毎分6人が行列に加わります。1つの窓口で入場券を売り始めたところ，売り始めてから13分で行列がなくなりました。このとき，次の問いに答えなさい。

基本例題1

(1) 入場券を毎分何人に売りましたか。

(2) 窓口を2つにして売っていたら，行列は売り始めてから何分でなくなるはずでしたか。

3 600Lの水がたまっている泉があり，毎分決まった量の水がわき出しています。この泉の水を1台のポンプを使ってくみ出したところ，1時間40分で泉の水がなくなりました。ポンプ1台が1分間にくみ出す水の量が12Lのとき，次の問いに答えなさい。

基本例題1

(1) 毎分何Lの水がわき出していますか。

(2) ポンプを3台使うと何分で泉の水がなくなりますか。

4　毎分4Lの水がわき出している泉に水がたまっています。この泉の水を全部くみ出すのに，ポンプを2台使うと32分，ポンプを3台使うと20分かかります。このとき，次の問いに答えなさい。

基本例題2

(1)　ポンプ1台が1分間にくみ出す水は何Lですか。

(2)　はじめに泉にたまっていた水は何Lですか。

(3)　ポンプを7台使うと泉の水は何分でなくなりますか。

5　あるサッカーの試合会場では，入場開始時刻にすでに長い行列ができていて，入場開始後も1分間あたり40人の割合で行列に加わる人がいます。入場口を2つ開けると45分で行列がなくなり，入場口を4つ開けると18分で行列がなくなるそうです。このとき，次の問いに答えなさい。

基本例題2

(1)　1つの入場口からは1分間に何人入場できますか。

(2)　入場開始時刻に何人の行列ができていましたか。

(3)　入場口を1つだけ開けると，行列がなくなるまで何時間かかりますか。

(4)　10分以内に行列をなくすには，入場口を少なくとも何か所開けなければなりませんか。

ニュートン算の練習問題  

答えは別冊65ページ

❶　毎分同じ量の水がわき出る泉に水がたまっています。これを全部くみ出すのに，6台のポンプを使うと12分かかり，5台のポンプを使うと16分かかります。ポンプ1台が1分間にくみ出す水の量を1として，次の問いに答えなさい。

基本例題2の発展

(1)　1分間にわき出る水の量を求めなさい。

(2)　はじめにたまっている水の量を求めなさい。

(3)　8台のポンプを使うと泉の水は何分でなくなりますか。

❷　あるおもちゃ工場で，始業時に，前日につくった色のついていないおもちゃが何個かたまっています。始業時からはさらに色のついていないおもちゃが毎分決まった数だけつくられてきます。これらの色がついていないおもちゃに機械で色をつけます。色のついていないおもちゃがなくなるまでに機械3台では2時間48分，機械4台では2時間かかります。機械が1つのおもちゃに色をつける速さはどれも同じとして，次の問いに答えなさい。

基本例題2の発展

(1)　1つの機械が1分間に色をつけるおもちゃの個数を1とすると，始業時に色のついていないおもちゃはいくつありましたか。

(2)　機械を8台使うと色のついていないおもちゃは何分でなくなりますか。

❸　ある牧場では毎日一定の割合で草がはえてきます。この牧場で牛が草を食べつくすのに，15頭の牛が食べると12日、10頭の牛が食べると24日かかります。1頭の牛が1日に食べる草の量を1として，次の問いに答えなさい。

基本例題２の発展

（1）　1日にはえる草の量を求めなさい。

（2）　はじめにはえている草の量を求めなさい。

（3）　8頭の牛が食べると何日で草がなくなりますか。

❹　ある牧場では毎日一定の割合で草がはえてきます。この牧場の草を牛に食べさせるとき，40頭の牛に食べさせると8日間で草がなくなり，70頭の牛に食べさせると4日間で草がなくなります。50頭の牛に食べさせると，何日で草がなくなりますか。

基本例題２の発展

❺　ある野球場の入場券売り場では，入場券を売り始める前から行列ができ始め，しかも毎分一定の人がこの行列に加わります。入場券売り場を2か所にすると，売り始めてから4時間で行列がなくなり，売り場を3か所にすると2時間30分で行列がなくなります。この行列を1時間でなくすには，売り場を何か所にすればよいですか。ただし，入場券は1人1枚ずつ買うものとします。

基本例題２の発展

特訓！ 平均算の面積図

答えは別冊66ページ

次の □ にあてはまる数を求めなさい。

❶　あるクラスで行った算数のテストで，男子21人の平均点は50点，女子 □ 人の平均点は74点，クラス全員の平均点は60点でした。

❷　あるクラスで行ったテストで，女子14人の平均点は男子18人の平均点より8点高く，クラス全員の平均点は59.5点でした。このクラスの男子の平均点は □ 点です。

❸　算数のテストのこれまで □ 回の平均点は58点でしたが，あと2回のテストの平均点が70点のとき，全部の平均点は62点になります。

❹　これまで［　］回のテストの平均点は75点でしたが，次のテストで27点をとってしまうと平均点が6点下がります。

❺　ある中学校の入学試験で，合格者80人の平均点と不合格者120人の平均点［　］点は60点違い，受験者全員の平均点は135点でした。

❻　ある中学校の入学試験で，合格者60人の平均点は合格最低点より10点高く，不合格者240人の平均点は合格最低点より60点低かったそうです。また，受験者全体の平均点は154点でした。この入学試験の合格最低点は［　］点でした。

中学受験
ミラクル算数　特殊算

2021 年 6 月 10 日　第 1 刷発行
2023 年 5 月 10 日　第 3 刷発行

著者／深水　洋

発行者／松野　さやか

発行所／株式会社友人社

〒160-0022　東京都新宿区新宿 5-18-20-305

電話　03-3208-0788

印刷／皆川美術印刷株式会社　製本／有限会社笠松製本所

Printed in Japan　ISBN 978-4-946447-49-5　C0037

わかる！ とける！ 身につく！

中学受験 ミラクル算数 特殊算

深水 洋

別冊（解答）

わかる！ とける！ 身につく！

中学受験 ミラクル算数

特殊算

深水 洋

別冊（解答）

第　1　章

① 植木算　p.10 ～ p.15

答え

［類題１］
桜…7本，つつじ…54本
［類題２］
❶ 24本　❷ 189m

［類題１］

120÷20＝6(か所)…桜と桜の間隔の数
6＋1＝7(本)…桜の木の数
20÷2－1＝9(本)…桜と桜の間のつつじの本数
9×6＝54(本)…つつじの本数の合計

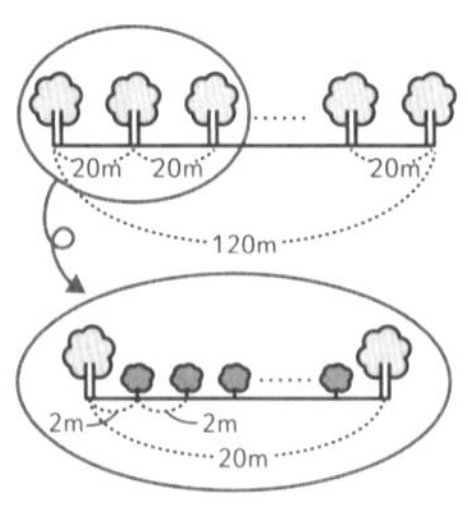

［類題２］

❶ 120÷5＝24　←周囲に木を植えるとき，間の数と木の数は等しい。

❷ 池の周囲の長さを1とすると，7mおきに植えたときと9mおきに植えたときの木の本数の比は，$\frac{1}{7}$：$\frac{1}{9}$＝9：7
［参考］ $\frac{1}{a}$：$\frac{1}{b}$＝b：a
比の，9－7＝2にあたる本数が，6本なので，比の1にあたる本数は，6÷2＝3(本)　よって，7mおきに植えるときに必要な木の本数は，3×9＝27(本)　木の本数と間の数は等しいので，池の周囲の長さは，7×27＝189(m)
［別解］7と9の最小公倍数は63。63mで必要な木の本数の差は，63÷7－63÷9＝2(本)　6÷2＝3より，池の周囲の長さは63mの3倍。よって，63×3＝189(m)

植木算の練習問題 基本編

答え

1 60m
2 27本
3 18m
4 11m
5 45m
6 (1) 15本　(2) 45本
7 (1) 6本　(2) 5本
8 270m
9 1.5cm

1 4×(16－1)＝60(m)　←両端に植えるとき，間の数＝木の本数－1

2 84÷3－1＝27(本)　←両端に打たないとき，くいの本数＝間の数－1

3 2×(8＋1)＝18(m)　←両端に打たないとき，間の数＝くいの本数＋1

4 110÷(11－1)＝11(m)　←両端に植えるとき，間の数＝木の本数－1

5 片端だけ旗を立てるので，間の数は旗の数と等しい。3×15＝45(m)

6 (1) 周囲に植えるとき，木の本数＝間の数
120÷8＝15より，15本。
(2) 2本の桜の間に植えるつつじの木は，8÷2－1＝3(本)　15か所に3本ずつ必要なので，全部で，3×15＝45(本)が必要となる。

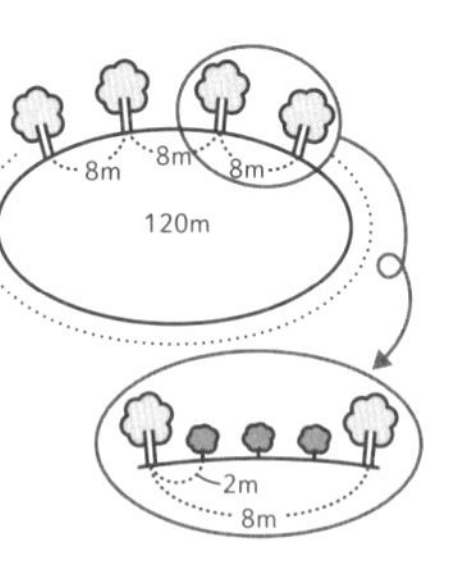

7 (1) 抜かずにすむのは10と15の最小公倍数30mおきに植えた木。木と木の間の30mは，150÷30＝5(か

所） 木の本数＝間の数＋1なので，5＋1＝6(本)
(2) 10mおきに植えてある木の本数は，150÷10＋1＝16(本) 15mおきに植えるときに必要な木の本数は，150÷15＋1＝11(本) よって，16－11＝5(本)あまる。

8 池の周囲の長さを1とすると，15mおきに植えたときと9mおきに植えたときの木の本数の比は，$\frac{1}{15}$：$\frac{1}{9}$＝9：15＝3：5 比の，5－3＝2にあたる本数が12本なので，比の1にあたる本数は，12÷2＝6(本) よって，15mおきに植えるときに必要な本数は，6×3＝18(本) この池の周囲の長さは，15×18＝270(m)
[別解] 15と9の最小公倍数は45。45mで必要な本数の差は，45÷9－45÷15＝2(本) 12÷2＝6より，池の周囲の長さは45mの6倍。よって，45×6＝270(m)

9 のりしろがないとき，9cmのテープ15本を並べた長さは，9×15＝135(cm) のりしろで，135－114＝21(cm)短くなっている。のりしろは，15－1＝14(か所)できるので，1か所の長さは，21÷14＝1.5(cm)

植木算の練習問題 発展編

答え

❶ 28秒
❷ (1) 15cm (2) 10cm
❸ 7個
❹ (1) 11か所 (2) 1時間48分
❺ 桜…40本，つつじ…200本
❻ (1) 24m80cm (2) 13番目
(3) 10m40cm

❶ 4－1＝3(階)上がるのに，12秒かかる。1階分を上がるのにかかる時間は，12÷3＝4(秒) 3階から10階まで，10－3＝7(階)上がることになるので，4×7＝28(秒)

❷(1) 絵がはられない部分の長さの合計は，400－40×7＝120(cm) 間隔はアの部分もふくめ全部で，7＋1＝8(か所) よって，120÷8＝15(cm)
(2) 絵と絵の間は，7－1＝6(か所) その長さの合計は，120－30×2＝60(cm) よって，イの長さは，60÷6＝10(cm)

❸ たて1列にうめる種の個数は，900÷50－1＝17(個) 横1列にうめる種の個数は，1500÷50－1＝29(個) よって，必要な種の個数は，17×29＝493(個) あまる種の個数は，500－493＝7(個)

❹(1) 600÷50＝12(本) ←切り分けられる角材の数 この12本の間を切ることになるから，切るのは，12－1＝11(か所)
(2) 最後に切ったあとには休けいはないので，休けいの回数は，11－1＝10(回) よって，かかる時間の合計は，8×11＋2×10＝108(分) 1時間＝60分だから，108分は1時間48分。

❺ 池の周囲の長さを1とすると，15mおきに植えたときと8mおきに植えたときの木の本数の比は，$\frac{1}{15}$：$\frac{1}{8}$＝8：15 比の，15－8＝7にあたる本数が21本なので，比の1にあたる本数は，21÷7＝3(本) よって，15mおきに植えるときに必要な本数は，3×8＝24(本) したがって，この池の周囲の長さは，15×24＝360(m) 必要な桜の木の数と桜の木の間隔の数はともに，360÷9＝40
2本の桜の間に植えるつつじの木の数は，900÷150－1＝5(本)なので，必要なつつじの本数は全部で，5×40＝200(本)

❻(1) 80×(32－1)＝2480(cm) 1m＝100cmだから，24m80cm
(2) Aさんの後ろにいる人数は，32－20＝12(人)だから，Aさんは一番後ろの人から数えて，12＋1＝13(番目)
(3) AさんとBさんの間の距離(きょり)は，80×(6＋1)＝560(cm)，AさんとCさんの間の距離は，80×(5＋1)＝480(cm) したがって，BさんとCさんの間の距離は，560＋480＝1040(cm) よって，10m40cm

② 周期算　p.16 ～ p.21

答え

［類題１］
❶ 5　❷ 551
［類題２］
61本

［類題１］

❶　3，7，8，5，4，6 の6つの数がくり返し現れる。100÷6＝16あまり4　あまりが4なので周期のはじめから4つめの5。

❷　1つの周期の和は，3＋7＋8＋5＋4＋6＝33　よって，33×16＋3＋7＋8＋5＝551

［類題２］

右の図のように，一番左の1本に２本加えるごとに三角形が1つずつできる。よって，30個の三角形をつくるのに必要なマッチ棒の本数は，2×30＋1＝61(本)

周期算の練習問題
基本編

答え

1 (1) 100番目の数…3，100番目の数までの和…400
(2) 100番目の数…4，100番目の数までの和…346
2 (1) 黒　(2) 43個
3 (1) ○　(2) 43個
4 (1) 61本　(2) 33個
5 (1) 79本　(2) 1m95cm
6 13本

1 (1)　3，3，6，5，3 の5つの数が周期。100÷5＝20より，100番目の数は周期の最後の3。3＋3＋6＋5＋3＝20だから，100番目の数までの和は，20×20＝400

(2) 1，2，3，4，5，6 の6つの数が周期。100÷6＝16あまり4より，100番目の数は，周期のはじめから4つ目の4。和は，(1＋2＋3＋4＋5＋6)×16＋1＋2＋3＋4＝346

2 (1)　○○●○●●○の7つが周期。75÷7＝10あまり5より，75番目のご石は，周期のはじめから5つ目の黒。

(2)　１つの周期の中に白いご石は4個あるので，10回の周期の中にある白いご石の数は，4×10＝40(個)　また，あまりの5つのご石の中に白いご石は3個あるので，白いご石の個数は全部で，40＋3＝43(個)

3 (1)　○□△□◎□○の7つが周期。50÷7＝7あまり1より，50番目の記号は周期のはじめの○。

(2)　100÷7＝14あまり2　１つの周期の中に□は3個あるので，14回の周期の中にある□の数は，3×14＝42(個)　あまりの2つの中に□は1つあるので，□の数は全部で，42＋1＝43(個)

4 (1)　左端（はし）の1本に3本加えるごとに四角形が1つずつできていく。よって，必要な本数は，3×20＋1＝61(本)

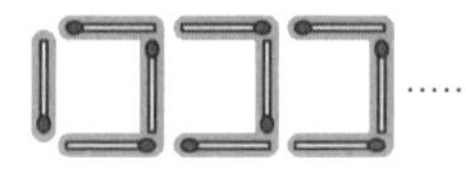

(2)　(100－1)÷3＝33(個)

5 (1)　右の図のように4本ずつの周期で考えると，19回くり返して3本あまる。よって，4×19＋3＝79(本)

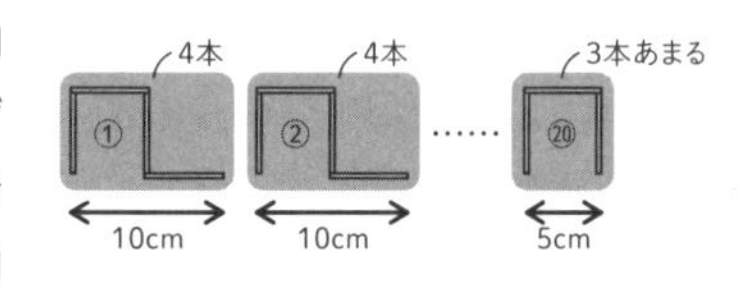

(2)　4本ずつの周期の幅は10cm。⑳の幅は5cmより，10×19＋5＝195(cm)

6　テープの左端から次のテープの左端までの長さは，14－1＝13(cm)　この周期をくり返すと，全体の右端では1cmあまる。
よって，(170－1)÷13＝13(本)

周期算の練習問題
発展編

答え

❶ (1) 8 (2) 2
❷ (1) 6 (2) 1
❸ (1) 98 (2) 57番目
❹ (1) 33個 (2) 301本
❺ (1) 107cm (2) 17個

❶(1) (分子)÷(分母)で分数を小数にできる。$\frac{2}{11}$ は，2÷11＝0.1818… よって，1，8の2つが周期。小数第50位の数は，50÷2＝25より，周期の最後の8。

(2) 3÷7＝0.428571428571……と小数点以下は，4，2，8，5，7，1の6つの数のくり返しとなる。50÷6＝8あまり2より，小数第50位の数は，周期の2つ目の数の2。

❷(1) 4を何個かかけ合わせると，一の位は次の下線部分のように変化する。

4←1個だけのとき　4×4＝16←2個　4×4×4＝64←3個　4×4×4×4＝256←4個　4×4×4×4×4＝1024←5個 ……

このとき，一の位の数は，4，6，4，6，……と［4，6］の周期のくり返しになる。よって，4を100個かけ合わせたときの一の位の数は，100÷2＝50より，あまりがないので，周期の最後の数の6とわかる。

(2) 一の位の数は3をかけるごとに，3，9，7，1，3，9，7，1，3，9，7，1，……と，［3，9，7，1］の周期のくり返しになる。100÷4＝25より，あまりがないので，周期の最後の数の1とわかる。

❸(1) はぶいた3と4の倍数も入れて書いてみると，次のようになる。

①，②，~~3~~，~~4~~，⑤，~~6~~，⑦，~~8~~，~~9~~，⑩，⑪，~~12~~，⑬，⑭，~~15~~，~~16~~，⑰，~~18~~，⑲，~~20~~，~~21~~，㉒，㉓，~~24~~，……

このとき，3と4の最小公倍数の12個周期で，はぶかれる数と残る数が現れる。1つの周期で残る数は6個。残っている50番目の数は，50÷6＝8あまり2より，9番目の周期の前から2つ目の残っている数である。

よって，12×8＋2＝98
（12×8＝8番目の周期の最後の数）

(2) 113÷12＝9あまり5より，113は10番目の周期の5番目の数である。残っている数だけを数えると，1つの周期で残る数は6，周期の5番目までで残る数は3個より，6×9＋3＝57(番目)

❹(1) 右の図のように，はじめの1本(図のア)にイの9本を付け加えるごとに正方形が3個ずつできる。100本のマッチ棒では，(100－1)÷9＝11より，3×11＝33(個)の正方形ができることがわかる。

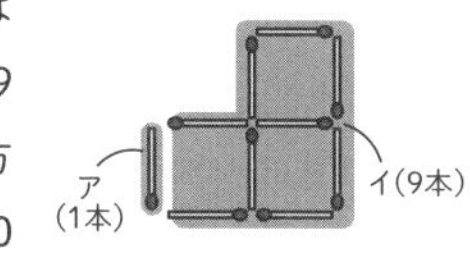

(2) 100÷3＝33あまり1より，上の図のアとイを合わせた図形を33個とほかにもう1個の正方形をつくることになる。最後の1個の正方形をつくるのに必要なマッチ棒は3本なので，100個の正方形をつくるのに必要なマッチ棒の数は，1＋9×33＋3＝301(本)

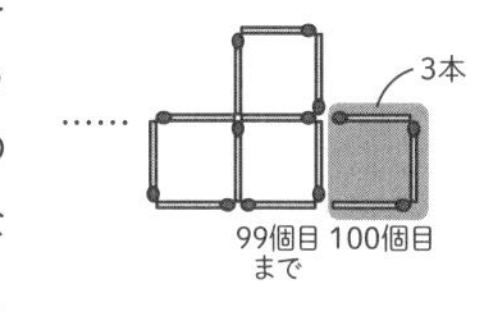

❺(1) 大，中，小リングの幅はいずれも1cm。下の図で，アからイの長さは，13＋6＋10＋6＝35(cm)で，これが周期となる。

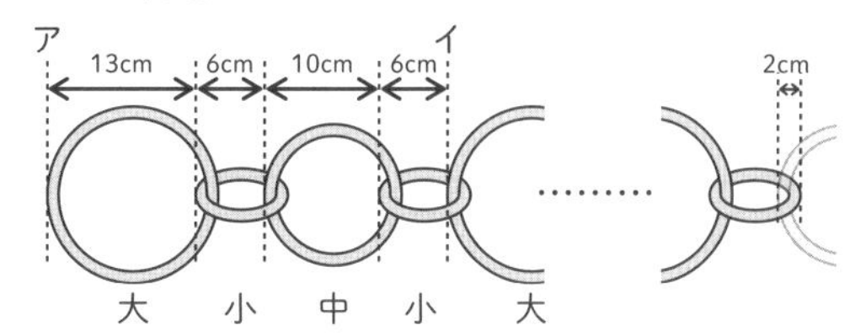

12÷4＝3より，35cmの周期が3回あることがわかり，最後に2cmを加えると，全体の長さは，35×3＋2＝107(cm)となる。

(2) 301÷35＝8あまり21より，35cmの周期が8回あり，21cm残る。残った21cmは，13＋6＋2＝21より，大のリングが1つと小のリングが1つの長さである。35cm周期の中に小のリングは2個あるので，使われている小のリングは全部で，2×8＋1＝17(個)

③ 数列・規則性　p.22 ～ p.27

答え

［類題］

❶ 81　❷ 210

［類題］

❶　前の数との差(公差)が4の等差数列になっている。20番目の数は，$5+4\times(20-1)=81$

［別解］公差4の倍数より1大きい数が並んでいるので，$4\times20+1=81$

❷　1，3，6，10，15，21，……，□
　　2　3　4　5　6　　　　20

数列の初項に20番目の数までの間の数をすべて足した数が求める数。よって，20番目の数は，$\underset{初項}{1}+\underbrace{2+3+4+5+\cdots\cdots+20}_{間の数19個}$

$=(1+20)\times20\div2=210$

数列・規則性の練習問題　基本編

答え

1 (1) 22　(2) 86　(3) 19　(4) 13
2 (1) 63　(2) 1020
3 3775
4 (1) 23番目　(2) 1081
5 (1) 1334　(2) 1491
6 (1) 1229　(2) 11番目
7 (1) 5052

1 (1)　公差が4の等差数列なので，$□=18+4=22$

(2)　3ずつ減る等差数列。$□=89-3=86$

(3)

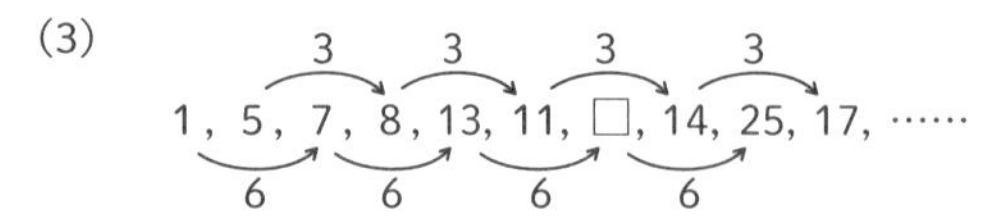

1つおきに見ると，奇数(きすう)番目の数と偶数(ぐうすう)番目の数はそれぞれ等差数列になっている。奇数番目の数は公差が6の等差数列なので，$□=13+6=19$

(4)　3，4，6，9，□，18，24，31，……
差　1　2　3　4　5　6　7

前の数との差が1ずつ大きくなっている。よって4番目の9と5番目の□の間の数は4。$□=9+4=13$

2 (1)　公差が2の等差数列になっている。30番目の数は，$5+2\times(30-1)=63$

［別解］公差の2の倍数より3大きい数が並んでいるので，$2\times30+3=63$

(2)　30番目の数は(1)より63だから，等差数列の和の公式より，$(5+63)\times30\div2=1020$

3　公差が3の等差数列なので，50番目の数は，$2+3\times(50-1)=149$　よって，求める和は，$(2+149)\times50\div2=3775$

4 (1)　3，7，11，15，19，……，91
差　4　4　4　4　　4

91と最初の数の差は，$91-3=88$　これは公差の4が，$88\div4=22$(個)集まった数だから，並んでいる数の間の数は22。よって，91は，$22+1=23$(番目)←植木算

［別解］□番目として等差数列の公式にあてはめると，$3+4\times(□-1)=91$　これより，$4\times(□-1)=91-3=88$，$□-1=88\div4=22$，$□=22+1=23$

(2)　$(3+91)\times23\div2=1081$

5 (1)　公差が3である等差数列の和を求めればよい。まず，88が何番目の数かを求めると，$(88-4)\div3+1=29$(番目)　よって，和は，$(4+88)\times29\div2=1334$

(2)　公差が7である等差数列の和を求めればよい。まず，141が何番目の数かを求めると，$(141-1)\div7+1=21$(番目)　よって，和は，$(1+141)\times21\div2=1491$

6 (1)　4，5，7，10，14，19，25，……，□
差　1　2　3　4　5　6　　49

前の数との差が1ずつ増えている。50番目の数は，最初の数4に1から49までの数の和をたして求めればよい。$1+2+3+\cdots+49=(1+49)\times49\div2=1225$だから，50番目の数は，$4+1225=1229$

(2)　最初の数4に，1からいくつまでの和をたすと59になるかを考える。順にたしていけばよいのだが，$1+2+3+\cdots\cdots+10=55$であることは覚えておいた方がよい。$4+55=59$なので，4から59までの間の数は

10個。よって，10＋1＝11(番目)

7 3，5，8，12，17，23，30，……，□
差 2 3 4 5 6 7 100

100番目の数は，3＋2＋3＋4＋5＋……＋100で求められる。下線をひいた部分の和は，(2＋100)×99÷2＝5049なので，100番目の数は，3＋5049＝5052

［別解］最初の数を1として，差が2，3，4，…と増える数列を考えると，100番目の数は，(1＋100)×100÷2＝5050　最初の数は1より2大きいので，5050＋2＝5052

数列·規則性の練習問題 発展編

答え

❶ (1) $\frac{2}{13}$ (2) $45\frac{3}{13}$

❷ (1) ア…17，イ…289 (2) ウ…50，エ…2，オ…2496

❸ 8通り

❹ (1) Cグループの左から31番目 (2) 2888

❺ (1) 18 (2) (10，3)

❻ 交点…45個，分かれる部分…56個

❶(1) $\frac{1}{4}$ と $\frac{3}{4}$ の間の分数が $\frac{1}{2}$ となっていることから，$\frac{2}{4}$ を約分したものではないかと考える。そこで，並べられた分数を次のようにしてみる。

$\frac{1}{1}$，$\frac{1}{2}$，$\frac{2}{2}$，$\frac{1}{3}$，$\frac{2}{3}$，$\frac{3}{3}$，$\frac{1}{4}$，$\frac{2}{4}$，$\frac{3}{4}$，$\frac{4}{4}$，$\frac{1}{5}$，……
1個 2個 3個 4個 5個

1＋2＋3＋……＋9＋10＝55なので，$\frac{10}{10}$ までの個数は55個。そのあと分母が11の分数が11個，分母が12の分数が12個並ぶので，$\frac{12}{12}$ は，55＋11＋12＝78(番目)　80番目の数はその2つあとの数なので，$\frac{2}{13}$。

(2) (1)の解説中，分母を同じにした分数だけの和をそれぞれ求めると，分母が1の数の和➜1，分母が2の数の和➜$1\frac{1}{2}$，分母が3の数の和➜2，分母が4の数の和➜$2\frac{1}{2}$，分母が5の数の和➜3，分母が6の数の和➜$3\frac{1}{2}$，分母が7の数の和➜4，……，分母が12の数の和➜$6\frac{1}{2}$ となる。これは公差が $\frac{1}{2}$ の等差数列になるので，最初の数1から78番目の $\frac{12}{12}$ までの数の和は，$(1+6\frac{1}{2})\times12\div2=45$　と求められる。これに79番目の $\frac{1}{13}$，80番目の $\frac{2}{13}$ を加えて，$45+\frac{1}{13}+\frac{2}{13}=45\frac{3}{13}$

❷(1) 奇数を1から順に並べた数列は，初項が1で公差2の等差数列である。(33－1)÷2＋1＝17より，33は17番目の奇数。1から17番目の奇数までの奇数列の和は，17(ア)×17(ア)＝289(イ)となる。

［参考］ 33が何番目の奇数かを求めるには，次のような方法もある。整数は1から順に(奇数，偶数)を組として順に並んでいるので，(33，34)の組は，34÷2＝17(組目)　よって，33は17番目の奇数。

(2) (99－1)÷2＋1＝50より，99は50番目の奇数である。よって，1＋3＋5＋7＋9＋……＋99＝50×50

また，奇数を1から順に並べた数列と問題の数列をくらべたとき，省かれている1＋3は，1から始まる奇数を2個たしたものなので，1＋3＝2×2　よって，5＋7＋9＋11＋13＋……＋99＝50(ウ)×50(ウ)－2(エ)×2(エ)＝2496(オ)

❸ 1段目に上る方法は1通り。2段目には1段目から上るのが1通り，Aから直接上るのが1通りなので，合わせて2通り。3段目には2段目から上るのが2通り，1段目から上るのが1通りなので，合わせて3通り。以後，次のようになる。

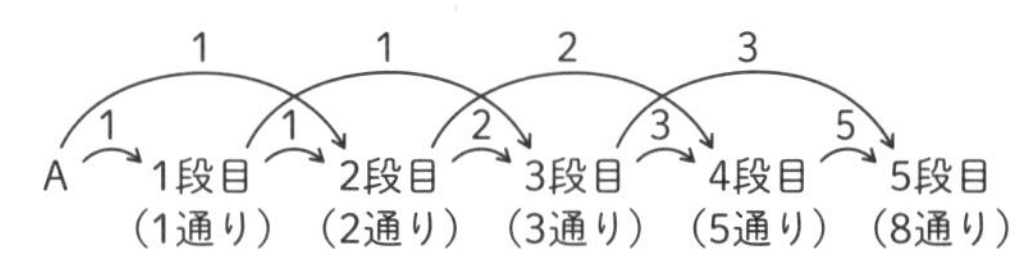

❹(1) Dグループは4の倍数，Aグループは4でわると1あまる数，Bグループは4でわると2あまる数，Cグループは4でわると3あまる数の集まりである。123÷4＝30あまり3より，123はCグループ。また，左から30番目の列の次の列にあるので左から31番目の数である。

(2) 150÷4＝37あまり2より，150はBグループの左から38番目の数であることがわかる。また，Bグループに並ぶ数は公差が4の等差数列となるので，Bグループの数の和は，(2＋150)×38÷2＝2888

❺(1) 1段5列に16の次の17が入り，2段5列はその次の18が入る。

(2) 1列に並んでいる数は，1段から順に，1×1，2×2，3×3，4×4，…となっている。同じ数を2回かけて求められる数で98にいちばん近い数は，10×10＝100　98は100より2少ない数なので，10段3列にある。よって，(10，3)

	1列	2列	3列	4列	5列
1段	1	2	5	10	17
2段	4	3	6	11	18
3段	9	8	7	12	・
4段	16	15	14	13	・

❻ 直線を1本ひくと，それまでにひいてある直線すべてと交わるので，直線と直線の交点はそれまでにひいてある直線の数だけ増える。また，分かれる部分は1本直線をひくたびに増える交点より1つ多く増えていく。まとめると下の表のようになる。

直線の数	1	2	3	4	5	6	7	8	9	10
交点の数	0	1	3	6	10	15	21	28	36	45
部分の数	2	4	7	11	16	22	29	37	46	56

特訓！ 等差数列

p.28 〜 p.29

答え

①397　②203　③301　④203　⑤1617
⑥1661　⑦2500　⑧3260　⑨68

① 1＋4×(100－1)＝397

② 5＋2×(100－1)＝203

③ 4＋3×(100－1)＝301

④ 500－3×(100－1)＝203

⑤ (97－1)÷3＝32　…間の数
32＋1＝33　…個数
(1＋97)×33÷2＝1617

⑥ (149－2)÷7＝21　…間の数
21＋1＝22　…個数
(2＋149)×22÷2＝1661

⑦ (99－1)÷2＝49　…間の数
49＋1＝50　…個数
(1＋99)×50÷2＝2500
[別解] 1から始まる奇数列の和＝個数×個数で求められます。
個数は50個だから，50×50＝2500

⑧ (201－125)÷4＝19　…間の数
19＋1＝20　…個数
(201＋125)×20÷2＝3260

⑨ (8－0.5)÷0.5＝15　…間の数
15＋1＝16　…個数
(0.5＋8)×16÷2＝68

④ 方陣算

p.30 〜 p.35

答え

［類題］
76個

［類題］

右の図のように，ア，イ，ウ，エの4つの部分に分けると，4つの部分の個数は等しいので，アの部分のご石の個数は，144÷4＝36(個)　アの長い方の辺の個数は，36÷2＝18(個)　よって，いちばん外側の1辺の個数は，18＋2＝20(個)　いちばん外側のひとまわりに並んでいるご石は，(20－1)×4＝76(個)

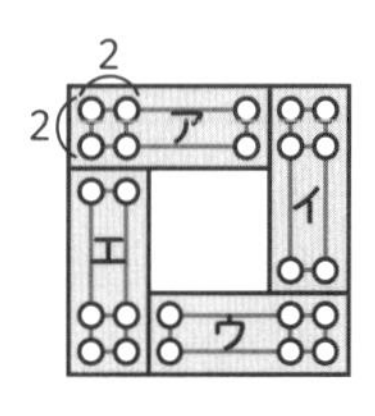

方陣算の練習問題 基本編

答え

1 (1) いちばん外側のひとまわりのご石…28個，全部のご石…64個
(2) いちばん外側のひとまわりのご石

…56個，全部のご石…225個
(3) いちばん外側のひとまわりのご石…52個，全部のご石…96個
(4) いちばん外側のひとまわりのご石…76個，全部のご石…204個

2 (1) 56個　(2) 14個
3 (1) 18個　(2) 144個
4 40個
5 (1) 42個　(2) 120個

1(1)　いちばん外側のひとまわりのご石の数は，(8−1)×4＝28(個)　全部のご石の数は，8×8＝64(個)
(2)　いちばん外側のひとまわりのご石の数は，(15−1)×4＝56(個)　全部のご石の数は，15×15＝225(個)
(3)　いちばん外側のひとまわりのご石の数は，(14−1)×4＝52(個)　右の図のように切り分けると，ア，イ，ウ，エのご石の個数は等しく，2×(14−2)＝24(個)　よって，全部のご石の個数は，24×4＝96(個)

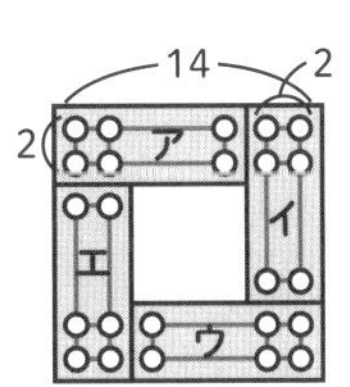

(4)　いちばん外側のひとまわりのご石の数は，(20−1)×4＝76(個)　右の図のように切り分けると，ア，イ，ウ，エのご石の個数は等しく，3×(20−3)＝51(個)　よって，全部のご石の個数は，51×4＝204(個)

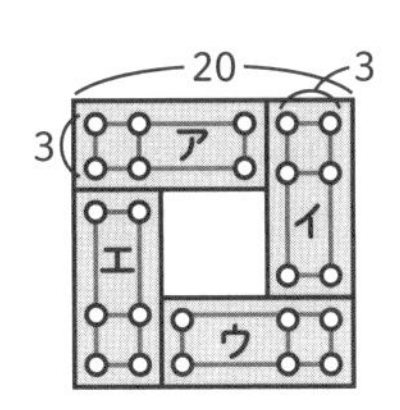

2(1)　右の図のように切り分けると，ア，イ，ウ，エの個数は等しく，15−1＝14(個)　よって，全部のご石の数は，14×4＝56(個)

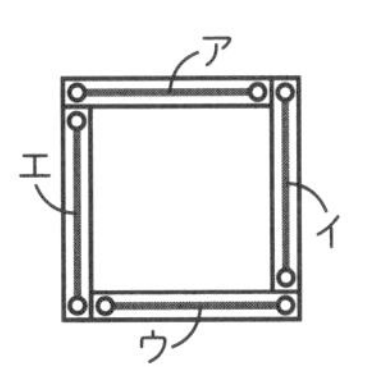

(2)　図のアのご石の数に1つたした数が，正方形の1辺に並ぶご石の数になる。52÷4＋1＝14(個)

3(1)　右の図で，ア，イ，ウ，エの4つの部分のご石の数は等しく，180÷4＝45(個)　いちばん外側の1辺に並ぶご石の個数は，45÷3＋3＝18(個)

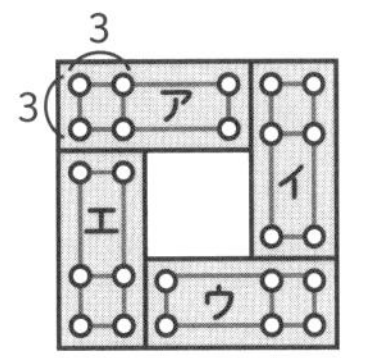

(2)　あいている中にしきつめる正方形の1辺に並ぶご石の数は，長方形ア，イ，ウ，エの長い方の辺から3をひいた数，15−3＝12(個)　よって，必要なご石は，12×12＝144(個)

4　81＝9×9だから，81個のご石を正方形の形にすきまなく並べたとき，いちばん外側の1辺に並ぶご石は9個。この正方形の外側にひとまわりご石を並べると，右の図のようになる。よって，必要なご石は，9×4＋4＝40(個)

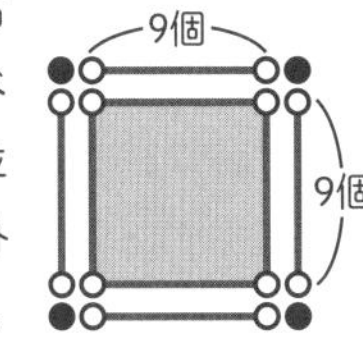

5(1)　(15−1)×3＝42(個)
(2)　右の図のように，同じ図形をさかさにして2つ組み合わせると，全部のご石の数は，(15＋1)×15＝240(個)　実際にはその半分なので，240÷2＝120(個)

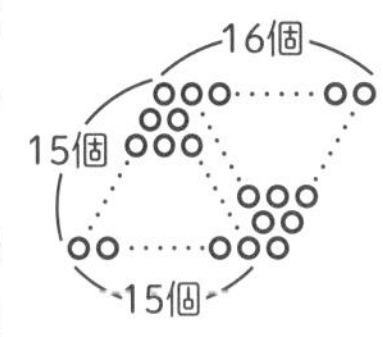

［別解］等差数列の和の公式を用いて求めると，
1＋2＋3＋……＋15＝(1＋15)×15÷2＝120(個)

方陣算の練習問題
発展編

答え

◆1 46個
◆2 (1) 6個　(2) 44個
◆3 (1) 白いご石，80個　(2) 16列目
◆4 (1) 100個　(2) 黒石の方を28個多く使う。
◆5 60個

◆1　ご石は全部で，12×12＝144(個)ある。これをたてが9個の長方形に並べかえると，横に並ぶご石の個数は，144÷9＝16(個)　いちばん外側のひとまわりに並ぶご石の個数を，右上の図のように，ア，イ，ウ，エの4つに分けて求めると，(16−1)×2＋(9−1)×2＝46(個)

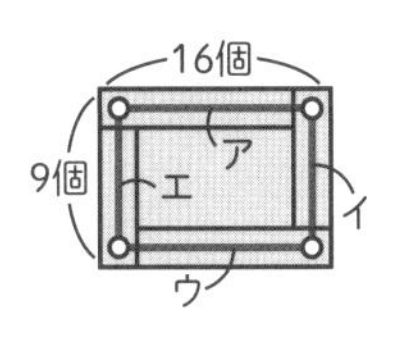

◆2(1)　4つの角にあるご石をたてと横の辺で共有してい

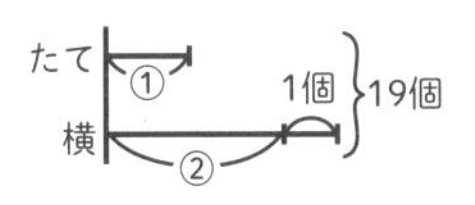

るので，(たての個数＋横の個数)×2は，34＋4＝38(個)　よって，たての個数と横の個数の和は，38÷2＝19(個)　たての個数と横の個数の関係は前の図のように表すことができる。よって，たてに並んだご石の数①は，(19－1)÷(1＋2)＝6(個)

(2)　つくった長方形の横に並ぶご石の数は，6×2＋1＝13(個)　右の図のように，内側に並べる長方形のたてに並ぶご石の数は，6－2＝4(個)　横に並ぶご石の数は，13－2＝11(個)　よって，必要なご石の数は，4×11＝44(個)

13個
6個　4個
11個

❸(1)

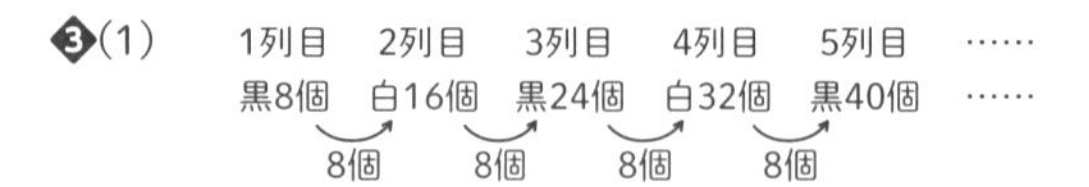

と，黒石，白石，黒石，白石，…の順に各列のご石の数は8ずつ増えていく。また，N番目のご石の数は8×Nとなる。10列目は偶数(ぐうすう)列目なので白色で，並ぶ個数は，8×10＝80(個)

(2)　真ん中 白1個　|1列目 黒8個　2列目 白16個|　|3列目 黒24個　4列目 白32個|　……
差が8個　差が8個

偶数番目の列と直前の奇数(きすう)番目の列の個数の差は8個。真ん中に白い石が1個あるので，(65－1)÷8＝8より，白い石と黒い石の合計の差が65個になるのは8番目の偶数列まで並べたときである。よって，2×8＝16(列目)

❹(1)　各段の白石と黒石の個数の和は1から始まる奇数の和となる。1から始まる奇数の和は，(個数)×(個数)で求められるので，10段目までに並べた白石と黒石の数の合計は，10×10＝100(個)

(2)　黒石の個数の合計は，2段目から9段目まで1から始まる8個の奇数(きすう)の和となるので，8×8＝64(個)　白石の個数の合計は，100－64＝36(個)　よって，黒石の方を，64－36＝28(個)多く使う。

❺　右の図のように，並んでいるご石を平行四辺形アと正三角形イの２つに分けると，イのいちばん下の辺のご石の数は，11－3＝8(個)となるので，8段積み重なっているとわかる。アの部分に並んでいるご石の数は，3×8＝24(個)　イの部分に並んでいるご石の数は，1＋2＋3＋……＋8＝(1＋8)×8÷2＝36(個)なので，アとイを合わせて全部で，24＋36＝60(個)

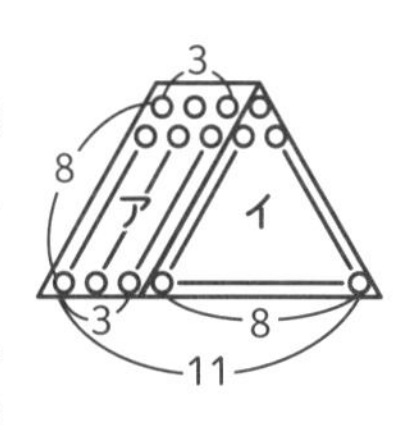

答え

[類題]
❶ 4月19日，日曜日　❷ 火曜日
❸ 金曜日

[類題]

❶　2月19日＋60日＝2月79日と表せる。2020年は4の倍数なのでうるう年。うるう年の2月には29日あるので，79－29＝50より，3月50日となる。3月には31日あるので，50－31＝19より，4月19日。

また，2月19日から4月19日までの日数は，60＋1＝61(日)　61÷7＝8あまり5より，「水，木，金，土，日，月，火」の5番目の日曜日。

❷　2月19日から2月29日までの日数は，29－19＋1＝11(日)　3月には31日，4月には30日，5月1日から5月12日までには12日あるので，(11＋31＋30＋12)÷7＝12　あまりがないから火曜日。

❸　2020年の1月1日から2月19日までの日数は，31＋19＝50(日)　2019年の10月18日から12月31日までの日数は，

(31－18＋1)＋30＋31＝75(日)

(31－18＋1)：10月18日から10月31日の日数
30：11月の日数
31：12月の日数

(50＋75)÷7＝17あまり6より，2019年の10月18日の曜日は，「水，火，月，日，土，金，木」の6番目の金曜日。

日暦算の練習問題
基本編

答え

1 (1) (6月)29日　(2) 7月28日，水曜日
　(3) 5月19日，水曜日
2 (1) 火曜日　(2) 日曜日
3 (1) 金曜日　(2) 月曜日
4 (1) 6回　(2) 土曜日
5 (1) 日曜日　(2) 53回　(3) 月曜日
　(4) 火曜日　(5) 金曜日　(6) 2023年

1(1)　火曜日は7日ごとにやってくるので，8＋7＋7＋7＝29(日)

(2)　6月8日＋50日＝6月58日＝7月28日←58日から6月の30日をひく。

(50＋1)÷7＝7あまり2より，「火，水，木，金，土，日，月」の2番目の水曜日。

(3)　6月8日＝5月39日←5月の31日を加える。 39－20＝19より，5月19日。(20＋1)÷7＝3　あまりがないので，「火，月，日，土，金，木，水」の最後の水曜日。

2(1)　8月19日から9月20日までの日数は，

(31－19＋1)＋20＝33(日)

8月19日から8月31日の日数　9月1日から9月20日の日数

33÷7＝4あまり5より，「金，土，日，月，火，水，木」の5番目の火曜日。

(2)　7月10日から8月19日までの日数は，

(31－10＋1)＋19＝41(日)

7月10日から7月31日の日数　8月1日から8月19日の日数

41÷7＝5あまり6より，「金，木，水，火，月，日，土」の6番目の日曜日。

3(1)　(30－8＋1)＋31＋30＋20＝104

9月8日から9月30日の日数　10月の日数　11月の日数　12月1日から12月20日の日数

104÷7＝14あまり6より，

「日，月，火，水，木，金，土」の6番目の金曜日。

(2)　(31－15＋1)＋31＋8＝56

7月15日から7月31日の日数　8月の日数　9月1日から9月8日の日数

56÷7＝8より，あまりがないので，

「日，土，金，木，水，火，月」の最後の月曜日。

4(1)　2020年は4の倍数なのでうるう年。以後4年ごとに現れるから，2020年，2024年，2028年，2032年，2036年，2040年の6回。

(2)　(29－10＋1)＋31＋30＋31＋6＝118

2月10日から2月29日の日数　3月の日数　4月の日数　5月の日数　6月1日から6月6日の日数

118÷7＝16あまり6より，「月，火，水，木，金，土，日」の6番目の土曜日。

5(1)　2017年は平年なので，1年は365日。365÷7＝52あまり1より，日曜日。

(2)　(1)より，1年は52週と1日。52週中の日曜日と12月31日の日曜日を合わせて，52＋1＝53(回)

(3)　2017年12月31日の次の日なので，月曜日。

(4)　(1)より，平年では1月1日と12月31日の曜日は同じ。2018年も平年なので，2018年12月31日は(3)と同じ月曜日になる。2019年1月1日はその次の日なので火曜日。

(5)　(4)より，2019年の12月31日も火曜日なので，2020年の1月1日は水曜日。2020年はうるう年で1年が366日ある。よって，2020年の12月31日は，366÷7＝52あまり2より，木曜日となる。よって，2021年の1月1日は金曜日。

(6)　(1)〜(5)より，1月1日の曜日は次のように変わることがわかる。

2017年(平年)➔2018年(平年)➔2019年(平年)➔2020年(うるう年)➔2021年(平年)➔……の順に，
日曜日，月曜日，火曜日，水曜日，金曜日，……
1月1日の曜日は，平年の次の年は前年より1つあとの曜日に，うるう年の次の年は前年より2つあとの曜日になるので，2022年は土曜日，2023年は日曜日となる。

日暦算の練習問題
発展編

答え

❶ (1) 月曜日　(2) 金曜日
❷ (1) 土曜日　(2) 木曜日
❸ 21，22，28，29
❹ (1) 4月17日，金曜日　(2) 135日

❺ (1) 17日目 (2) 7月4日，火曜日

❶(1) 8月14日から12月8日までの日数は，(31－14＋1)＋30＋31＋30＋8＝117(日) 117÷7＝16あまり5より，「木，金，土，日，月，火，水」の5番目の月曜日。

(2) 3月14日から8月14日までの日数は，(31－14＋1)＋30＋31＋30＋31＋14＝154(日) 154÷7＝22より，あまりがないので，「木，水，火，月，日，土，金」の最後の金曜日。

❷(1) 5月21日から12月9日までの日数は，(31－21＋1)＋30＋31＋31＋30＋31＋30＋9＝203(日) 203÷7＝29より，あまりがないので，「日，月，火，水，木，金，土」の最後の土曜日。

(2) 2028年はうるう年なので2月が29日ある。よって，2028年の1月1日から5月21日までの日数は，31＋29＋31＋30＋21＝142(日) これに2027年の12月30日と31日の2日を加えると，日数の合計は，142＋2＝144(日) 144÷7＝20あまり4より，「日，土，金，木，水，火，月」の4番目の木曜日。

❸ 囲まれた4つの日付のいちばん小さい数を①とすると，

残りの3つの数は，①＋1，①＋7，①＋8と表せる。

下の図より，100－(1＋7＋8)＝84が④にあたるので，①にあたる数は，84÷4＝21 よって，4つの数は，21と，21＋1＝22，21＋7＝28，21＋8＝29

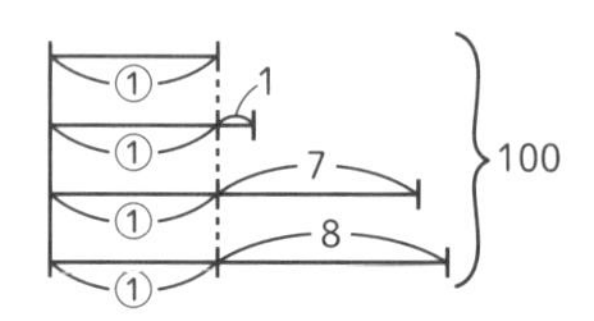

❹(1) 1日目から12日目までの2人の担当表は下のようになる。

	1	2	3	4	5	6	7	8	9	10	11	12
兄	○	○	○	×	○	○	○	×	○	○	○	×
弟	○	○	×	○	○	×	○	○	×	○	○	×

(○が掃除をする日，×が休む日)

はじめて同時に休むのは12日目なので，4月6日の11日後の4月17日。12÷7＝1あまり5より，「月，火，水，木，金，土，日」の5番目の金曜日。

(2) (1)の表の12日が周期(しゅうき)となってくり返される。4月6日から12月31日までの日数は，(30－6＋1)＋31＋30＋31＋31＋30＋31＋30＋31＝270(日) 270÷12＝22あまり6より，12日の周期が22回と6日ある。(1)の表より，2人が同時に掃除(そうじ)をする日は，12日の周期の中に6日，あまりの6日の中には3日あることがわかるので，全部で，6×22＋3＝135(日)

❺(1) [1～6] [7～12] [13～18] [19～24]

[25～30] [31～4] [5～10] …… [27～32] [1～6]

……

32と6の最小公倍数は96なので，27番から32番までの6人が初めて給食当番になるのは，96÷6＝16(日目) よって，1番から6番までの6人が2度目にいっしょに給食当番をするのは，16＋1＝17(日目)

(2) [月～金]××[月～金]××[月～金]××[月～火] ……

5日 5日 5日 2日

給食当番がある日の17日目は，上のように，3週間と2日後の火曜日。6月12日からかぞえて7×3＋2＝23(日目)なので，6月12日の22日後である。よって，12＋22＝34より，6月34日➜7月4日。

⑥ 約数・倍数の利用 p.42～p.47

答え

［類題1］

❶ 47 ❷ 8

［類題2］

❶ 450秒後 ❷ 60

［類題］

❶ 14と21の公倍数より5大きい数を求めます。14と21の最小公倍数は42なので，2けたでいちばん小さい数は，42＋5＝47

［注意］2けたという指定がなければいちばん小さい数は5になります。

❷ 39－7＝32，55－7＝48をわり切れる整数は32と48の公約数。32と48の最大公約数は16なので，公約数はその約数の，1，2，4，8，16。また，7あまることから，わる数は7より大きい数なので，8，16。よって，いちばん小さい数は8。

［類題2］

❶　Aさんは75の倍数秒後に，Bさんは90の倍数秒後にスタート地点を通過する。２人が初めて同時にスタート地点を通過するのは，75と90の最小公倍数の450秒後。

❷　$\frac{2}{15}\times A=\frac{2\times A}{15}$，$\frac{7}{12}\times A=\frac{7\times A}{12}$ で，これらの分母が1となるのは，Aが15と12の公倍数のとき。いちばん小さいAは，15と12の最小公倍数の60。

約数・倍数の利用の練習問題 基本編

答え

- **1** (1) 145　(2) 38
- **2** (1) 1，2，3，4，6，12
  (2) 6，8，12，24
- **3** 午前7時30分
- **4** 12分後
- **5** 14人，28人
- **6** 24
- **7** $\frac{84}{5}$
- **8** (1) 36cm　(2) 20枚
- **9** 56枚

1(1)　12と16の公倍数より１大きい数。12と16の最小公倍数は48で，48の倍数より1大きい数のうち3けたでいちばん小さい数は，48×3＋1＝145

(2)　15の倍数は15ずつ，９の倍数は９ずつ増えるので，

15の倍数より8大きい数⇒15の倍数より7小さい数

9の倍数より2大きい数⇒９の倍数より7小さい数

と考えることができる。よって，求める数は15と9の最小公倍数から7ひいた数とわかる。15と９の最小公倍数は45なので，いちばん小さい数は，45－7＝38

2(1)　60と72の公約数を求めればよい。60と72の最大公約数は12なので，公約数はその約数の1，2，3，4，6，12

(2)　53－5＝48，29－5＝24の公約数で，あまりの5より大きい数を求める。48と24の最大公約数は24なので，公約数はその約数の1，2，3，4，6，8，12，24。このうち5より大きい数を答えればよい。

3　15と18の最小公倍数は90なので，次に同時に発車するのは，午前６時の90分後の午前７時30分。

4　兄が1周するのにかかる時間は，480÷160＝3(分)
弟が１周するのにかかる時間は，480÷120＝4(分)
３と４の最小公倍数は12なので，2人がはじめて同時に出発点を通過するのは出発してから12分後。

5　120－8＝112，150－10＝140より，子どもの人数として考えられる数は112と140の公約数。最大公約数は右のようにして求めると28なので，公約数は28の約数である1，2，4，7，14，28　画用紙が10枚あまったことより，子どもの人数は10人より多いことがわかるので，14人か28人。

```
2 ) 112  140
2 )  56   70
7 )  28   35
      4    5
2×2×7＝28 → 最大公約数
```

6　約分して分母が１となればよいから，かける整数は６と８の最小公倍数の24。

7　かけられる分数を $\frac{△}{○}$ とする。$\frac{△}{○}\times\frac{25}{12}=\frac{△\times25}{○\times12}$，$\frac{△}{○}\times\frac{10}{21}=\frac{△\times10}{○\times21}$　となり，約分して分母が１となることから，△は12と21の公倍数，○は25と10の公約数であることがわかる。$\frac{△}{○}$ がいちばん小さくなるのは分子がいちばん小さく，分母がいちばん大きくなる時なので，△は12と21の最小公倍数の84，○は25と10の最大公約数5となる。

8(1)　1m44cm＝144cm，1m80cm＝180cmなので，１辺の長さはこれらをわり切れる最大の長さにすればよい。よって，144と180の最大公約数の36cm。

(2)　144÷36＝4，180÷36＝5より，4×5＝20(枚)

9　正方形の1辺は42と48の最小公倍数336cmとなる。336÷42＝8，336÷48＝7より，必要な枚数は，8×7＝56(枚)

約数・倍数の利用の練習問題 発展編

答え

- ❶ (1) 11個　(2) 41個
- ❷ 268

❸ 900個
❹ 12個
❺ 14回
❻ 4 個
❼ (1) 84, 156 (2) 90 (3) A…14, B…15, C…80
❽ 3, 6, 9, 18人

❶(1) 1からNまでにあるAの倍数の個数は, N÷Aの商として求められる。6でわっても9でわってもわり切れる整数は6と9の公倍数(最小公倍数18の倍数)なので, 1から200までにある個数は, 200÷18=11あまり2より11個。

(2) 12でわりきれる整数⇒12の倍数, 15でわりきれる整数⇒15の倍数, 12でも15でもわり切れる整数⇒12と15の公倍数(最小公倍数60の倍数) 1～600までの12, 15, 60の倍数の個数はそれぞれ, 600÷12=50(個), 600÷15=40(個), 600÷60=10(個) また, 1～299までの12, 15, 60の倍数の個数はそれぞれ, 299÷12=24あまり11, 299÷15=19あまり14, 299÷60=4あまり59より, 24個, 19個, 4個。よって, 300～600までの12, 15, 60の倍数の個数はそれぞれ, 50−24=26(個), 40−19=21(個), 10−4=6(個)

これをベン図に表すと右の図のようになる。12または15でわり切れる整数は図のいろをぬった部分にあたるので, その個数は, 26+21−6=41(個)

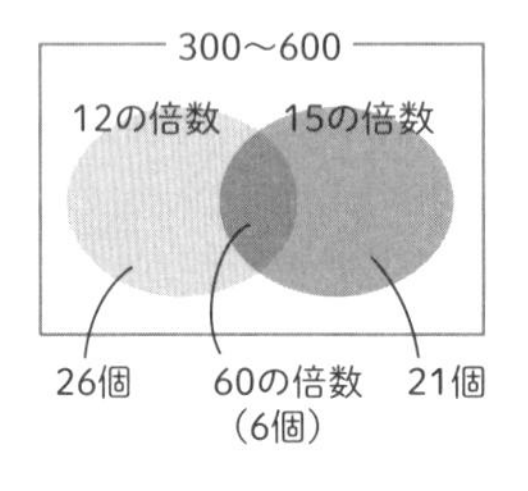

❷ 7でわると2あまる整数, 9でわると7あまる整数を小さいほうから書き出していくと, 次のようになる。

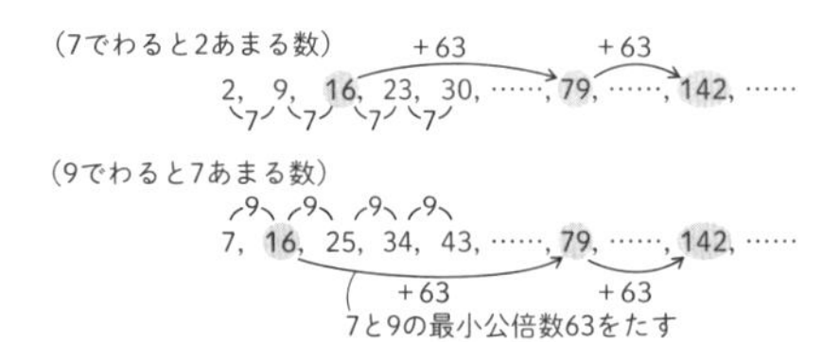

どちらにも共通するいちばん小さい数は16で, 7でわると2あまる数は7ずつ, 9でわると7あまる数は9ずつ増えるので, 16の次に共通する数は, 7と9の最小公倍数63を16に加えて, 16+63=79 以降, 63を加えていけば求められるので, 小さいほうから5番目の数(16の4つあとの数)は, 16+63×4=268

❸ 立方体の1辺の長さを6, 9, 15の最小公倍数である90cmにすればよい。このとき, たて方向に, 90÷6=15(個), 横方向に, 90÷9=10(個), 高さ方向に, 90÷15=6(個)の直方体が並ぶので, 必要な直方体の個数は, 15×10×6=900(個)

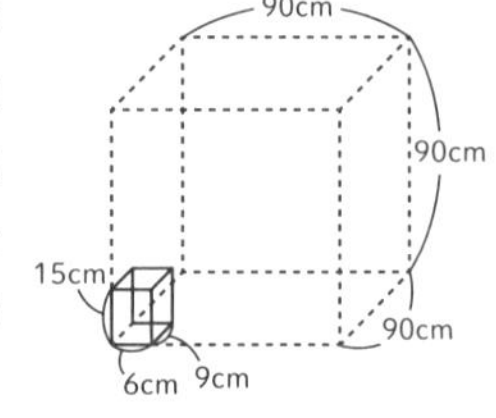

❹ たとえば, 14×15は(2×7)×(3×5)=21×10=210と, 10の倍数となるので, 一の位に0が1つつく。また, 24×25は, (2×2×6)×(5×5)=6×10×10=600と, 10を2回かけた数になるので, 一の位から0が2個並ぶ。このように, 1から50までの整数をすべてかけ合わせたときに, 2×5が何組できるかを考える。2の倍数はたくさんあるので, 5が何個かけられているかを求めると,
1～50までの5の倍数⇒50÷5=10(個)
1～50までの5×5(つまり25)の倍数⇒50÷25=2(個)
よって, 5は, 10+2=12(個)かけられるので, 一の位から並ぶ0も12個となる。

❺ 3の倍数は3で1回わり切れる。また, 3×3=9の倍数は3で2回わり切れ, 3×3×3=27の倍数は3で3回わり切れる。
1～30までの3の倍数⇒30÷3=10(個)
1～30までの9の倍数⇒30÷9=3あまり3より, 3個
1～30までの27の倍数⇒30÷27=1あまり3より, 1個
よって, 3でわり切れる回数は, 10+3+1=14(回)

❻ 素数Aの約数は1とAの2個で, A×Aの約数は, 1, A, A×Aの3個となる。たとえば, 2×2=4の約数は, 1, 2, 4の3個。このように, 同じ素数を2回かけ合わせた数の約数は3個となるので, 1から100までにそのような整数が何個あるか求めると, 2×2=4, 3×3=9, 5×5=25, 7×7=49の4個。

❼(1) 最大公約数, 最小公倍数の求め方は, 次ページのようになる。12×a×b=144より, a×b=144÷12=12 A>Bとすると, a×b=12となるような(a, b)の組は, (12, 1), (6, 2), (4, 3)の3組となる

が，(a，b)＝(6，2)のときはさらに2でわり切れるので最大公約数が12にはならない。(a，b)＝(12，1)のとき，A＝12×12＝144，B＝1×12＝12で，A＋B＝156　(a，b)＝(4，3)のとき，A＝12×4＝48，B＝3×12＝36で，A＋B＝84

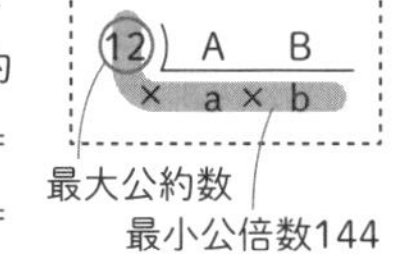

[参考] AとBの和をきかれているので，aとbが逆の場合は考えなくてよい。また，A＋Bは，(a＋b)×12で求めることもできる。

(2)　最大公約数，最小公倍数の求め方は，右のようになる。6×a×b＝180より，a×b＝180÷6＝30　A＞Bより，a＞bとなるから，(a，b)の組は，(30，1)，(15，2)，(10，3)，(6，5)の4組。

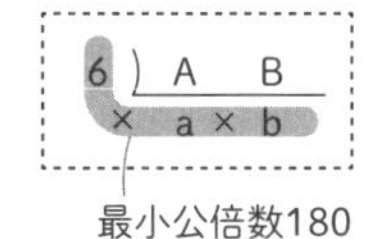

ここで，A＋B＝102より，a＋b＝102÷6＝17よって，(a，b)＝(15，2)であることがわかる。このとき，A＝15×6＝90

(3)　2つの式にあるBは，210と1200の公約数となる。210と1200の最大公約数は30なので，公約数は，1，2，3，5，6，10，15，30。Bは2けたの整数なのでBとして考えられる数は10か15か30。B＝10のとき，C＝1200÷10＝120となり，Cが3けたになる。B＝15のとき，A＝210÷15＝14，C＝1200÷15＝80　B＝30のとき，A＝210÷30＝7となり，Aが1けたになる。よって，A＝14，B＝15，C＝80

❽　下の図で，○をあまりとすると，ア，イ，ウが子どもの人数でわり切れることから，エ，オの数も子どもの人数でわり切れることがわかる。エ＝200－146＝54，オ＝146－110＝36だから，子どもの人数は54と36の公約数。54と36の最大公約数は18だから公約数はその約数の，1，2，3，6，9，18。子どもの人数が1人，2人のときは200，146，110がすべてわり切れ，あまりがでないので，考えられる子どもの人数は，3，6，9，18(人)

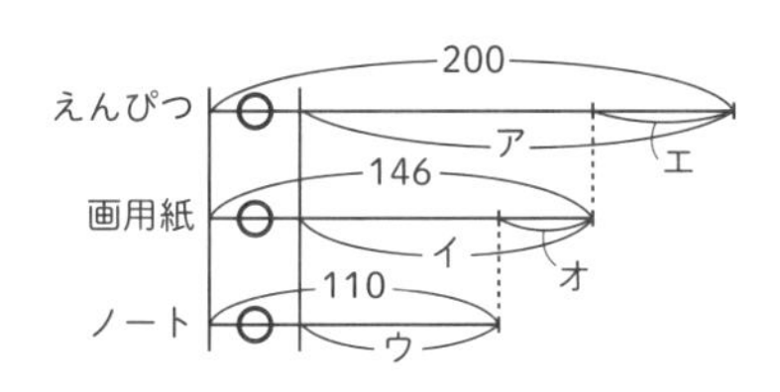

難問に挑戦！

p.48

答え

9個

約数が4個になる整数は次の①，②の2つのうちのどちらかになります。

①　異なる2つの素数をかけ合わせた数

(例)　2×3＝6の約数は，1，2，3，6の4つで，1×6，2×3が6になります。

このように，素数□，○の積である□×○の約数は，1，□，○，□×○　の4つになります。

30以下では，2×3＝6のほかに，2×5＝10，2×7＝14，2×11＝22，2×13＝26，3×5＝15，3×7＝21の全部で7個。

②　同じ素数を3回かけた数

(例)　2×2×2＝8の約数は，1，2，2×2，2×2×2の4つになります。

このように，素数□を3回かけ合わせた数□×□×□の約数は，

1，□，□×□，□×□×□　の4つになります。

30以下では，2×2×2＝8のほかに，3×3×3＝27の全部で2個。

①と②を合わせて，7＋2＝9(個)です。

第 2 章

① 和差算　p.50 ～ p.55

答え

［類題１］
❶ A…92，B…68
❷ 男子…60人，女子…42人
［類題２］
❶ 大…21，中…14，小…8
❷ かき…90円，りんご…110円，なし…120円

［類題１］

❶ 下の図より，

$160-24=136$ …B 2つ分
$136\div2=68$ …B
$68+24=92$ …A

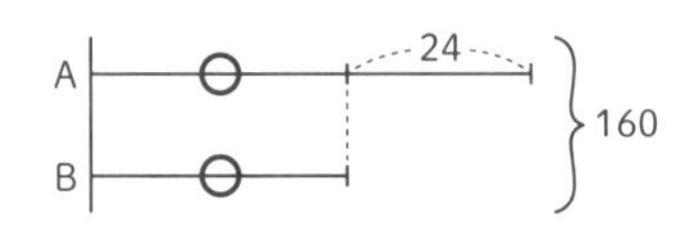

❷ 下の図より，

$102-18=84$(人) …女子の人数の2倍
$84\div2=42$(人) …女子
$42+18=60$(人) …男子

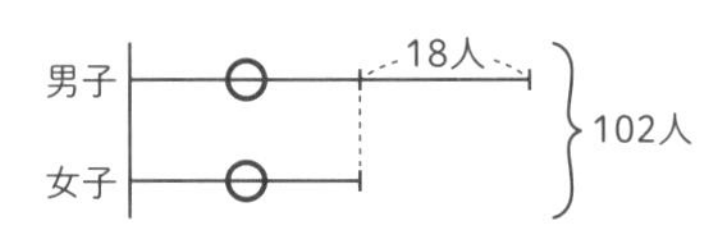

［類題２］

❶ 下の図より，

$43-(6\times2+7)=24$ …小の3倍
$24\div3=8$ …小
$8+6=14$ …中，$14+7=21$…大

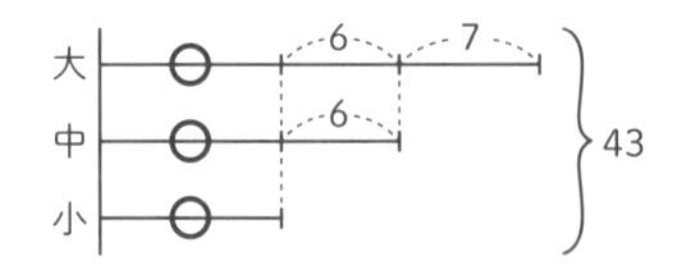

❷ 下の図より，

$320-(20+30)=270$(円) …かきの3倍
$270\div3=90$(円) …かき
$90+20=110$(円) …りんご
$90+30=120$(円) …なし

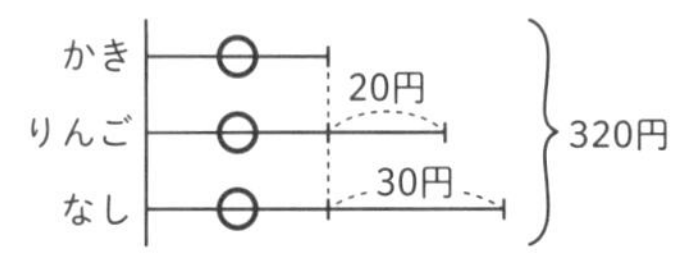

和差算の練習問題
基本編

答え

1 大…57，小…43
2 兄…47枚，弟…29枚
3 姉…1800円，妹…1200円
4 1m38cm
5 1600円
6 173
7 A…1m60cm，B…90cm，C…1m50cm

1 下の図より，

$(100-14)\div2=43$ …小
$43+14=57$ …大

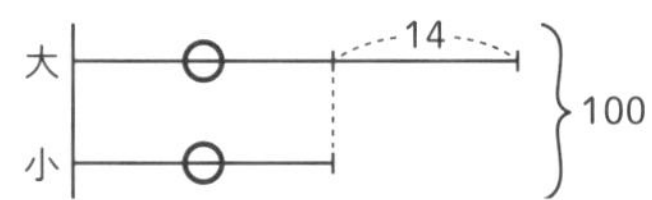

2 下の図より，

$(76-18)\div2=29$(枚) …弟
$29+18=47$(枚) …兄

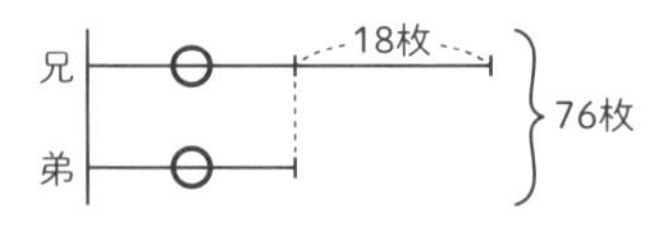

3 次の図より，

$(3000-600)\div2=1200$(円) …妹
$1200+600=1800$(円) …姉

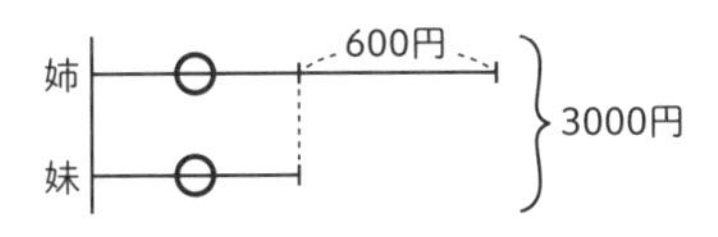

4 下の図より，

(280－4)÷2＝138(cm)　…ゆいさん

138cm＝1m38cm

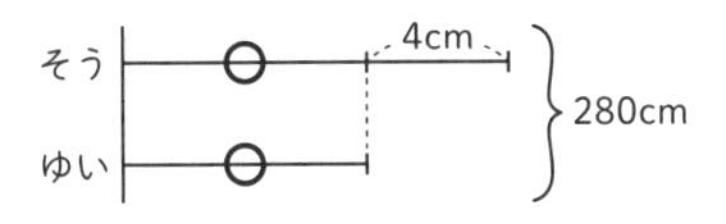

5 下の図より，兄は弟より，200＋400＝600(円)多い。

(5000－600－200)÷3＝1400(円)　…弟

1400＋200＝1600(円)　…れんさん

［別解］れんさんにそろえると，(5000－400＋200)÷3＝1600(円)　と求められる。

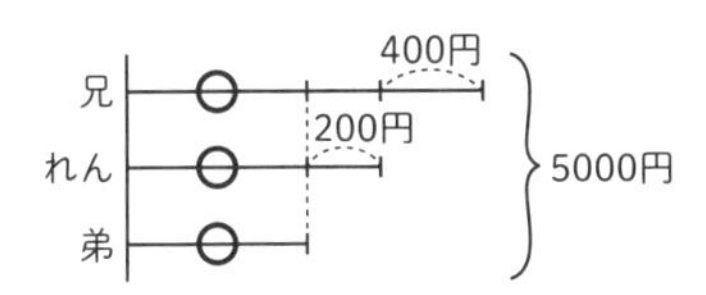

6 下の図より，(522－3)÷3＝173

［別解］真ん中の整数は3つの整数の平均になる。

よって，真ん中の整数は，522÷3＝174

いちばん小さい数は，174－1＝173

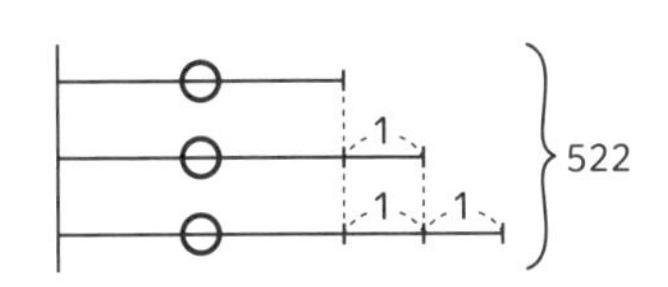

7 下の図より，

BはCより，70－10＝60(cm)短い。

(400－70－60)÷3＝90(cm)　…B

90＋70＝160(cm)　…A

90＋60＝150(cm)　…C

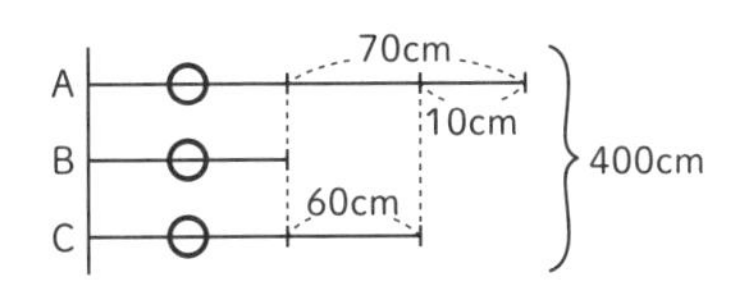

和差算の練習問題
発展編

答え

❶ 107.5cm
❷ 兄…1800円，弟…1200円
❸ すいか…960円，メロン…420円，もも…120円
❹ 45
❺ 310m
❻ 兄…62枚，弟…48枚
❼ (1)　120円　　(2)　ボールペン…100円，シャープペンシル…180円，鉛筆(えんぴつ)…60円

❶ 下の図より，(200＋15)÷2＝107.5(cm)

［別解］(200－15)÷2＝92.5(cm)

92.5＋15＝107.5(cm)

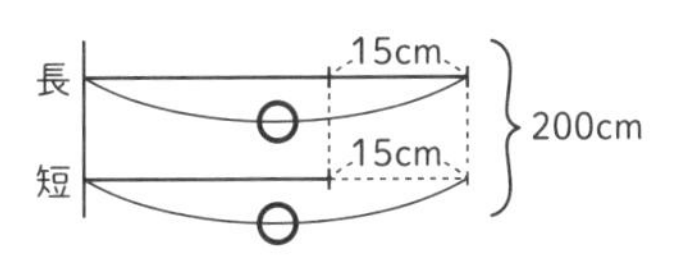

❷ 兄と弟の所持金の差は同じ金額を使う前と後とでは変わらない。よって，はじめの2人の所持金の差も600円。

下の図より，

(3000－600)÷2＝1200(円)　…弟

1200＋600＝1800(円)　…兄

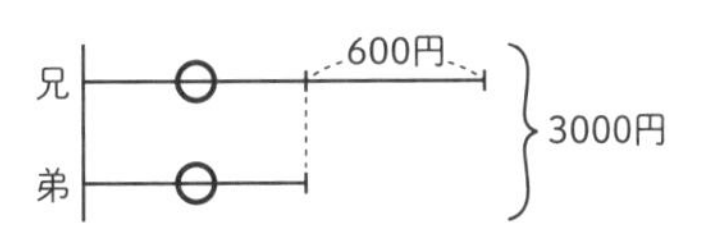

❸ 下の図より，すいかはももより，300＋540＝840(円)高い。

(1500－840－300)÷3＝120(円)　…もも

120＋300＝420(円)　…メロン

120＋840＝960(円)　…すいか

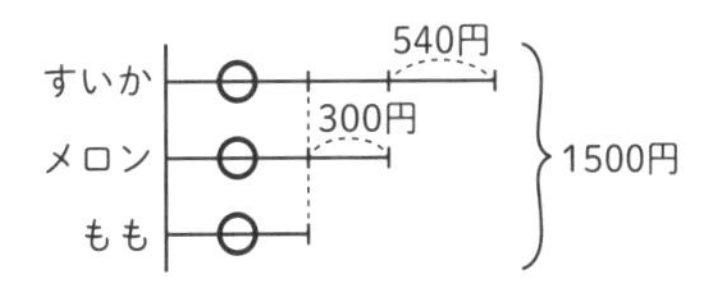

❹ 最小の整数から順にA，B，C，Dとすると，次の図

より，
(186－6)÷4＝45　…A

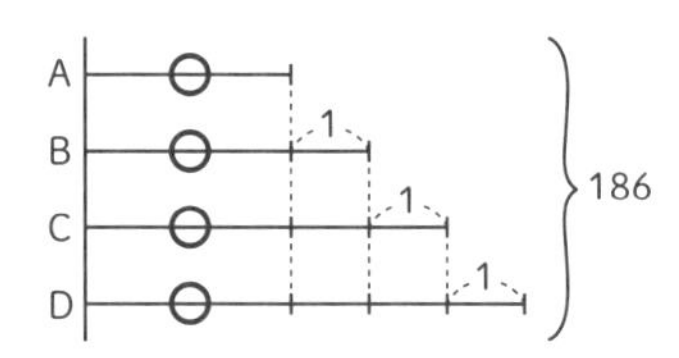

❺　下の図より，
(1000－40×6)÷4＝190(m)　…A
190＋40×3＝310(m)　…D
［別解］Dにそろえると，(1000＋40×6)÷4＝310(m)と求められる。

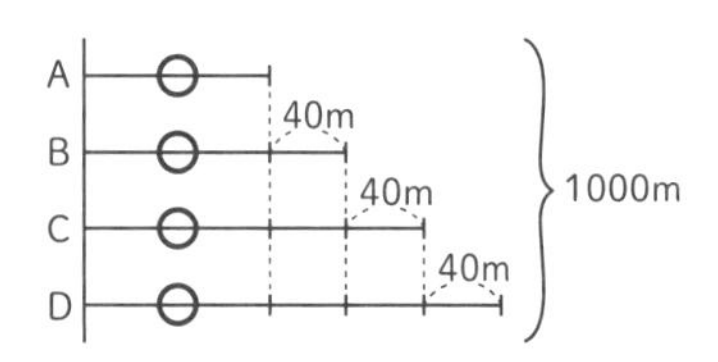

❻　2人が買い足した後のカードの枚数の和は，110＋10＋8＝128(枚)
よって，下の図のようになる。
(128－16)÷2＝56(枚)　…弟
56－8＝48(枚)　…はじめの弟の枚数
110－48＝62(枚)　…はじめの兄の枚数

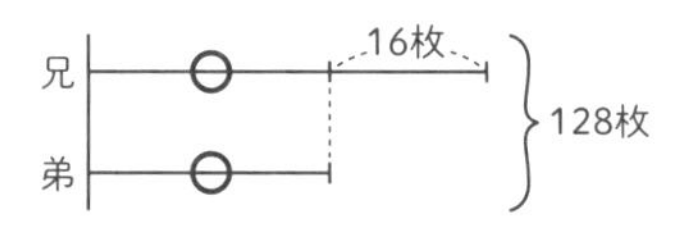

❼　ボールペン，シャープペンシル，鉛筆(えんぴつ)1本の値段をそれぞれ㋭，㋛，㋓とする。
(1)　㋭＋㋛＝280円　…①
㋭＋㋓＝160円　…②
①と②の㋭の値段は同じなので，㋛と㋓の値段の違(ちが)いは，280－160＝120(円)
(2)　㋛＋㋓＝240円　なので，(1)の結果とあわせて考えると下のような図に表せる。
(240－120)÷2＝60(円)　…㋓
60＋120＝180(円)　…㋛
(1)の①より，280－180＝100(円)　…㋭

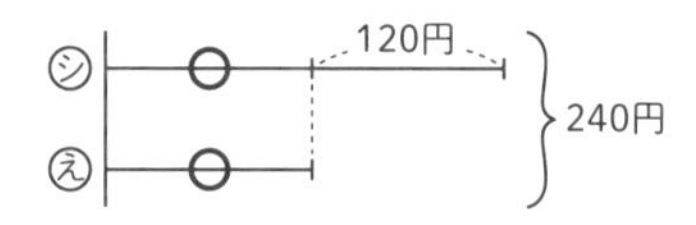

② 分配算　p.56 ～ p.61

答え

［類題１］
❶ A…30，B…130
❷ A…54，B…108，C…138
［類題２］
❶ 大…60，小…18
❷ A…15.5，B…4.5

［類題１］
❶　下の図より，
160－40＝120　…④にあたる数
①は，120÷4＝30　…A
160－30＝130　…B

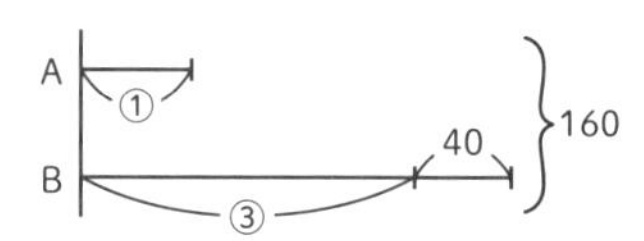

❷　下の図より，
300－30＝270　…⑤にあたる数
①は，270÷5＝54　…A
B＝54×2＝108
C＝108＋30＝138

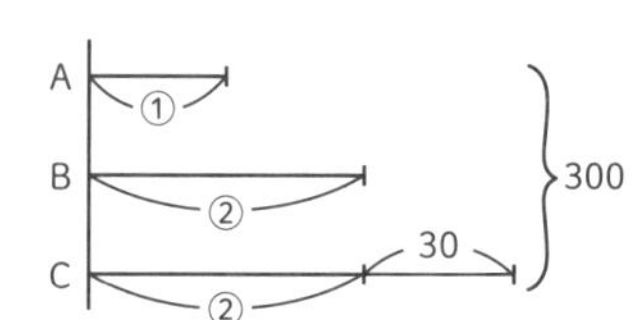

［類題2］
❶　下の図より，
42－6＝36　…②にあたる数
①は，36÷2＝18　…小
大＝18＋42＝60

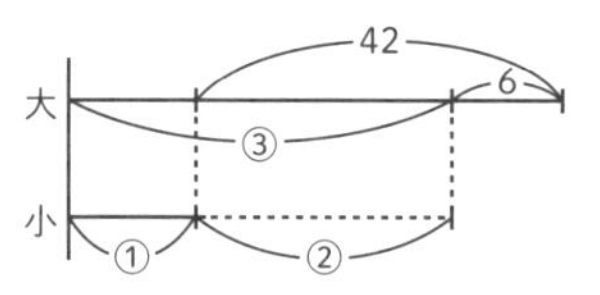

❷　次の図より，
11＋7＝18　…④にあたる数
①は，18÷4＝4.5　…B
A＝4.5＋11＝15.5

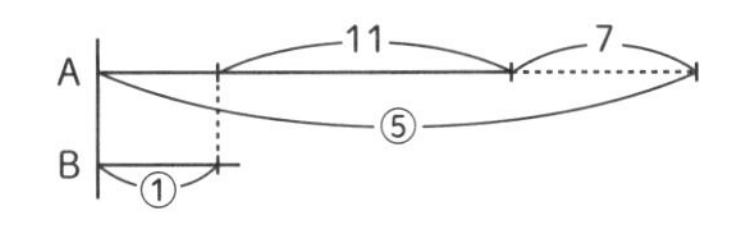

分配算の練習問題
基本編

答え

- **1** 42cm
- **2** 兄…50枚，弟…14枚
- **3** 父…40才，母…36才，子…12才
- **4** 母…58kg，子…26kg
- **5** すいか…1080円，メロン…650円，マンゴー…450円
- **6** 兄…14才，弟…8才
- **7** ビルA…95m，ビルB…80m，ビルC…35m

1 2m＝200cmなので，下の図より，

200－32＝168　…③＋①にあたる長さ

①は，168÷4＝42(cm)

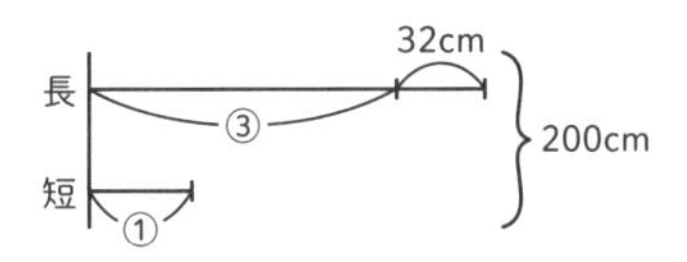

2 下の図より，①は，(64－8)÷(3＋1)＝14(枚)…弟

64－14＝50(枚)　…兄

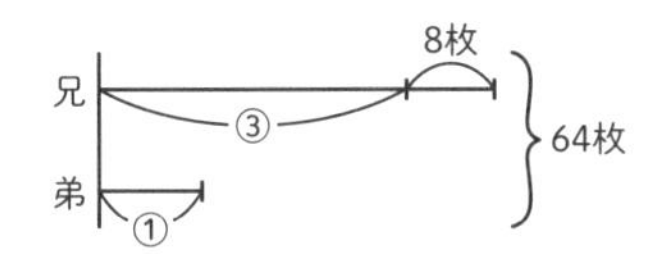

3 下の図より，

88－4＝84(才)　…⑦にあたる年れい

84÷7＝12(才)　…①(子の年れい)

12×3＝36(才)　…母の年れい

36＋4＝40(才)　…父の年れい

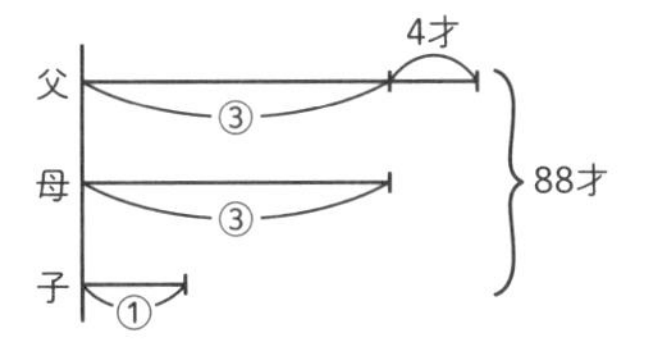

4 下の図より，

84＋20＝104(kg)　…④にあたる重さ

104÷4＝26(kg)　…①にあたる重さ(子の体重)

84－26＝58(kg)　…母の体重

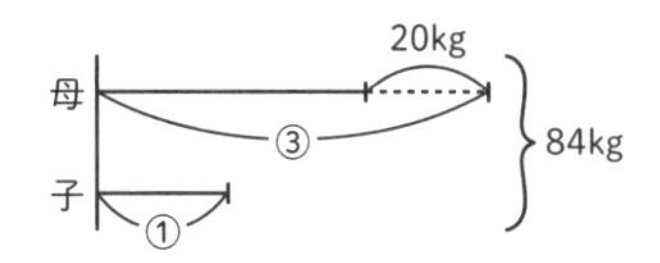

5 下の図より，

2180＋250－180＝2250(円)　…⑤にあたる値段

2250÷5＝450(円)　…①にあたる値段(マンゴーの値段)

450×2＋180＝1080(円)　…すいかの値段

450×2－250＝650(円)　…メロンの値段

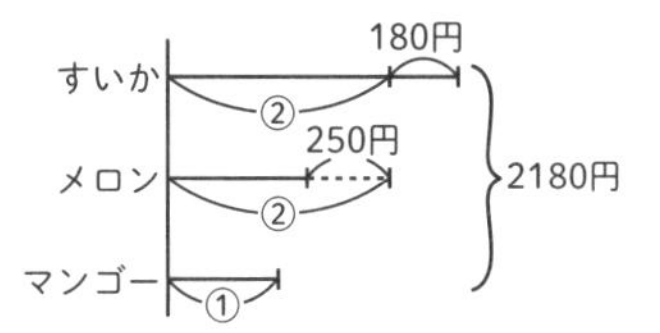

6 下の図より，

(6＋10)÷(3－1)＝8(才)…①にあたる年れい(弟)

8＋6＝14(才)　…兄の年れい

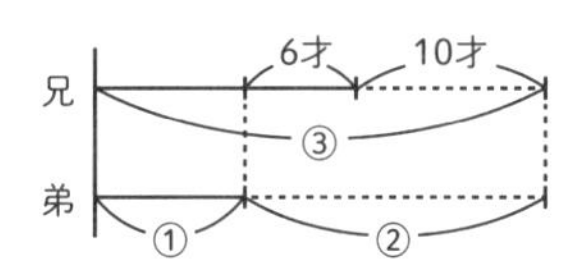

7 下の図より，

(10＋15＋10)÷(3－2)＝35(m)　…①にあたる高さ(C)

35×2＋10＝80(m)　…B

80＋15＝95(m)　…A

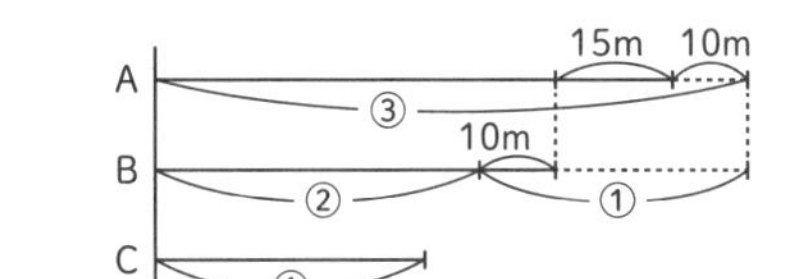

分配算の練習問題
発展編

答え

❶ えんぴつ…48円，ボールペン…144円，筆ペン…308円
❷ A…68，B…18
❸ 男子…16人，女子…13人
❹ りんご…80円，なし…140円
❺ A…30度，B…50度，C…100度
❻ プリン…180円，シュークリーム…60円
❼ 1700人
❽ A…14，B…62，C…133

❶ 筆ペン1本はえんぴつ1本の，3×2＝6(倍)より20円高い。
下の図より①は，
(500－20)÷(1＋3＋6)＝48(円)　…えんぴつ
48×3＝144(円)　…ボールペン
48×6＋20＝308(円)　…筆ペン

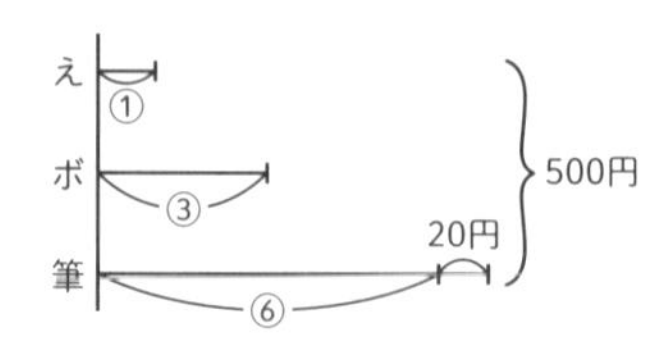

❷ A÷B＝3あまり14→AはBの3倍より14大きい。
下の図より①は，
(86－14)÷(3＋1)＝18　…B
86－18＝68　…A

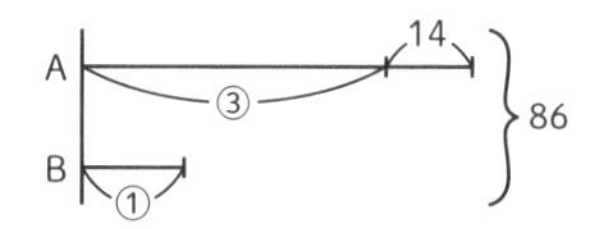

❸ 男子を1，女子を$\frac{3}{4}$と表すこともできるが割合を整数にすると下の図のように表せる。
(29－1)÷(4＋3)＝4(人)　…①にあたる人数
4×3＋1＝13(人)　…女子
4×4＝16(人)　…男子

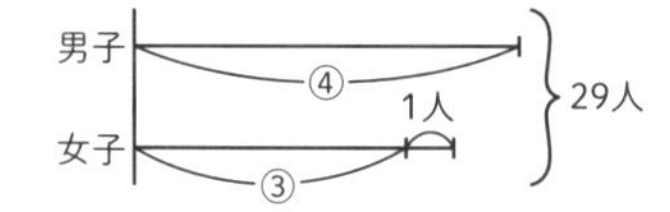

❹ りんご(1個の値段)×7＝なし(1個の値段)×4より，りんご1個となし1個の値段の比は，4：7とわかる。
りんご2個の値段は，④×2＝⑧となるから，
下の図より，20÷(8－7)＝20(円)　…①
20×4＝80(円)　…りんご
20×7＝140(円)　…なし

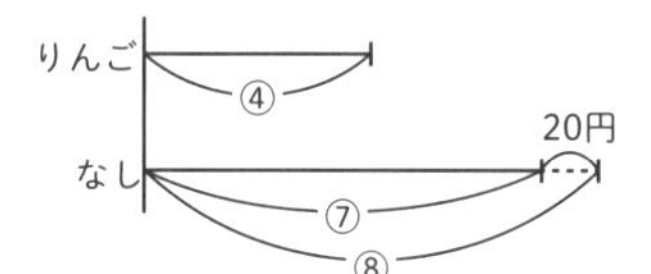

❺ 角Bの大きさは角Aの大きさの2倍より10度小さいので，角Aの大きさを①とすると，②－10°と表せる。角Cの大きさは角Bの大きさの2倍なので，(②－10°)×2＝④－20°と表せる。三角形の内角の和は180度なので3つの角の大きさの和は180°　下の図より，
(180＋10＋20)÷(1＋2＋4)＝30(度)　…A (①)
30×2－10＝50(度)　…B
30×4－20＝100(度)　…C

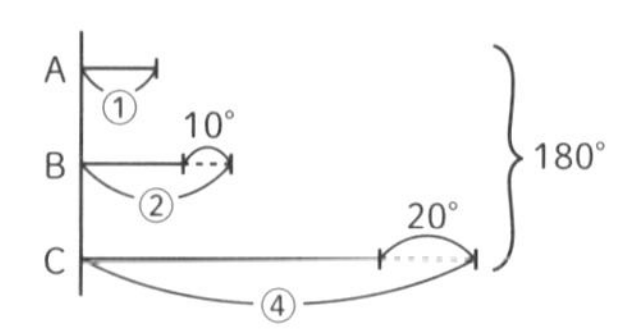

❻ プリン1個の値段とシュークリーム1個の値段の比は3：1なので，シュークリーム1個の値段を①とすると，プリン3個の値段は，③×3＝⑨，シュークリーム7個の値段は⑦と表せる。
下の図より，
(140－20)÷(9－7)＝60(円)　…シュークリーム
60×3＝180(円)　…プリン

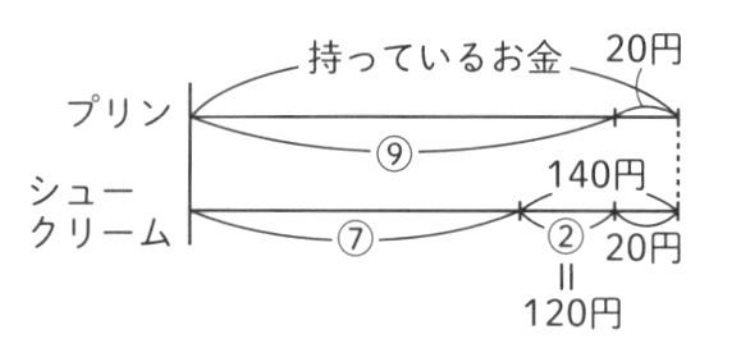

❼ 木曜日の入場者数を①とすると，各曜日の入場者数は次の図のように表せる。
4930－20＋150－40－40＝4980(人)が
比の，①＋①＋②＋②＝⑥にあたるので，①は，
4980÷6＝830(人)
よって，日曜日の入場者は，830×2＋40＝1700(人)

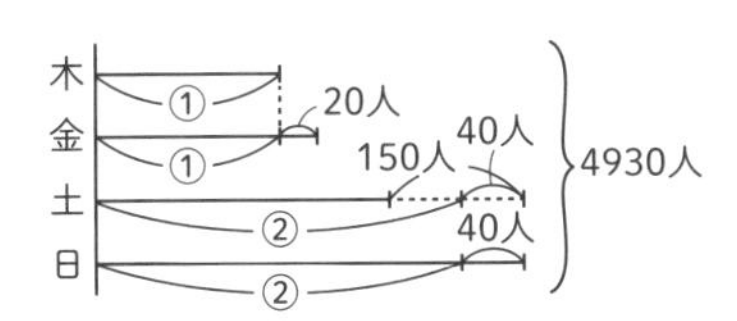

❽ B÷A＝4あまり6→BはAの4倍より6大きい。
C÷B＝2あまり9→CはBの2倍より9大きい。
Aを①とすると，Bは④＋6，Cは2×(④＋6)＋9＝⑧＋12＋9＝⑧＋21と表せる。
下の図より，
71－21＋6＝56が，⑧－④＝④にあたる。
56÷4＝14　…①つまりA
14×4＋6＝62　…B
62＋71＝133　…C

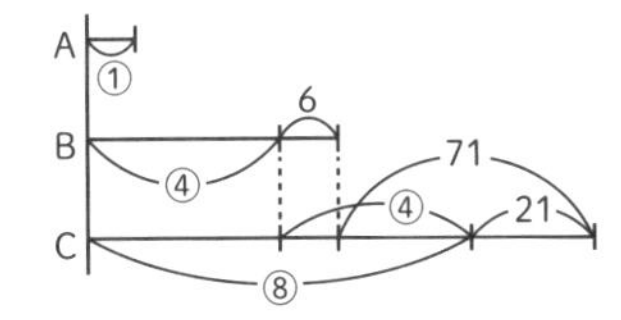

③ つるかめ算　p.62 ～ p.67

答え

［類題 1］
10円硬貨（こうか）…17枚，50円硬貨…13枚
［類題 2］
❶ 13個　❷ 12勝8敗

［類題 1］
30枚全部を10円硬貨とする。
10×30＝300，50円硬貨は，(820－300)÷(50－10)＝13(枚)，10円硬貨は，30－13＝17(枚)

［類題 2］
❶ 5000個全部無事に運んだとしてアルバイト料を先にもらっておく。
5×5000＝25000(円)…全部運んだときにもらえるアルバイト料
5＋100＝105(円)…1個こわすごとに返す金額
(25000－23635)÷105＝13(個)…こわした個数

❷ A君が全部勝ったとして先に上がっておく。
100＋3×20＝160(段目)…全部勝ったときにA君のいるところ
3＋2＝5(段)…A君が1回負けるごとに下がる段数
(160－120)÷5＝8(回)…A君が負けた回数
20－8＝12(回)…A君が勝った回数

つるかめ算の練習問題
基本編

答え

1 つる…7羽，かめ…13ひき
2 みかん…19個，りんご…21個
3 5円硬貨…116枚，50円硬貨…84枚
4 2点…8題，7点…12題
5 大人…942人，子ども…258人
6 13勝7敗
7 4題
8 15個

1 20ぴき全部をつるとする。
2×20＝40，(66－40)÷(4－2)＝13，
20－13＝7

2 40個全部をみかんとする。
30×40＝1200，(2250－1200)÷(80－30)＝21，
40－21＝19

3 200枚全部を5円硬貨とする。
5×200＝1000，
(4780－1000)÷(50－5)＝84，200－84＝116

4 20題全部を2点の問題とする。
2×20＝40，(100－40)÷(7－2)＝12，20－12＝8

5 入場者1200人全員を大人とする。
800×1200＝960000，
(960000－792300)÷(800－150)＝258，
1200－258＝942

6 Aさんが20回全部勝ったとする。
90＋5×20＝190，
(190－134)÷(5＋3)＝7，20－7＝13

7 全部正解したとする。

5×20＝100，（100－72）÷（5＋2）＝4

8 5000個全部無事に運んだとする。

3×5000＝15000，

（15000－11955）÷（3＋200）＝15

つるかめ算の練習問題 発展編

答え

❶ 450m
❷ 1800m
❸ ア…4人，イ…8人
❹ 18本
❺ 9回
❻ つる…10羽，かめ…8ぴき，カブトムシ…12ひき
❼ 12枚
❽ （3，2，5），（0，10，0）

❶ 30分全部を分速50mで歩いたとする。

50×30＝1500（m）…進める道のり

1800－1500＝300（m）…実際の道のりとの差

300÷（150－50）＝3（分）…分速150mで進んだ時間

150×3＝450（m）

❷ 14分全部を分速120mで走ったとする。

120×14＝1680（m）…進める道のり

2400－1680＝720（m）…実際の道のりとの差

720÷（200－120）＝9（分）…分速200mで進んだ時間

200×9＝1800（m）

❸ アとイの人数の和は，32－（3＋15＋2）＝12（人）

61.25×32＝1960（点）…クラス全員の得点の合計

1960－（20×3＋60×15＋100×2）＝800（点）…アとイにあてはまる人がとった点数の合計

12人全員40点とすると，40×12＝480（点）

実際の点数との差は，800－480＝320（点）

320÷（80－40）＝8（人）…イにあてはまる人数

12－8＝4（人）…アにあてはまる人数

❹ 50本全部をえんぴつとすると，50×50＝2500（円）

このとき，えんぴつ全部の金額とボールペン全部の金額の差は2500円。

ここで，えんぴつ1本をボールペン1本に交換（こうかん）すると，差は，下の図のように50＋80＝130（円）ずつ縮まる。

よって，ボールペンに交換するえんぴつの本数は，

（2500－160）÷130＝18（本）

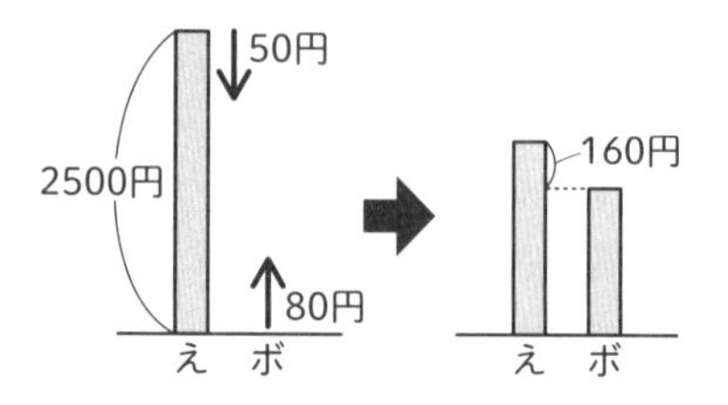

❺ まず，あいこにならず勝負がついた回数を求める。

あいこのときは2人合わせて2点，勝負がついたときは2人合わせて5点が入る。

2人の合計は，51＋31＝82（点）。

20回全部あいことすると，2×20＝40（点）なので，

勝負がついた回数は，（82－40）÷（5－2）＝14（回）。

あいこの回数は，20－14＝6（回）。

よって，しょうさんが勝ったのは，（51－6）÷5＝9（回）。

❻ 下のような面積図をかいて求める。

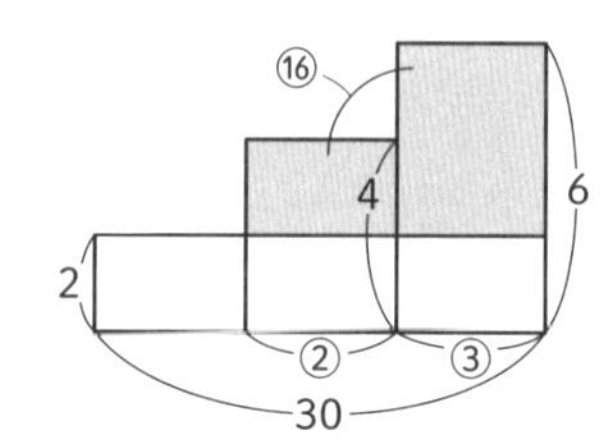

たてに1ぴきの足の数，横に頭の数をかく。面積は足の数の合計を表している。このとき，かげをつけた部分の面積は，124－2×30＝64となる。

次に，かげをつけた部分の面積を比を用いて表すと，

（4－2）×②＋（6－2）×③＝⑯となる。

よって，比の①は，64÷16＝4

②は，4×2＝8，③は，4×3＝12なので，つるの数は，30－（8＋12）=10

❼ 次のような面積図に表す。白い部分の面積は金額の合計1600円を表している。

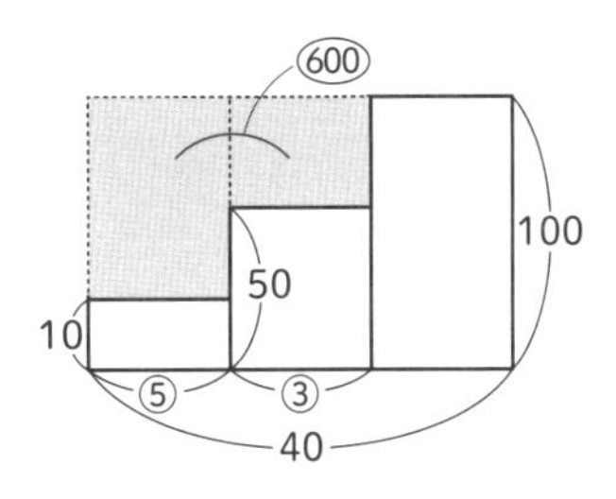

かげをつけた部分の面積は，100×40－1600＝2400
これを比で表すと，
(100－10)×⑤＋(100－50)×③＝(600)
①は，2400÷600＝4　よって，4×3＝12(枚)

❽ 金額の合計1500円を，下のような面積図に表す。

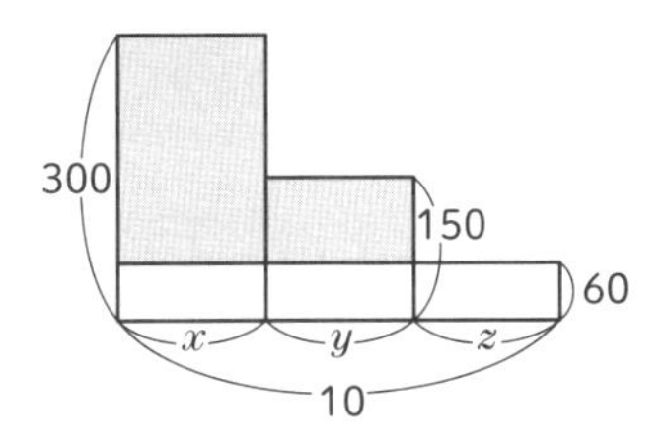

シャープペンシルの本数をx，ボールペンの本数をy，えんぴつの本数をzとする。
かげをつけた部分の面積(金額)は，1500－60×10＝900　よって，(300－60)×x＋(150－60)×y＝900
かんたんにすると，240×x＋90×y＝900
900÷240＝３あまり180より，xは最大で３で，このとき，y＝180÷90＝２
240と90の最小公倍数は720なので，720÷240＝3，720÷90＝8より，xが３減るとyは８増える。よって，x，y，zの組は下の表のようになる。

240円(x)	90円(y)	えんぴつ(z)	合計
3	2	5	10
0	10	0	10

－3　＋8　10－(3＋2)　10－10

④ 消去算　p.68 ～ p.73

答え

［類題１］
❶ みかん…40円，りんご…120円
❷ メロン…450円，すいか…850円
［類題２］
❶ なし…120円，みかん…30円
❷ ノート…180円，えんぴつ…60円

［類題１］

❶ みかん×9＋りんご×2＝600円　…ア
みかん×4＋りんご×2＝400円　…イ
アとイより，みかん×(9－4)＝600－400
よって，みかん＝200÷5＝40(円)
イより，りんご＝(400－40×4)÷2＝120(円)

❷ メロン×3＋すいか×2＝3050円　…ア
メロン×4＋すいか×5＝6050円　…イ
アを4倍，イを3倍してメロンの個数を12個にそろえると，
メロン×12＋すいか×8＝12200円　…ウ
メロン×12＋すいか×15＝18150円　…エ
ウとエの金額の差は，すいか7個分なので，
すいか＝(18150－12200)÷7＝850(円)
アより，メロン＝(3050－850×2)÷3＝450(円)

［類題２］

❶ なし×1＝みかん×4……ア
なし×1＋みかん×5＝270円　…イ
イのなし1個は，アよりみかん4個と交換(こうかん)できるので，
みかん×4＋みかん×5＝270円
よって，みかん×9＝270円。
みかん1個の値段は，270÷9＝30(円)
なし1個の値段は，30×4＝120(円)

❷ ノート×1＝えんぴつ×3　…ア
ノート×3＋えんぴつ×2＝660(円)　…イ
ア×3より，ノート×3＝えんぴつ×9
ノート3冊はえんぴつ9本と交換できるので，イより，
えんぴつ×9＋えんぴつ×2＝660(円)
よって，えんぴつ×11＝660(円)

これより，えんぴつ＝660÷11＝60(円)
アより，ノート＝60×3＝180(円)

消去算の練習問題
基本編

答え

1 かき…90円，りんご…130円
2 えんぴつ…60円，ボールペン…120円
3 88000円
4 ケーキ…280円，シュークリーム…70円
5 シャツA…500円，シャツB…700円
6 シャープペンシル…150円，えんぴつ…60円
7 まんじゅう…80円，ショートケーキ…380円
8 A…15 g，B…25 g，C…20 g

1 かき×3＋りんご×5＝920円 …ア
かき×4＋りんご×7＝1270円 …イ
ア×4より，かき×12＋りんご×20＝3680円
イ×3より，かき×12＋りんご×21＝3810円
3810－3680＝130(円)…りんご1個の値段
(920－130×5)÷3＝90(円)…かき1個の値段

2 えんぴつ1本の値段をⓔ，ボールペン1本の値段をⓟと表すと，
ⓔ×3＋ⓟ×5＝780円 …ア
ⓔ×4＋ⓟ×3＝600円 …イ
ア×3より，ⓔ×9＋ⓟ×15＝2340円
イ×5より，ⓔ×20＋ⓟ×15＝3000円
(3000－2340)÷(20－9)＝60(円)…えんぴつ1本の値段
(780－60×3)÷5＝120(円)…ボールペン1本の値段

3 大人×120＋子ども×85＝212000(円)…ア
大人×80＋子ども×45＝132000(円)…イ
ア×2より，大人×240＋子ども×170＝424000(円)
イ×3より，大人×240＋子ども×135＝396000(円)
(424000－396000)÷(170－135)＝800(円)…子ども1人の入園料
イより，(132000－800×45)÷80＝1200(円)…大人1人の入園料
1200×50＋800×35＝88000(円)…火曜日の入園料の合計

4 ケーキ×1＝シュークリーム×4…ア
ケーキ×2＋シュークリーム×3＝770円…イ
アより，イのケーキ2個はシュークリーム8個と交換できるので，シュークリーム×(8＋3)＝770(円)
770÷11＝70(円)…シュークリームの値段
アより，70×4＝280(円)…ケーキの値段

5 シャツA＋200円＝シャツB…ア
シャツA×5＋シャツB×1＝3200円…イ
アより，シャツB1枚をシャツA1枚と交換すると代金は200円安くなるので，イより，シャツA×(5＋1)＝3000(円)
3000÷6＝500(円)…シャツA1枚の値段
500＋200＝700(円)…シャツB1枚の値段

6 シャープペンシル1本の値段をⓢ，えんぴつ1本の値段をⓔとすると，
ⓢ＝ⓔ×2＋30円 …ア
ⓢ×3＋ⓔ×5＝750円 …イ
アを3倍すると，ⓢ×3＝ⓔ×6＋90円
イの式のシャープペンシル3本をえんぴつ6本と交換すると，ⓔ×(5＋6)＋90円＝750円
よって，ⓔ＝(750－90)÷11＝60(円)
アの式より，ⓢ＝60×2＋30＝150(円)

7 ショートケーキ1個の値段をⓢ，まんじゅう1個の値段をⓜとすると，
ⓢ＝ⓜ×5－20円 ……ア
ⓜ×7＋ⓢ×3＝1700円 ……イ
アを3倍すると，ⓢ×3＝ⓜ×15－60円
イの式のショートケーキをまんじゅうと交換すると，
ⓜ×22－60円＝1700円
よって，ⓜ＝(1700＋60)÷22＝80(円)
アの式より，ⓢ＝80×5－20＝380(円)

8 A×5＝B×3…ア
C×2＝B＋15 g…イ
A×5＋C×4＝155 g…ウ
ウのAとCをすべてBと交換する。
イ×2より，C×4＝B×2＋30 gだから，
A5個をB3個と交換し，C4個をB2個＋30 gと交換

すると，

B×3＋B×2＋30 g＝155 g

よって，B×5＝155－30＝125 g

125÷5＝25 g…Bの重さ

25×3÷5＝15 g…Aの重さ

(25＋15)÷2＝20 g…Cの重さ

消去算の練習問題 発展編

答え

❶ みかん…40円，かき…60円，りんご…90円

❷ えんぴつ…40円，消しゴム…60円，コンパス…130円

❸ 60円

❹ 120個

❺ 男子…64人，女子…36人

❻ 7200円

❶ みかん，かき，りんご1個の値段をそれぞれ(み)，(か)，(り)と表すと，

(み)×3＋(か)×4＋(り)×2＝540(円)…ア

(み)×5＋(か)×7＋(り)×2＝800(円)…イ

(み)×4＋(か)×5＝460(円)…ウ

イ－アより，(み)×2＋(か)×3＝260(円)…エ

エ×2より，(み)×4＋(か)×6＝520(円)…オ

ウとオより，(か)＝520－460＝60(円)

これをエに代入して，(み)＝(260－60×3)÷2＝40(円)

アより，(り)＝(540－40×3－60×4)÷2＝90(円)

❷ えんぴつ1本，消しゴム1個，コンパス1個の値段をそれぞれ(え)，(け)，(コ)と表すと，

(え)×3＝(け)×2…ア

(コ)＝(け)×2＋10円…イ

(コ)×2＋(え)×3＝380円…ウ

ウのコンパス，えんぴつをすべて消しゴムに置き換えると，(け)×6＋20円＝380円

(け)＝(380－20)÷6＝60円，

(え)＝60×2÷3＝40円，

(コ)＝60×2＋10＝130円

❸ キウイ1個，メロン1個，かご1個の値段をそれぞれ，(キ)，(メ)，(か)と表すと，

(キ)×9＋(メ)×3＋(か)×1＝1650(円)…ア

(キ)×6＋(メ)×2＋(か)×1＝1120(円)…イ

アとイの差から，(キ)×3＋(メ)×1＝1650－1120＝530(円)…ウ

ウ×2より，(キ)×6＋(メ)×2＝530×2＝1060(円)

イより，(か)＝1120－1060＝60(円)

❹ 黒石全部の個数を(黒)，白石全部の個数を(白)と表すと，

(黒)＋(白)＝264(個)…ア

(黒)×$\frac{1}{8}$＋(白)×$\frac{1}{6}$＝39(個)…イ

ア×$\frac{1}{6}$より，

(黒)×$\frac{1}{6}$＋(白)×$\frac{1}{6}$＝264×$\frac{1}{6}$＝44(個)…ウ

ウ－イから，(黒)×($\frac{1}{6}-\frac{1}{8}$)＝44－39＝5(個)

(黒)×$\frac{1}{24}$＝5より，(黒)＝5÷$\frac{1}{24}$＝120(個)

(白)＝264－120＝144(個)

傷がついていない白石は，144×(1－$\frac{1}{6}$)＝120(個)

❺ 男子×$\frac{1}{4}$＋女子×$\frac{1}{6}$＝22人　…ア

男子＋女子＝100人　…イ

イ×$\frac{1}{4}$より，男子×$\frac{1}{4}$＋女子×$\frac{1}{4}$＝100×$\frac{1}{4}$＝25人　…ウ

アとウの人数の違い(ちが)は，25－22＝3(人)だから，

女子×($\frac{1}{4}-\frac{1}{6}$)＝3人

女子×$\frac{1}{12}$＝3より，女子＝3÷$\frac{1}{12}$＝36人。男子＝100－36＝64人。

❻ 12月のバスと電車の定期券代をそれぞれ，(バス)，(電車)とすると，

(バス)＋(電車)＝10000(円)…ア

(バス)×1.1＋(電車)×1.2＝11600(円)…イ

ア×1.1より，(バス)×1.1＋(電車)×1.1＝11000(円)…ウ

イとウの差より，(電車)＝(11600－11000)÷(1.2－1.1)＝6000(円)

1月の電車の定期券代は，6000×1.2＝7200(円)

⑤ 年れい算 p.74 ～ p.79

答え
［類題１］
❶ 6年後　❷ 2年前
［類題２］
❶ 16年後　❷ 38才

［類題１］

❶ 父と子の年れいの差は，42－10＝32(才)　下の図のように，父の年れいが子の年れいの3倍になるとき，子の年れいを①とすると，32才は②にあたる。よって，このときの子の年れい①は，32÷2＝16(才)　今の子の年れいは10才なので，16－10＝6(年後)

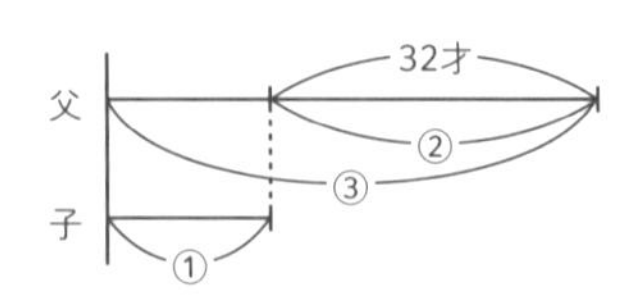

❷ 下の図のように，父の年れいが子の年れいの5倍だったとき，子の年れいを①とすると，年れいの差の32才は④にあたる。よって，このときの子の年れい①は，32÷4＝8(才)　今の子の年れいは10才なので，10－8＝2(年前)

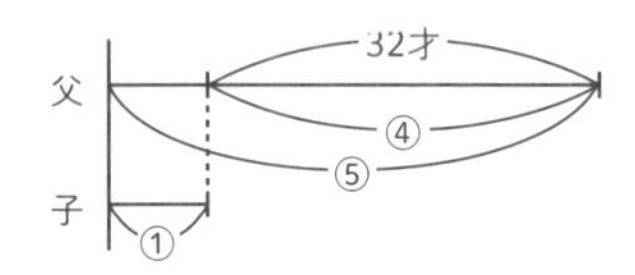

［類題2］

❶ 今，子の年れいの和は，12＋9＝21(才)で，母の年れいとの差は，37－21＝16(才)　子の年れいの和は1年で2才ずつ増えるので，16才の差がなくなるのは，今から，16÷(2－1)＝16(年後)

❷ 今の父，母，2人の子の年れいの和は，144－12×4＝96(才)　ここから母と2人の子の年れいをひいて，96－(37＋12＋9)＝38(才)

年れい算の練習問題 基本編

答え
1 (1) 4年後　(2) 5年前
2 (1) 9年後　(2) 8年前
3 8才
4 27才
5 (1) 17年後　(2) 39才
6 6才
7 (1) 46年後　(2) 69才

1 (1)　祖父と孫の年れいの差は，71－11＝60(才)　祖父の年れいが孫の年れいの5倍になるとき，孫の年れいを①とすると，下の図のように表せる。
60才が④にあたるので，このときの孫の年れい①は，60÷4＝15(才)　よって，15－11＝4(年後)

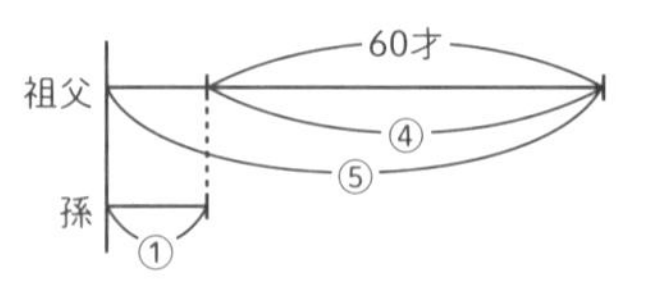

(2)　祖父の年れいが孫の年れいの11倍だったとき，孫の年れいを①とすると，下の図のように表せる。
60才が⑩にあたるので，このときの孫の年れい①は，60÷10＝6(才)　よって，11－6＝5(年前)

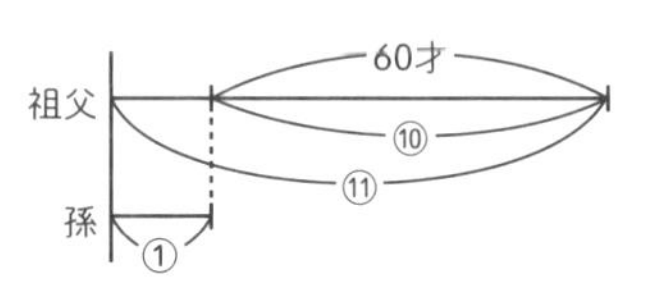

2 (1)　このときの母の年れいを⑦とすると，子の年れいは③　よって，下の図のように表せる。2人の年れいの差は，40－12＝28(才)なので，①にあたる年れいは，28÷(7－3)＝7(才)　子の年れい③は，7×3＝21(才)になるので，21－12＝9(年後)

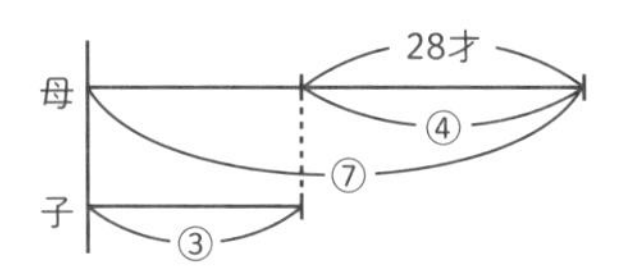

［別解］母の年れいを①とすると，次の図のように表せる。母の年れいの $\frac{4}{7}$ が28才なので，母の年れいは，

$28 \div \frac{4}{7} = 49$(才)　よって，$49 - 40 = 9$(年後)

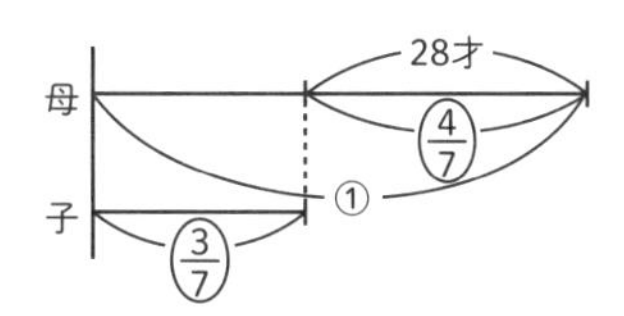

(2)　母の年れいを⑧とすると，子の年れいは①となる。⑦が28才にあたるから，①にあたる年れい(子の年れい)は，$28 \div 7 = 4$(才)　よって，$12 - 4 = 8$(年前)

3　4年前の年れいと20年後の年れいの差は24才。よって，4年前の年れいを①とすると，下の図のように表せる。①にあたる4年前の年れいは，$24 \div 6 = 4$(才)だから，るなさんの今の年れいは，$4 + 4 = 8$(才)

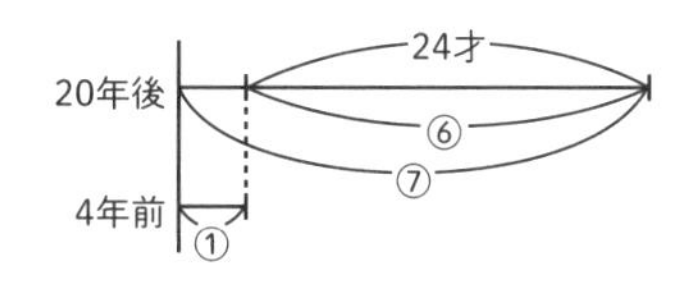

4　兄と弟の年れいの差は，$16 - 10 = 6$(才)　弟の年れいが兄の年れいの$\frac{7}{9}$になるとき，兄の年れいを⑨とすると，弟の年れいは⑦と表せる。
このとき，①にあたる年れいは，$6 \div 2 = 3$(才)なので，兄の年れい⑨は，$3 \times 9 = 27$(才)

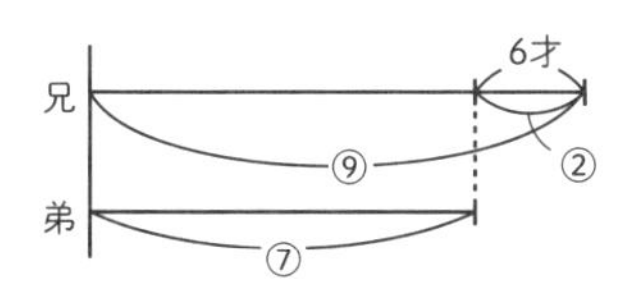

5(1)　今の2人の子の年れいの和は，$13 + 10 = 23$(才)で，母の年れいとの差は，$40 - 23 = 17$(才)　子の年れいの和は1年で2才ずつ増え，母の年れいは1才ずつ増える。17才の差がなくなるのは，$17 \div (2 - 1) = 17$(年後)
(2)　今，4人の年れいの和は，$154 - 13 \times 4 = 102$(才)
ここから母と2人の子の年れいをひいて，父の年れいは，$102 - (23 + 40) = 39$(才)

6　父，母，姉の3人の今の年れいの和は，$68 + 10 \times 3 = 98$(才)　よって，今の弟の年れいは，$104 - 98 = 6$(才)

7(1)　今の父母の年れいの和は，$42 + 40 = 82$(才)
また，3人の子の年れいの和は，$15 + 12 + 9 = 36$(才)
3人の子の年れいの和は，父母の年れいの和と1年たつごとに，$3 - 2 = 1$(才)ずつ差が縮まるので，等しくなるのは，$(82 - 36) \div 1 = 46$(年後)
(2)　今から10年前には一番下の子が生まれていないことに注意する。残りの4人の年れいの和は，$42 + 40 + 15 + 12 - 10 \times 4 = 69$(才)

年れい算の練習問題
発展編

答え
❶ (1) 52才　(2) 40才
❷ (1) 3年後　(2) 5年前　(3) 18年後
❸ 12才
❹ (1) 68才　(2) 8才　(3) 40才
(4) 6年後

❶(1)　今，3人の子の年れいの和は，$10 + 7 + 5 = 22$(才)で，父の年れいとの差は，$42 - 22 = 20$(才)　1年で3人の子は合わせて3才，父は1才ずつ年れいが増えるので，20才の差がなくなるのは，$20 \div (3 - 1) = 10$(年後)　そのときの父の年れいは，$42 + 10 = 52$(才)
(2)　9年後の3人の子の年れいの和は，$22 + 9 \times 3 = 49$(才)　よって，今の母の年れいは，$49 - 9 = 40$(才)

❷(1)　今，姉妹の年れいの和は，$11 + 7 = 18$(才)　1年で姉妹は合わせて2才，父は1才ずつ年れいが増えるので，父の増える年れいを①とすると，姉妹の年れいの和は②増えることになる。よって，父の年れいが姉妹の年れいの和の2倍になるとき，45才＋①＝(18才＋②)×2となる。かっこをはずして，45才＋①＝36才＋④より，③にあたる年れいは，$45 - 36 = 9$(才)
①は，$9 \div 3 = 3$(才)だから，3年後。
[参考] 線分図で表すと下のようになる。姉妹の年れいの和を2倍して考える。

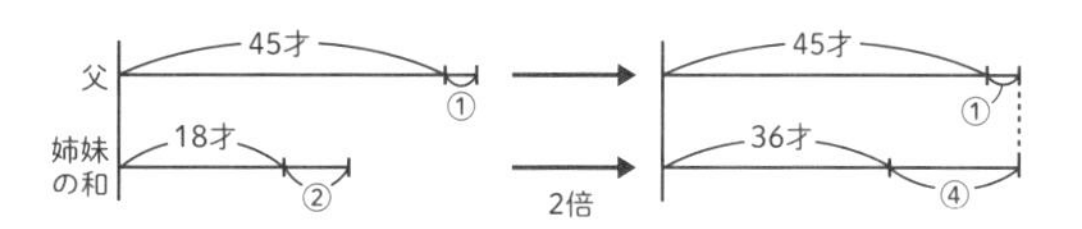

(2)　(1)と同じように考える。45才－①＝(18才－②)×5より，かっこをはずすと，45才－①＝90才－

第2章 和や差に関する問題

⑩　よって，⑨にあたる年れいは90－45＝45(才)　①は，45÷9＝5(才)だから，5年前。

(3)　(姉妹の年れいの和)：(父の年れい)＝6：7となる。(18才＋②)：(45才＋①)＝6：7

[参考] A：B＝C：Dのとき，A×D＝B×Cとなる。

(18才＋②)×7＝(45才＋①)×6

かっこをはずすと，126才＋⑭＝270才＋⑥

270－126＝144(才)が，⑭－⑥＝⑧にあたるから，①は144÷8＝18(才)　よって，18年後。

❸　9年前の祖母の年れいは，70－9＝61(才)　9年前の父，母，子の年れいの和も61才となるので，今の父，母，子の年れいの和は，61＋9×3＝88(才)　父は母より4才，子より28才年上なので，下の図のように表せる。

図のアは，28－4＝24(才)なので，今の子の年れいは，(88－28－24)÷3＝12(才)

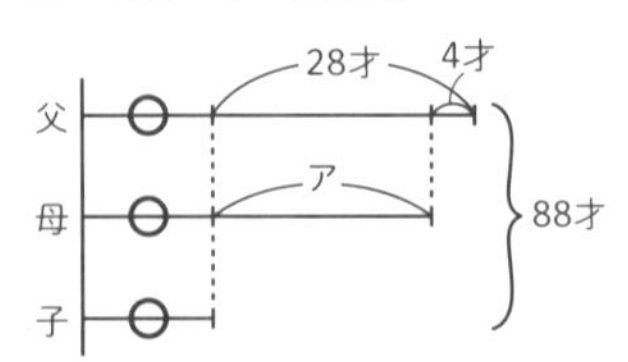

❹(1)　6年前，おばあさんを除いたお父さん，お母さん，みまさん，妹の年れいの和は，106－6×4＝82(才)　よって，6年前のおばあさんの年れいは，150－82＝68(才)

(2)　6年前のおばあさん，お父さん，お母さん，みまさんの4人の年れいの和は，132＋(10－6)×4＝148(才)　よって，6年前の妹の年れいは，150－148＝2(才)　今の妹の年れいは，2＋6＝8(才)

(3)　今から20年後のお父さん，お母さん，みまさん，妹の年れいの和は，106＋20×4＝186(才)　このとき，4人の年れいは下の図のようになる。よって，お母さんの20年後の年れいは，(186－6)÷3＝60(才)　今の年れいは，60－20＝40(才)

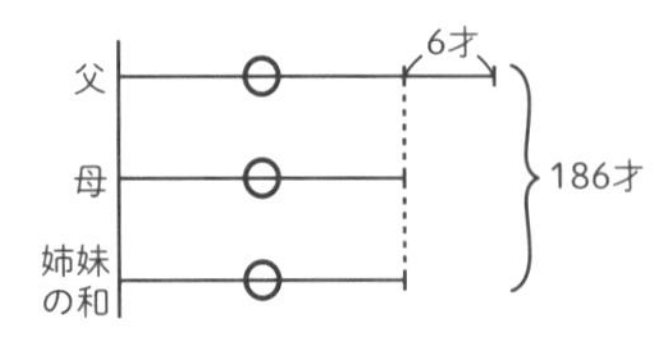

(4)　今，お父さんは，40＋6＝46(才)　また，お母さん，みまさん，妹の年れいの和は，106－46＝60(才)　1年で父以外の3人は合わせて3才，父は1才ずつ年れいが増えるので，父の増える年れいを①とすると，父以外の年れいの和は③増えることになる。60才＋③＝(46才＋①)×1.5より，60才＋③＝69才＋⑴.⑸

69－60＝9(才)が，③－⑴.⑸＝⑴.⑸にあたるので，①は，9÷1.5＝6(才)　よって，今から6年後である。

答え

［類題１］

❶ 5本　❷ 1540円

［類題２］

❶ りんご…8個，なし…6個

❷ サッカーボール…13個，バレーボール…12個

［類題１］

❶　1本の値段の差は，150－90＝60(円)　よって，300÷60＝5(本)ずつ買った。

❷　れんさんが買ったノートとしょうさんが買ったノートの1冊の値段の差は，220－180＝40(円)　よって，280÷40＝7(冊)ずつ買ったことになる。れんさんが支払(しはら)ったお金は，220×7＝1540(円)

［類題2］

❶　りんごをなしと同じ数だけ買ったとすると，なしだけの代金はりんごだけの代金より，90×2＝180(円)高くなる。なしとりんごの1個の値段の差は，120－90＝30(円)だから，買ったなしの個数は，180÷30＝6(個)　りんごの個数は，6＋2＝8(個)

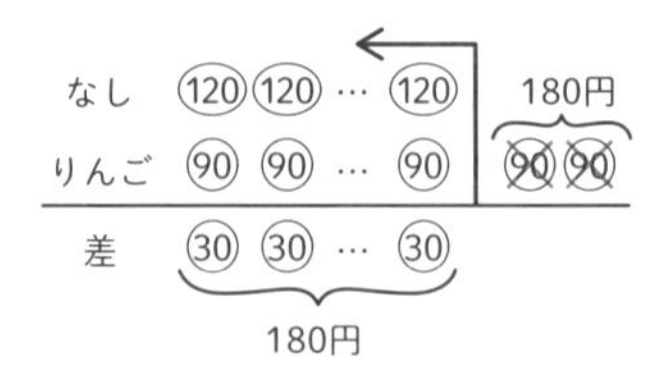

❷　サッカーボールの個数を1つ減らしてバレーボール

の個数と同じにすると，全体の重さの差は，サッカーボール1個分だけ縮まるので，1760－320＝1440(g)になる。
ボール1個の重さの差は，320－200＝120(g)なので，バレーボールの個数は，1440÷120＝12(個)　サッカーボールは，12＋1＝13(個)

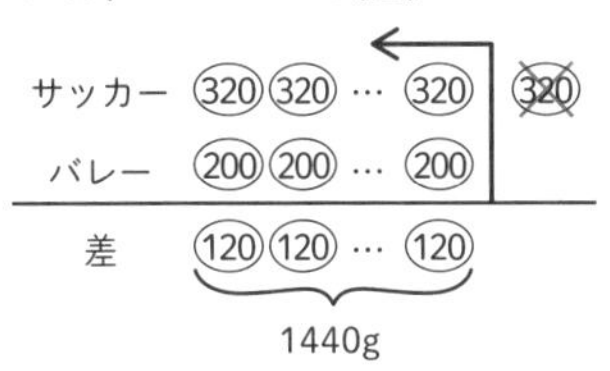

差集め算の練習問題
基本編

答え

1 9個
2 (1) 7回　(2) 35個
3 15日間
4 18個
5 (1) 9冊　(2) 1080円
6 (1) 60分　(2) 240L
7 1m44cm

1　赤いボールと青いボールの1個の重さの差は，250－235＝15(g)　全部で135gの差ができるからボールの数は，135÷15＝9(個)

2(1)　1回球を取り出すごとに袋(ふくろ)の中の赤い球と白い球の個数の差は，5－2＝3(個)ずつ広がる。よって，袋の中の球の個数の差が21個になるのは，21÷3＝7(回)取り出したとき。
(2)　1回に5個ずつ7回取り出したらちょうどなくなったので，5×7＝35(個)

3　1日に2人が走る道のりの差は，3－1.2＝1.8(km)　よって，差が27kmになるのは，27÷1.8＝15(日間)走ったとき。

4　なしとかきの1個の値段の差は，140－90＝50(円)　代金の差が450円になるのは，450÷50＝9(個)ずつ買ったとき。よって，買った個数は合わせて，9×2＝18(個)

5(1)　セールで安くなっていたノート1冊の値段は，120－30＝90(円)　予定の冊数を買ったとき，予定より，90×3＝270(円)安くなっていたことになるので，買う予定だった冊数は，270÷30＝9(冊)
(2)　120×9＝1080(円)

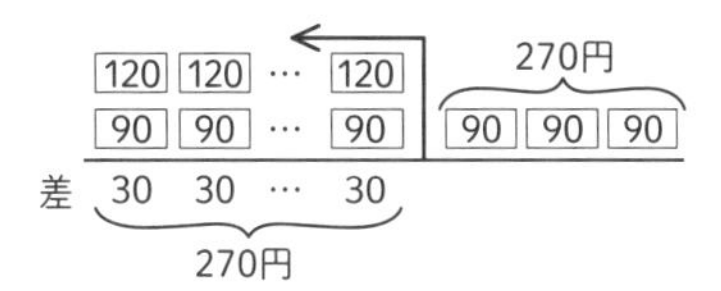

6(1)　毎分4Lずつ水を入れるときと毎分6Lずつ水を入れるときでは，下の図のように同じ時間で，4×20＝80(L)の差ができる。
水そうに入る水の量は，1分間に，6－4＝2(L)ずつ差がつくので，毎分6Lずつ水を入れるとき，満水にするまでにかかる時間は，80÷2＝40(分)　よって，40＋20＝60(分)

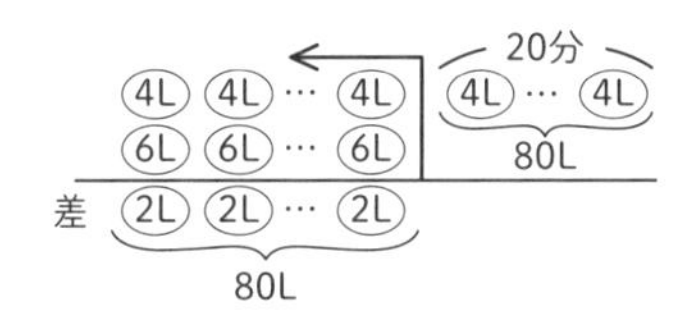

(2)　毎分4Lで満水にするまでに60分かかるので，水そうの容積は，4×60＝240(L)

7　6cmずつ切り分ける本数を8cmずつ切り分ける本数と同じにすると，切り分ける長さの合計に，6×6＝36(cm)差ができる。1本の差は，8－6＝2(cm)だから，8cmずつ切り分けた針金の本数は，36÷2＝18(本)　よって，買ってきた針金の長さは，8×18＝144(cm)
1m＝100cmだから，144mは1m44cm

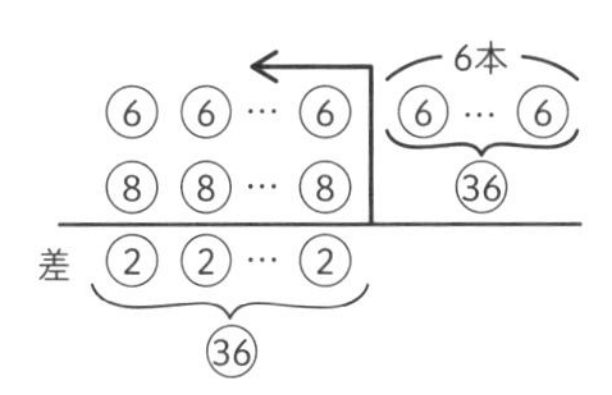

差集め算の練習問題
発展編

答え

❶（1）7本　（2）1000円
❷（1）450円　（2）80円　（3）1200円
❸（1）120円　（2）1000円
❹（1）ケーキをプリンより2個多く買う予定だった。　（2）8個
❺（1）8時15分　（2）720m

❶(1)　姉が妹の買ったえんぴつと同じ本数のボールペンを買ったとすると，姉の残るお金は，110＋120＝230(円)で、妹の残りのお金より，440－230＝210(円)少ない。よって，このとき，使ったお金の差は210円とわかる。したがって，妹が買ったえんぴつの本数は，210÷(110－80)＝7(本)

(2)　妹が持っていたお金と同じ金額なので，80×7＋440＝1000(円)

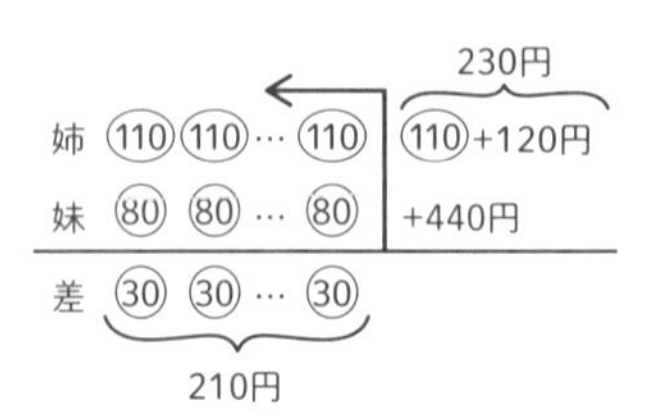

❷(1)　なし1個とりんご1個の値段の差は50円なので，50×9＝450(円)

(2)　りんごの，15－9＝6(個)分の値段が，30円より450円多い金額なので，りんご1個の値段は，(30＋450)÷6＝80(円)

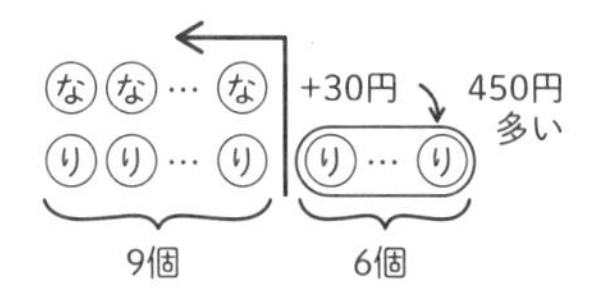

(3)　りんごの15個の値段を求める。80×15＝1200(円)

❸(1)　値引きされていた7個の値段は，定価7個の値段より，20×7＝140(円)安い。よって，値引きされていた8個のうち，残りの1個の値段と40円を合わせた金額は，140＋20＝160(円)　よって，値引きされていた1個の値段は，160－40＝120(円)

(2)　120×8＋40＝1000(円)

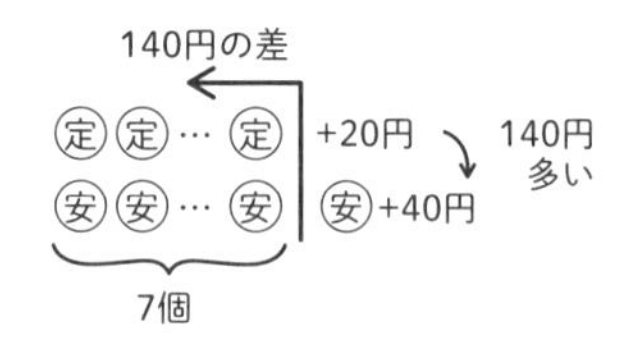

❹(1)　個数を間違(まちが)えて買ったら代金が安くなったので，ケーキをプリンより多く買う予定だったことがわかる。下の図のように，3700－3300＝400(円)が，ケーキをプリンと交換(こうかん)したときにできる差になるので，図のアにあたる個数は，400÷(350－150)＝2(個)

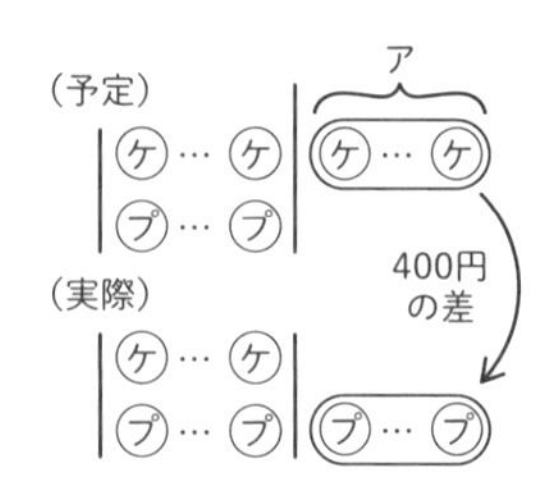

(2)　実際にはプリンをケーキより2個多く買ったので，ケーキをあと2個買うとプリンとケーキは同数になる。よって，(3300＋350×2)÷(350＋150)＝8(個)

❺(1)　兄が始業時刻の7分前に学校に着いたとき，弟は学校まであと，7－3＝4(分)のところを歩いている。このとき，兄と弟の歩いた道のりの差は，60×4＝240(m)　2人が進む距離は1分ごとに，90－60＝30(m)差が出る。240mの差が出るのにかかる時間は，240÷30＝8(分)なので，兄は8分歩いて学校に着いた。この小学校の始業時刻は，8時の，8＋7＝15(分後)

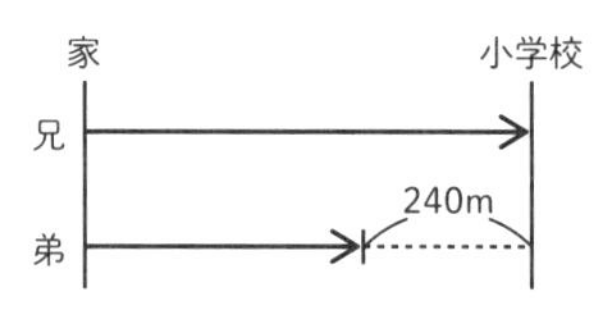

(2)　兄が8分で歩いた道のりなので，90×8＝720(m)

［参考］この問題は，「同じ道のりを進むときの速さの比と時間の比が逆比になる」ことを用いると簡単に解くことができます。兄と弟の速さの比は，90：60＝3：2なので，学校までにかかる時間の比は②：③に

なり，差の①が4分なので，兄が学校に着くまでにかかった時間は，4×2＝8(分)とわかります。

⑦ 過不足算 p.86〜p.91

答え

［類題１］
班の人数…5人，半紙の枚数…19枚
［類題２］
❶ 子どもの人数…7人，えんぴつの本数…45本
❷ 子どもの人数…8人，おはじきの個数…44個

［類題１］

1人に5枚ずつ配るのに必要な枚数と1人に3枚ずつ配るときに必要な枚数の差は，6＋4＝10(枚)　1人分の差は，5－3＝2(枚)だから，班の人数は，10÷2＝5(人)　半紙の枚数は，3×5＋4＝19(枚)

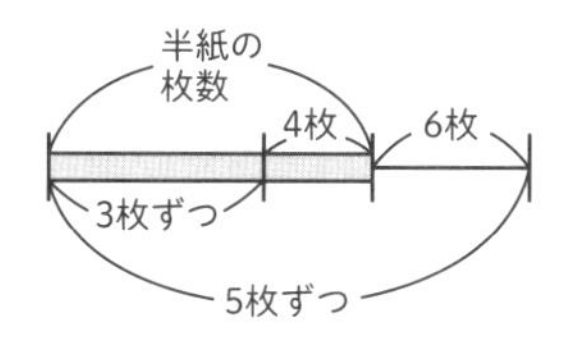

［類題2］

❶　1人に4本ずつ配るのに必要な本数と1人に6本ずつ配るのに必要な本数の差は，17－3＝14(本)　1人分の差は，6－4＝2(本)だから，子どもの人数は，14÷2＝7(人)　えんぴつの本数は，6×7＋3＝45(本)

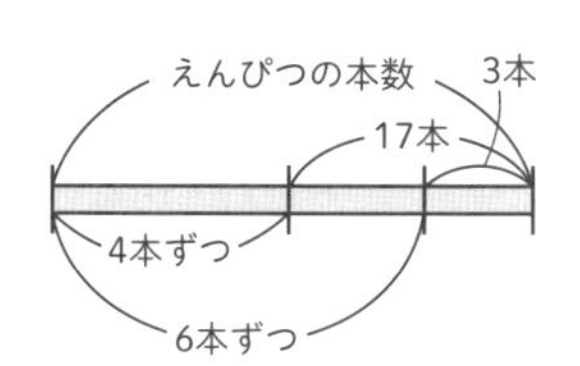

❷　1人に8個ずつ分けるのに必要な個数と1人に6個ずつ分けるのに必要な個数の差は，20－4＝16(個)　1人分の差は，8－6＝2(個)だから，子どもの人数は，16÷2＝8(人)　おはじきの個数は，8×8－20＝44(個)

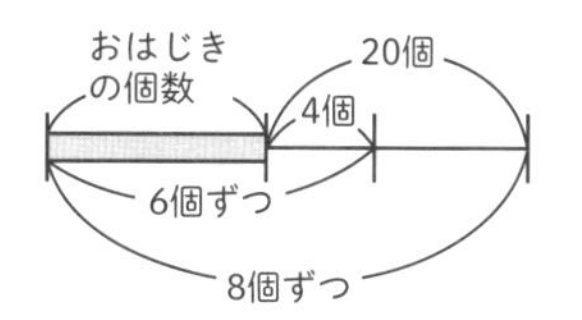

過不足算の練習問題 基本編

答え

1 (1) 28人　(2) 150枚
2 (1) 18人　(2) 100本
3 クラスの人数…34人，600円ずつ集めるときのあまり…400円
4 本のページ数…126ページ，予定の日数…8日
5 (1) 3箱　(2) 73個
6 (1) 96人　(2) 4人ずつ

1(1)　1人に4枚ずつ配るのに必要な枚数と1人に7枚ずつ配るのに必要な枚数の差は，46＋38＝84(枚)　1人分の差は，7－4＝3(枚)だから，クラスの人数は，84÷3＝28(人)

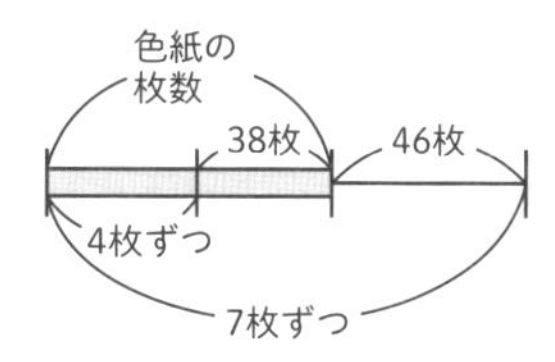

(2)　4×28＋38＝150(枚)

2(1)　1人に3本ずつ配るのに必要な本数と1人に5本ずつ配るのに必要な本数の差は，46－10＝36(本)　1人分の差は，5－3＝2(本)だから，子どもの人数は，36÷2＝18(人)

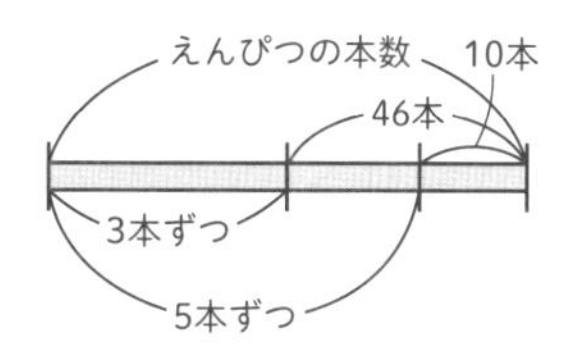

(2)　3×18＋46＝100(本)

3　1人500円ずつ集めた金額と1人550円ずつ集めた金

額の差は，3000－1300＝1700(円)　1人分の差は，550－500＝50(円)だから，クラスの人数は，1700÷50＝34(人)　また，お楽しみ会に必要な費用は，500×34＋3000＝20000(円)で，1人600円ずつ集めると，600×34＝20400(円)集まるので，20400－20000＝400(円)　あまる。

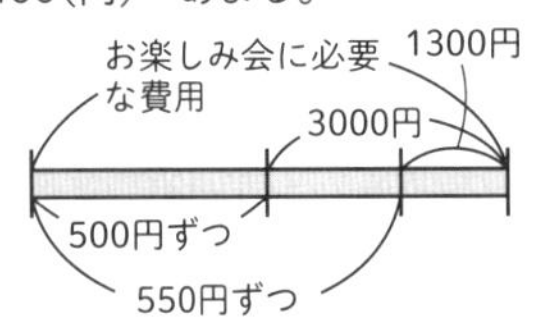

4　1日12ページずつ読んだときと1日15ページずつ読んだときに予定の日数で読めるページ数の差は，30－6＝24(ページ)　1日で読むページ数の差は，15－12＝3(ページ)だから，予定している日数は，24÷3＝8(日)　この本のページ数は，12×8＋30＝126(ページ)

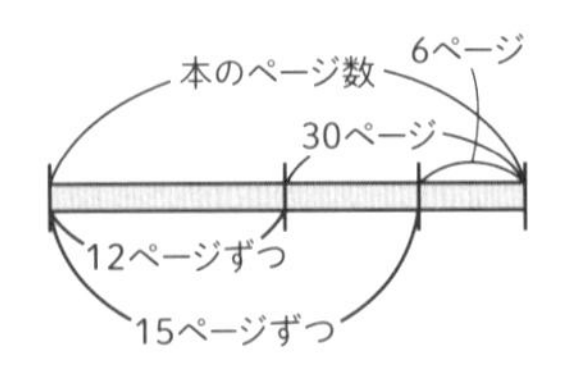

5(1)　大きい箱と小さい箱の数は同じなので，箱を区別せずに考える。1箱に30個ずつつめると，最後の箱には13個しか入らないので，あと，30－13＝17(個)入れることができる。よって，すべての箱に30個ずつつめたときと，20個ずつつめたときでは，つめることができる個数に，13＋17＝30(個)の差ができる。1箱につめる個数の差は，30－20＝10(個)だから，箱の数は，30÷10＝3(箱)

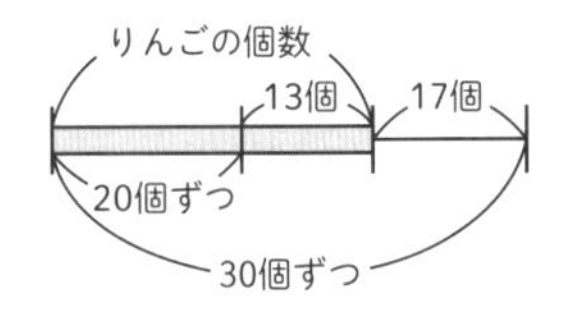

(2)　20×3＋13＝73(個)

6(1)　1脚(きゃく)に6人ずつ座るとき，誰も座っていない長いすにはあと，6×8＝48(人)座ることができる。よって，すべての長いすに3人ずつ座ったときと6人ずつ座ったときでは，座れる人数に，24＋48＝72(人)の差ができることになる。よって，長いすの数は，72÷(6－3)＝24(脚)　6年生の人数は，3×24＋24＝96(人)

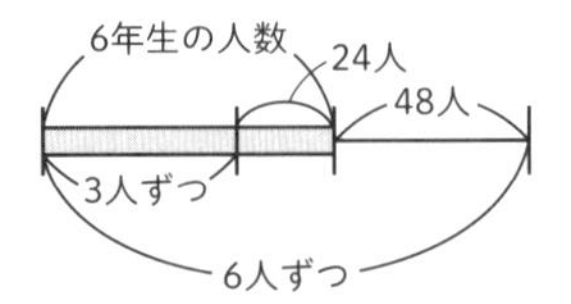

［参考］長いすに人を配っていると考えると理解しやすい。

(2)　96÷24＝4(人)

過不足算の練習問題 発展編

答え

- ❶ ベンチ…20脚，5年生…94人
- ❷ (1) 8人　(2) 62本
- ❸ 子どもの人数…8人，赤玉と青玉を合わせた個数…51個
- ❹ (1) 42人　(2) 80枚
- ❺ クラスの人数…29人，アサガオの種の個数…110個
- ❻ 166人

❶　5人ずつ座ったとき，誰も座っていないベンチに5人，4人しか座っていないベンチに1人，合わせて，5＋1＝6(人)がまだ座ることができる。よって，すべてのベンチに5人ずつ座ったときと3人ずつ座ったときでは座れる人数に，34＋6＝40(人)の差ができる。よって，ベンチの数は，40÷(5－3)＝20(脚)　5年生の人数は，3×20＋34＝94(人)

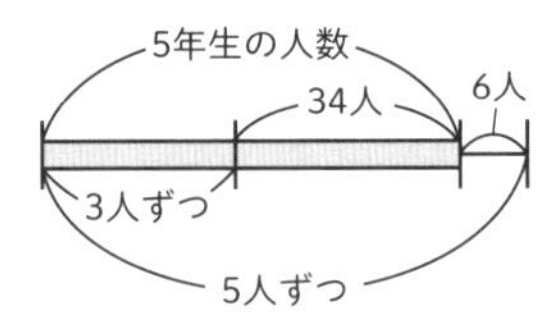

❷(1)　えんぴつとボールペンの本数を同じ数にして考えるために，ボールペンの数を2倍にして，14本ずつ配ることにする。このときあまりは12本になり，次の図のようになるので，集まった子どもの人数は，(84－12)÷(14－5)＝8(人)

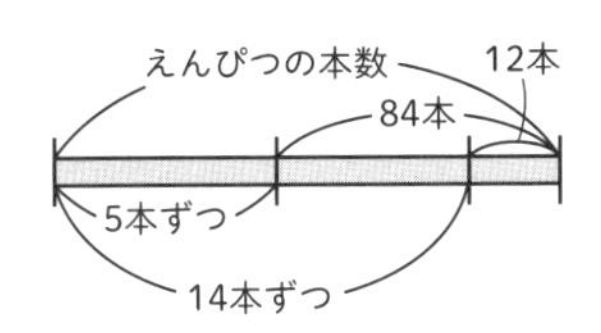

(2)　ボールペンは8人に7本ずつ配ると6本あまるので，7×8＋6＝62(本)

❸　青玉の個数を2倍にして赤玉と同じ個数にし，4個ずつ分けることにすると2個あまることになるので，下の図より，子どもの人数は，(6＋2)÷(5－4)＝8(人)　青玉の個数は、2×8＋1＝17(個)　赤玉はその2倍の，17×2＝34(個)　よって，赤玉と青玉を合わせた個数は，17＋34＝51(個)

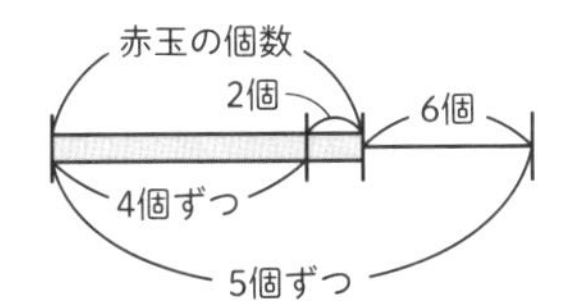

❹(1)　牛乳の無料券の枚数を3倍にしてアイスクリームの割引券と同じ数にし，1人に6枚ずつ配ることにすると，12枚不足する。下の図より，スーパーマーケット内にいるお客さんの人数は，(30＋12)÷(6－5)＝42(人)

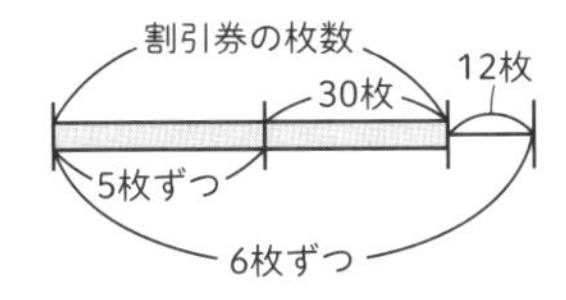

(2)　2×42－4＝80(枚)

❺　1人に3個ずつ8人に配り，残りの人に4個ずつ配ったら2個あまった。このとき，全員に4個ずつ配ったとすると，3個ずつ配った8人にあと1個ずつ配らなければならないのであまりの2個を使ってもあと，8－2＝6(個)不足することになる。よって，4個ずつ配ると6個不足する。下の図より，らむさんのクラスの人数は，(35－6)÷(5－4)＝29(人)　アサガオの種の個数は，5×29－35＝110(個)

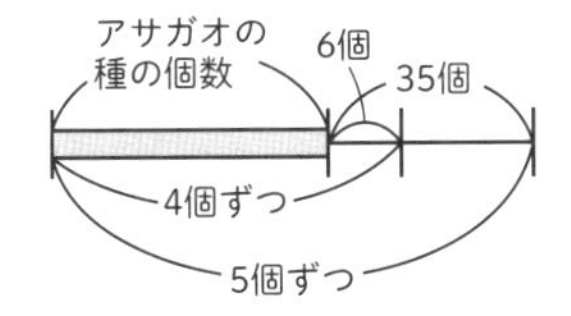

❻　3つの部屋に6人ずつ入れ，残りの部屋に8人ずつ入れると最後の部屋が4人になった。このとき，全部の部屋に8人ずつ入れるとすると，6人が入っている部屋にはあと2人ずつ，4人の部屋にはあと4人を入れることができるので，全部合わせてあと，2×3＋4＝10(人)入れることができる。よって，下の図より，旅館の部屋の数は，(12＋10)÷(8－7)＝22(室)　6年生の人数は，7×22＋12＝166(人)

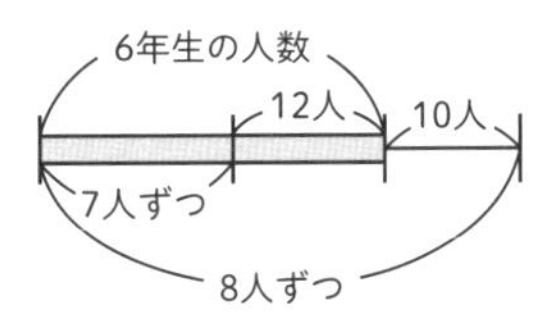

難問に挑戦！

p.92

答え

(4，1，2)，(2，4，2)，(2，2，5)

少なくとも1個ずつは買うので，2000円から各1個ずつの代金を引いておきます。2000－(360＋240＋160)＝1240(円)

360円，240円，160円で1240円をつくります。いちばん高い360円の個数から決めていくのがコツです。

1240÷360＝3あまり160 なので，ケーキは最大3個買え，残りのお金でシュークリームを1個買うと1240円になります。

次はケーキの個数を1つずつ減らして考えていきます。

ここで，360：240＝3：2なので，ケーキ2個とプリン3個は同じ値段とわかります。また，240：160＝3：2なので，プリン2個とシュークリーム3個は同じ値段です。よって，買う組み合わせは次のページの表ようになります。

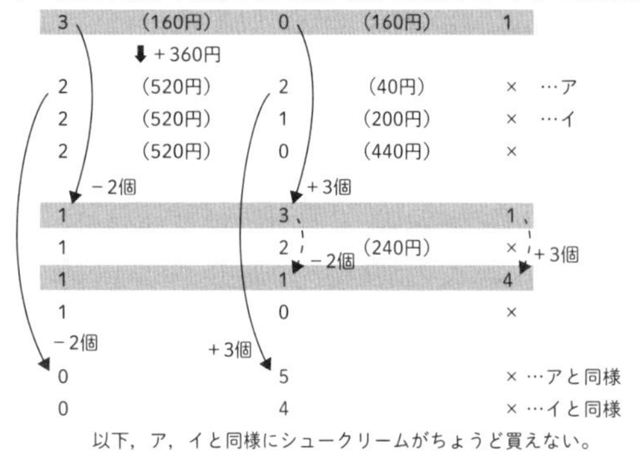

よって，カゲをつけた個数に，はじめにとっておいた1個ずつを加えた数が答えとなります。

[参考] はじめに金額をすべて比にしておくと，計算が少し楽になります。

第　3　章

① 相当算 p.94 ～ p.99

答え

［類題１］
360人
［類題２］
❶ $\frac{13}{20}$，800円　❷ 1440円

［類題１］

下の図のように表せる。20＋268＝288(人)が，全校生徒の，$1-\frac{1}{5}=\frac{4}{5}$ にあたるので，全校生徒の人数は，$288\div\frac{4}{5}=360$(人)

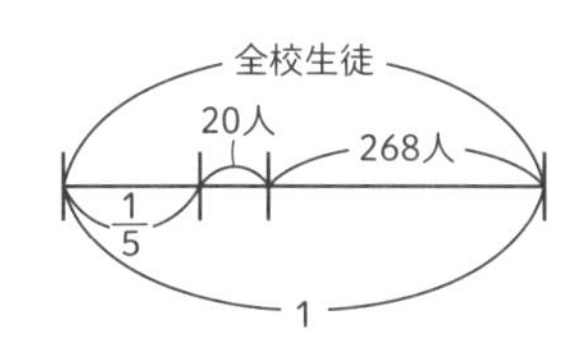

［類題2］

❶ 下の線分図で，はじめに持っていたお金を1とすると，アの割合は$1-\frac{1}{4}=\frac{3}{4}$　イはアの$\frac{2}{15}$なので，ウはアの，$1-\frac{2}{15}=\frac{13}{15}$　よって，ウのはじめに持っていたお金に対する割合は，$\frac{3}{4}\times\frac{13}{15}=\frac{13}{20}$　しょうさんがはじめに持っていたお金は，$520\div\frac{13}{20}=800$(円)

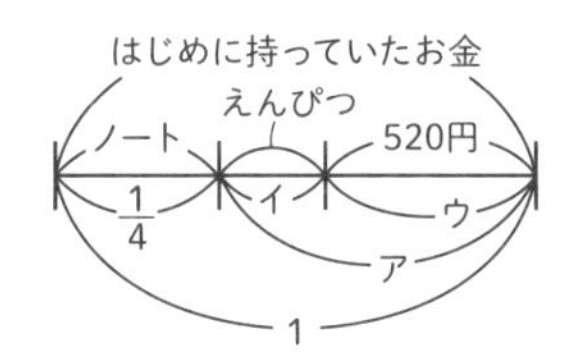

❷ 次の線分図で，720円は本を買った残りのお金アの，$1-\frac{3}{11}=\frac{8}{11}$ にあたる。よって，アは，$720\div\frac{8}{11}=990$(円)　130＋990＝1120(円)が，はじめに持っていたお金の，$1-\frac{2}{9}=\frac{7}{9}$ にあたるので，めいさんがはじめに持っていたお金は，$1120\div\frac{7}{9}=1440$(円)

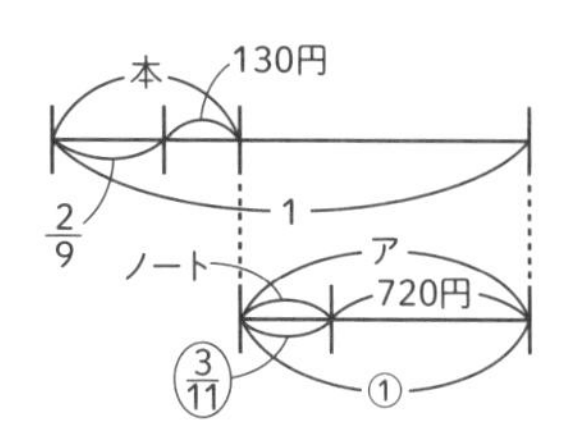

相当算の練習問題
基本編

答え

1 32枚
2 (1) 600g　(2) 840g
3 (1) 9600円　(2) 3300円
4 (1) $\frac{5}{16}$　(2) 112ページ
5 (1) $\frac{7}{60}$　(2) 1200円
6 (1) 180cm　(2) 280cm

1　2＋22＝24(枚)が，はじめにあった半紙の，$1-\frac{1}{4}=\frac{3}{4}$ にあたる。よって，$24\div\frac{3}{4}=32$(枚)

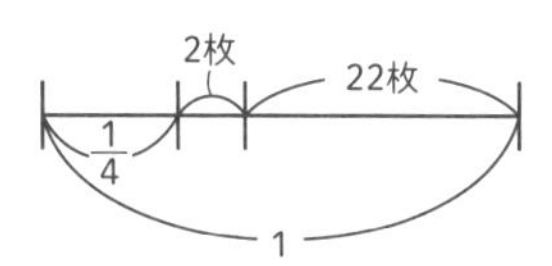

2 (1)　下の線分図で，アが270gになる。アの割合は，砂糖全体の重さの，$\frac{1}{5}+\frac{1}{4}=\frac{4}{20}+\frac{5}{20}=\frac{9}{20}$　よって，$270\div\frac{9}{20}=600$(g)

(2)　線分図のイが462gで，その砂糖全体に対する割合は，$1-\frac{9}{20}=\frac{11}{20}$　よって，砂糖全体の重さは，$462\div\frac{11}{20}=840$(g)

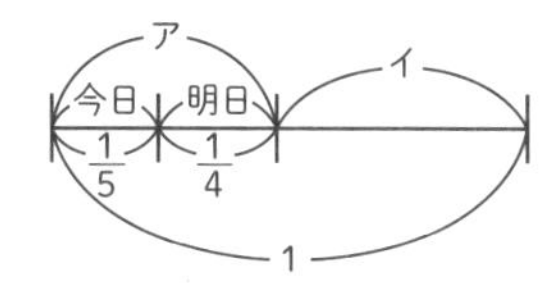

3 (1)　$\frac{1}{2}+\frac{1}{3}=\frac{3}{6}+\frac{2}{6}=\frac{5}{6}$ だから，100＋1500＝1600(円)は，おばあさんからもらったお金の，1－

$\frac{5}{6}=\frac{1}{6}$ にあたる。よって，$1600\div\frac{1}{6}=9600$(円)

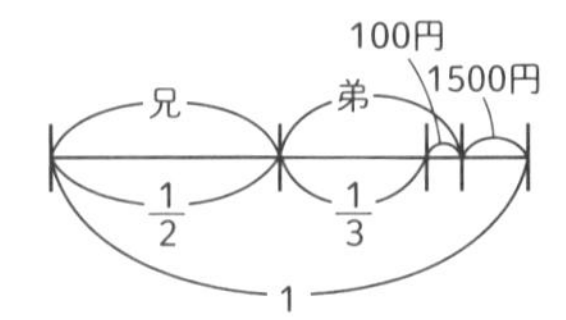

(2)　$9600\times\frac{1}{3}+100=3300$(円)

4(1)　下の線分図で，アの割合は本全体の，$1-\frac{1}{4}=\frac{3}{4}$　2日目に読んだページの割合イは，アの $\frac{5}{12}$ なので，$\frac{3}{4}\times\frac{5}{12}=\frac{5}{16}$

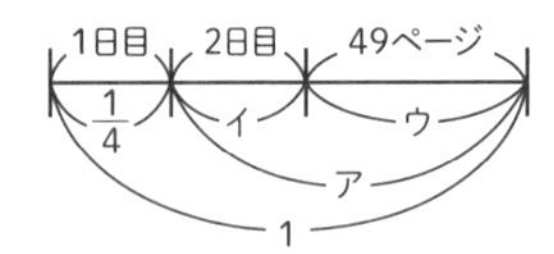

(2)　49ページの割合はアの $1-\frac{5}{12}=\frac{7}{12}$ なので，本全体の，$\frac{3}{4}\times\frac{7}{12}=\frac{7}{16}$　よって，本全体のページ数は，$49\div\frac{7}{16}=112$(ページ)

5(1)　持っていたお金を1とすると，本を買った残りのお金は，$1-0.3=0.7=\frac{7}{10}$　ノートの代金はこの $\frac{1}{6}$ だから，持っていたお金の，$\frac{7}{10}\times\frac{1}{6}=\frac{7}{60}$

(2)　下の線分図で，アの割合は，$\frac{7}{10}\times(1-\frac{1}{6})=\frac{7}{12}$　イの割合は，$\frac{7}{12}\times(1-\frac{2}{7})=\frac{5}{12}$　よって，はじめに持っていたお金は，$500\div\frac{5}{12}=1200$(円)

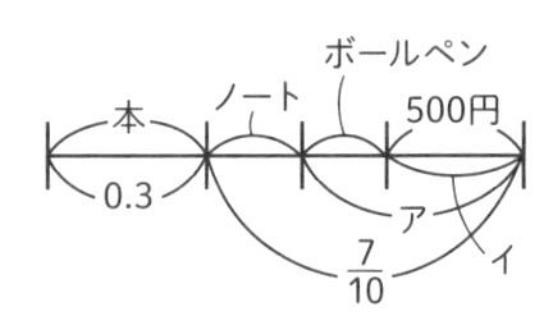

6(1)　下の線分図のアを求める。$25+95=120$(cm)が，アの，$1-\frac{1}{3}=\frac{2}{3}$ にあたるので，アは，$120\div\frac{2}{3}=180$(cm)

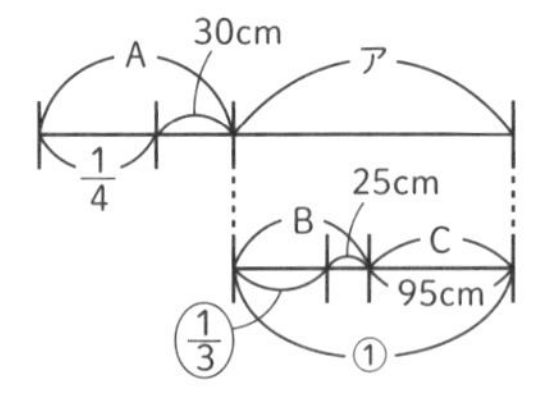

(2)　$30+180=210$(cm)が，はじめの針金の長さの，$1-\frac{1}{4}=\frac{3}{4}$ にあたるので，はじめの針金の長さは，$210\div\frac{3}{4}=280$(cm)

相当算の練習問題
発展編

答え

❶ 216人
❷ 108人
❸ (1) 3000円　(2) 1000円
❹ 400円
❺ 57人
❻ (1) 160ページ　(2) 28ページ
❼ 96ページ

❶　$20+16=36$(人)の6年生全員に対する割合は，$1-(\frac{1}{4}+\frac{1}{4}+\frac{1}{3})=\frac{1}{6}$　よって，6年生の人数は，$36\div\frac{1}{6}=216$(人)

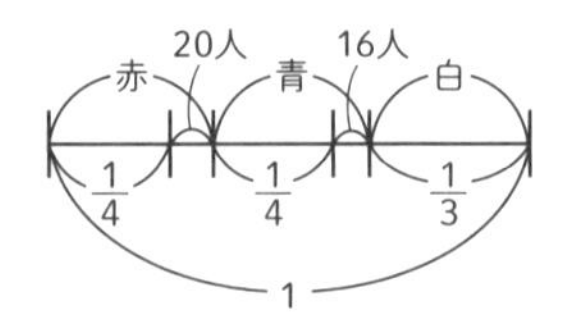

❷　下の図のような線分図で表す。$20-2=18$(人)が5年生全体の，$1-(\frac{1}{3}+\frac{1}{2})=\frac{1}{6}$ にあたるので，5年生の人数は，$18\div\frac{1}{6}=108$(人)

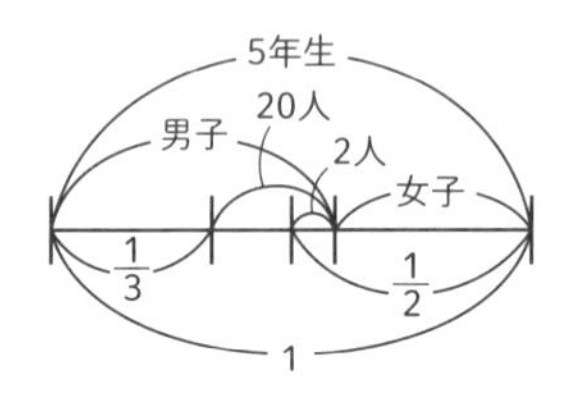

❸(1)　下の図で，お母さんからもらったおこづかいを1とすると，アの割合は，$1-\frac{1}{5}=\frac{4}{5}$　また，筆箱の値段の割合はアの0.375($\frac{3}{8}$)だから，イの割合はアの，$1-\frac{3}{8}=\frac{5}{8}$ にあたる。よって，イのおこづかい全体に対する割合は，$\frac{4}{5}\times\frac{5}{8}=\frac{1}{2}$　ウのおこづかい全体に対する割合は，$\frac{1}{2}\times(1-\frac{2}{3})=\frac{1}{6}$　したがって，お母さんからもらったおこづかいは，$500\div\frac{1}{6}=3000$(円)

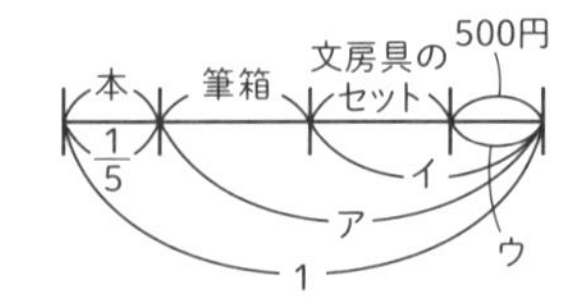

(2) 文房具(ぶんぼうぐ)のセットのおこづかい全体に対する割合は，$\frac{1}{2}\times\frac{2}{3}=\frac{1}{3}$　よって，その値段は，$3000\times\frac{1}{3}=1000$(円)

❹ 下の図で，$60+1200=1260$(円) がアの，$1-0.1=0.9$にあたるので，アは，$1260\div0.9=1400$(円)　$100+1400=1500$(円)が，はじめに持っていたお金の，$1-\frac{1}{6}=\frac{5}{6}$にあたるので，はじめに持っていた金額は，$1500\div\frac{5}{6}=1800$(円)　よって，本の値段は，$1800\times\frac{1}{6}+100=400$(円)

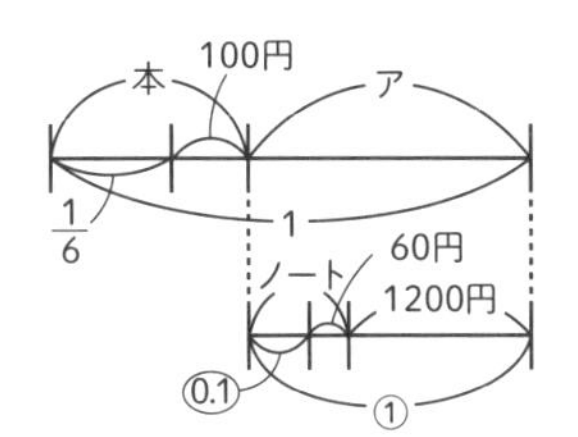

❺ 下の図で，$8+3=11$(人)が，6年生全員の，$\frac{7}{13}+\frac{5}{9}-1=\frac{11}{117}$にあたる。よって，6年生全員の人数は，$11\div\frac{11}{117}=117$(人)　したがって，6年生女子の人数は，
$117\times\frac{5}{9}-8=57$(人)

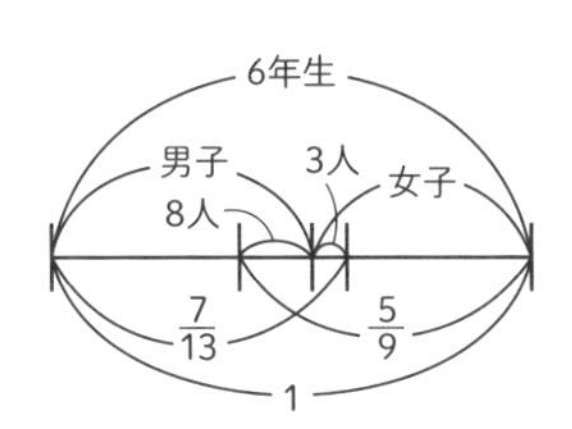

❻(1) 本全体のページ数を①とすると，1日目に読んだページ数は，($\textcircled{\frac{1}{4}}$+12ページ)と表せる。1日目に読んだページ数の$\frac{1}{2}$は，($\textcircled{\frac{1}{4}}$+12ページ)$\times\frac{1}{2}$より，$\textcircled{\frac{1}{8}}$+6ページ。よって，2日目に読んだページ数(下の図のア)は，$\textcircled{\frac{1}{8}}$+6ページ+2ページ=$\textcircled{\frac{1}{8}}$+8ページ　$12+8+80=100$(ページ)が本全体の，①−($\textcircled{\frac{1}{4}}$+$\textcircled{\frac{1}{8}}$)=$\textcircled{\frac{5}{8}}$にあたるので，本全体のページ数は，$100\div\frac{5}{8}=160$(ページ)

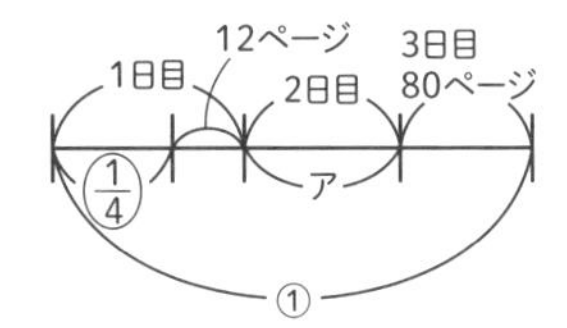

(2) $160\times\frac{1}{8}+8=28$(ページ)

❼ 本全体のページ数を1とすると，B君が読んだ様子は下の図のように表せる。アの割合は，$1-\frac{1}{4}=\frac{3}{4}$で，イはアの$\frac{2}{9}$，ウはアの$(1-\frac{2}{9})$にあたるので，ウの本全体のページ数に対する割合は，$\frac{3}{4}\times(1-\frac{2}{9})=\frac{7}{12}$　また，Aさんが1日に読むページ数の割合は，3日間とも同じなので，$1\div3=\frac{1}{3}$　3日目にはB君がAさんより24ページ多く読んだことから，24ページの本全体に対する割合は，$\frac{7}{12}-\frac{1}{3}=\frac{1}{4}$　よって，本全体のページ数は，$24\div\frac{1}{4}=96$(ページ)

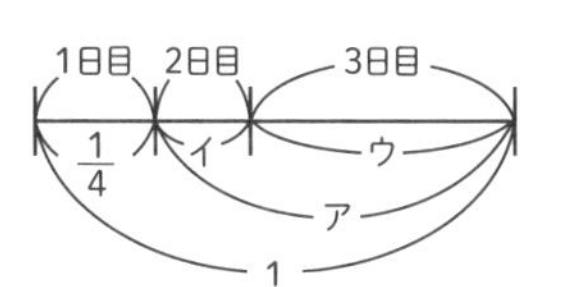

答え

❶ 2100円　❷ 840円

［類題］

❶ 弟の所持金が変わらない。下のように，弟の所持金を5と15の最小公倍数⑮とする。㉑−⑰=④が400円にあたるので，①は，$400\div4=100$(円)　よって，はじめの姉の所持金㉑は，$100\times21=2100$(円)

	姉　弟		姉　弟
はじめ	7 : 5	➡	㉑ : ⑮
あと	17 : 15	➡	⑰ : ⑮

❷ 2人の所持金の差が変わらない。下のように，差を2と3の最小公倍数⑥とする。このとき，㉑−⑩=⑪が440円にあたるので，①は，$440\div11=40$(円)　よって，はじめの姉の所持金は，$40\times21=840$(円)

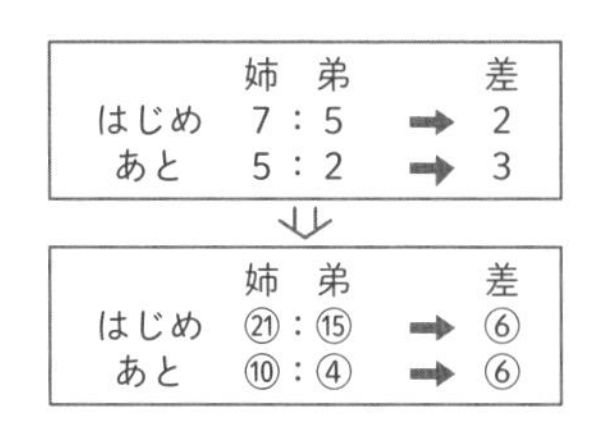

	姉　弟		差
はじめ	7 : 5	➡	2
あと	5 : 2	➡	3

⇩

	姉　弟		差
はじめ	㉑ : ⑮	➡	⑥
あと	⑩ : ④	➡	⑥

倍数算の練習問題
基本編

答え

1 900円
2 1400円
3 1600円
4 24L
5 52L
6 (1) $\frac{54}{72}$　(2) $\frac{36}{48}$
7 28cm

1　兄の所持金が変わらない。下のように，兄の所持金を2と9の最小公倍数⑱とする。⑭－⑨＝⑤が500円にあたるので，①は，500÷5＝100(円)　よって，はじめの弟の所持金は，100×9＝900(円)

	兄	弟		兄	弟
はじめ	2	1	➡	⑱	⑨
あと	9	7	➡	⑱	⑭

2　2人の所持金の差が変わらない。下のように，差を3と6の最小公倍数⑥とする。⑰－⑭＝③が300円にあたるので，①は，300÷3＝100(円)　よって，はじめの兄の所持金は，100×14＝1400(円)

	兄	弟		差
はじめ	7	4	➡	3
あと	17	11	➡	6

⇩

	兄	弟		差
はじめ	⑭	⑧	➡	⑥
あと	⑰	⑪	➡	⑥

3　2人の所持金の和が変わらない。下のように，和を14と7の最小公倍数⑭とする。
⑨－⑧＝①が200円にあたるので，今の兄の所持金(あとの兄の所持金)は，200×8＝1600(円)

	兄	弟		和
はじめ	9	5	➡	14
あと	4	3	➡	7

⇩

	兄	弟		和
はじめ	⑨	⑤	➡	⑭
あと	⑧	⑥	➡	⑭

4　容器Bの中の水の量が変わらない。次のように，容器Bの中の水の量を2と8の最小公倍数⑧とする。⑫－⑦＝⑤が10Lにあたるので，①は，10÷5＝2(L)　よって，はじめ容器Aに入っていた水は，2×12＝24(L)

	A	B		A	B
はじめ	3	2	➡	⑫	⑧
あと	7	8	➡	⑦	⑧

5　2つの容器の中の水の量の和が変わらない。下のように，和を5と13の最小公倍数㊠とする。㊷－㊿＝②が2Lにあたるので，①にあたる水の量は，2÷2＝1(L)　よって，今容器Aに入っている水の量(はじめの容器A内の水の量)は，1×52＝52(L)

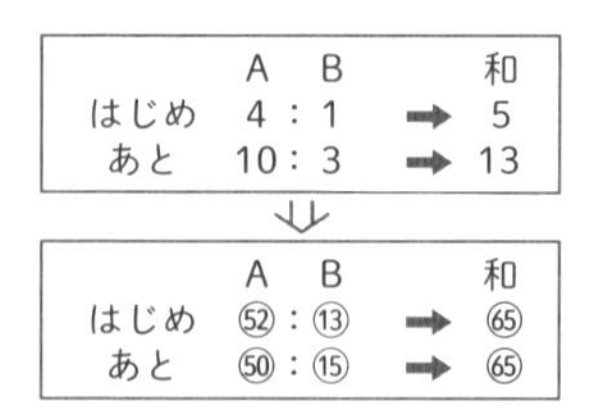

	A	B		和
はじめ	4	1	➡	5
あと	10	3	➡	13

⇩

	A	B		和
はじめ	㊷	⑬	➡	㊠
あと	㊿	⑮	➡	㊠

6　約分すると $\frac{3}{4}$ → 分子：分母＝3：4
(1)　分母の数は変わらないので，下のように，分母を4と6の最小公倍数⑫とする。⑩－⑨＝①が6にあたるので，Aの分子(はじめの分子)は，6×9＝54　分母は，6×12＝72　よって，分数Aは，$\frac{54}{72}$

	分子	分母		分子	分母
はじめ	3	4	➡	⑨	⑫
あと	5	6	➡	⑩	⑫

(2)　分子と分母の差が変わらない。下のように，差を1と2の最小公倍数②とする。⑨－⑥＝③が18にあたるので，①は，18÷3＝6　よって，分数Aの分子(はじめの分子)は，6×6＝36　分母は，6×8＝48　よって，分数Aは，$\frac{36}{48}$

	分子	分母		差
はじめ	3	4	➡	1
あと	9	11	➡	2

⇩

	分子	分母		差
はじめ	⑥	⑧	➡	②
あと	⑨	⑪	➡	②

7　棒A，Bの長さの差を表す2種類の比をそろえる。次のように，棒A，Bの水面上に出ている部分の比から，棒の長さの差を2と4の最小公倍数④とする。⑱－⑨

＝⑨が18cmにあたるので，①は，18÷9＝2(cm)
よって，はじめに棒Bの水面上に出ていた部分の長さは，2×14＝28(cm)

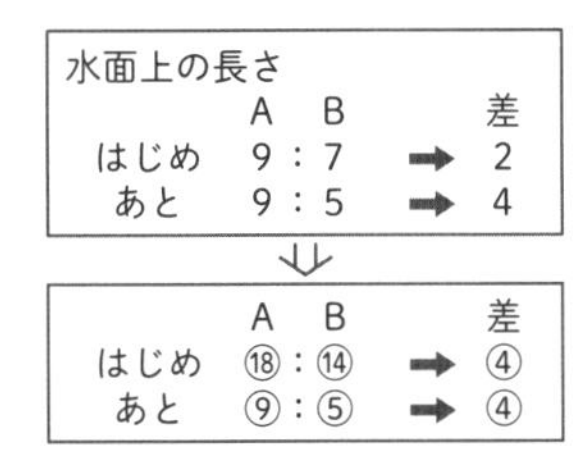
水面上の長さ

	A	B		差
はじめ	9	7	➡	2
あと	9	5	➡	4

⇩

	A	B		差
はじめ	⑱	⑭	➡	④
あと	⑨	⑤	➡	④

倍数算の練習問題
発展編

答え

- ❶ **兄…800円，弟…400円**
- ❷ **姉…7200円，妹…2400円**
- ❸ $\frac{30}{45}$
- ❹ **36羽**
- ❺ **12L**
- ❻ **13年後**
- ❼ **りんご…120円，みかん…30円**
- ❽ **男子…105人，女子…98人**

❶ 兄が使ったお金を②，弟が使ったお金を①とする。
4000円－②＝3600円－①より，

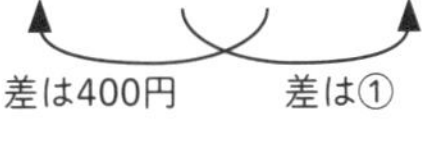

①(弟が使ったお金)は，400円。よって，兄が使ったお金は，400×2＝800(円)

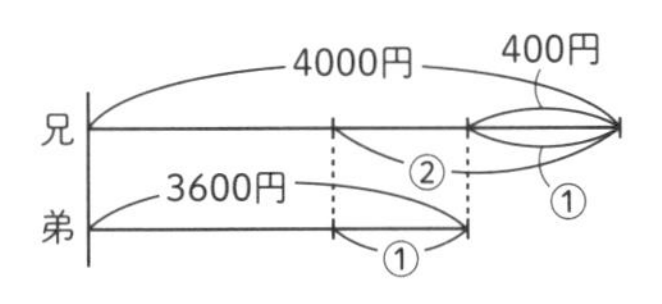

❷ 先月の姉の貯金額を③，妹の貯金額を①とする。
③＋4800円＝4×(①＋600円)より，
③＋4800円＝④＋2400円

差は①　　差は2400円

①(先月の妹の貯金額)は，4800－2400＝2400(円)
よって，先月の姉の貯金額は，2400×3＝7200(円)

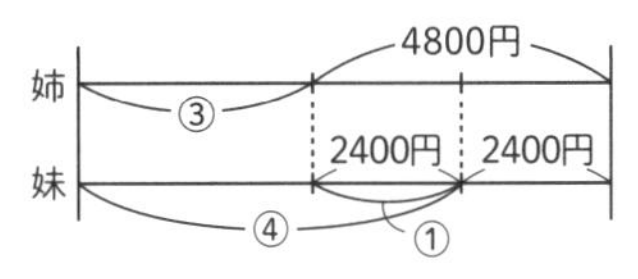

❸ 分数Aの分子と分母の比は2：3なので，分子を②，分母を③とする。分子に42，分母に99を加えた後，分母は分子の2倍になるので，③＋99＝2×(②＋42)
よって，③＋99＝④＋84

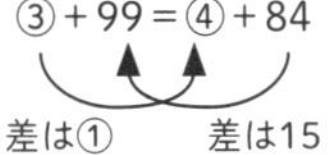

①は，99－84＝15　よって，分数Aの分子は，15×2＝30，分母は，15×3＝45

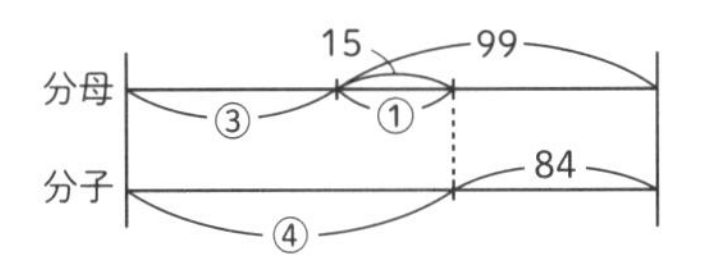

❹ 昨日の白鳥の数を④，カモの数を⑦とする。
(④－12羽)：(⑦－24羽)＝3：5より，5×(④－12羽)＝3×(⑦－24羽)
よって，⑳－60羽＝㉑－72羽

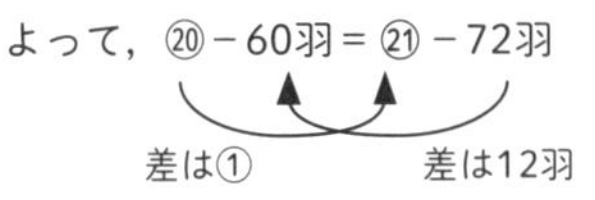

①は，72－60＝12(羽)　よって，昨日の白鳥の数④は，12×4＝48(羽)　今日の白鳥の数は，48－12＝36(羽)

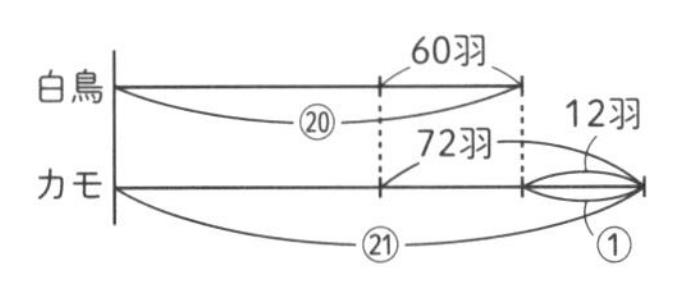

❺ はじめに水そうAに入っていた水を⑮，水そうBに入っていた水を⑦とする。くみ出した水の量は「はじめの水の量」から「残った水の量」を引いて求められる。つまり，水そうAからくみ出した水の量は⑮－144L，水そうBからくみ出した水の量は⑦－72L　水そうAからくみ出した水の量が水そうBからくみ出した水の量の3倍だから，⑮－144L＝3×(⑦－72L)　よって，⑮－144L＝㉑－216L　216－144＝72(L)が，㉑－⑮＝⑥にあたるので，
①は，72÷6＝12(L)　よって，はじめに水そうBに入っていた水は，12×7＝84(L)　水そうBからくみ出した水の量は，84－72＝12(L)

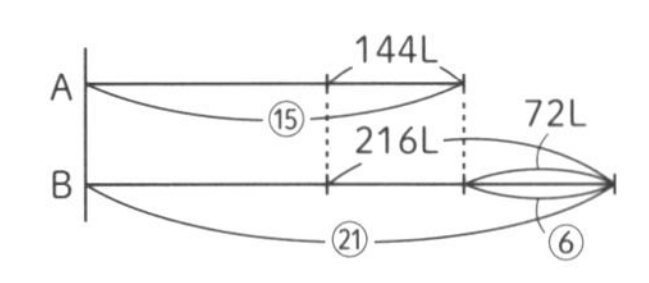

❻ 現在の父母の年齢の和は，40＋38＝78(才)，3人の子の年齢の和は，15＋12＋10＝37(才) 父母の年齢の和は1年で2才ずつ，3人の子の年齢の和は1年で3才ずつ増えるので，求める年数(①とする)後に増えている年齢はそれぞれ②，③である。

(78＋②)：(37＋③)＝26：19より，

19×(78＋②)＝26×(37＋③)

よって，1482＋㊳＝962＋㊽

1482－962＝520が，㊽－㊳＝㊵にあたるので，

①は，520÷40＝13 よって，13年後

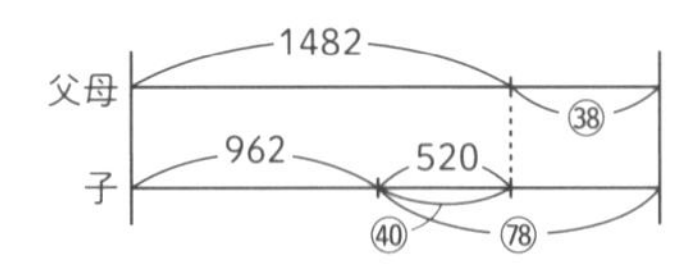

❼ はじめのりんご1個の値段を④，みかん1個の値段を①とする。

(④－20円)：(①＋10円)＝5：2より，2×(④－20円)＝5×(①＋10円) よって，⑧－40円＝⑤＋50円

50＋40＝90(円)が，⑧－⑤＝③にあたるので，①は，90÷3＝30(円)…はじめのみかん1個の値段

はじめのりんご1個の値段は，30×4＝120(円)

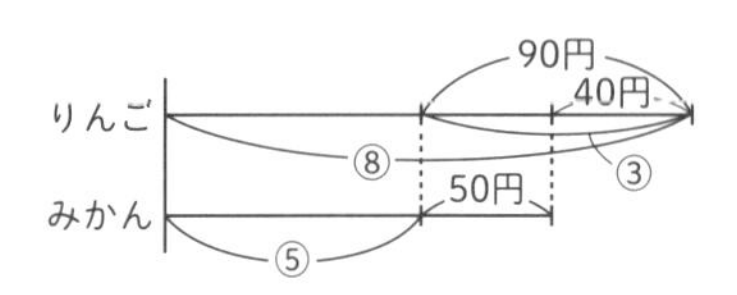

❽ 昨年の男子を⑨，女子を⑧とする。(⑨－3人)：(⑧＋2人)＝15：14より，14×(⑨－3人)＝15×(⑧＋2人) よって，(126)－42人＝(120)＋30人 42＋30＝72(人)が，(126)－(120)＝⑥にあたるので，①は，72÷6＝12(人) 今年の男子は，12×9－3＝105(人) 女子は，12×8＋2＝98(人)

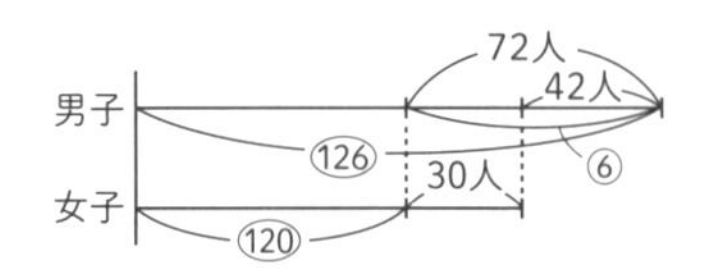

③ 売買損益算 p.106～p.111

答え

［類題１］
420円
［類題２］
1500円

［類題１］

定価は，1500×(1＋0.6)＝2400(円) 売り値は，2400×(1－0.2)＝1920(円) よって，実際の利益は，1920－1500＝420(円)

［類題２］

1個の仕入れ値を①とすると，仕入れ総額は，①×40＝㊵ 1個の定価は，①×(1＋0.8)＝(1.8) 定価の2割引きは，(1.8)×(1－0.2)＝(1.44) よって，売り上げは，(1.8)×10＋(1.44)×(40－10)＝(61.2)

実際の利益31800円は，(61.2)－㊵＝(21.2)にあたる。よって，1個の仕入れ値①は，31800÷21.2＝1500(円)

売買損益算の練習問題 基本編

答え

1 (1) 2400円 (2) 160円
2 (1) 1040円 (2) 32円
3 50円
4 3200円
5 8000円
6 1300
7 (1) 129 (2) 2400円
8 800円

1 (1) 2000×(1＋0.2)＝2400(円)

(2) 定価の1割引きの値段は，2400×(1－0.1)＝2160(円) 利益は，2160－2000＝160(円)

2 (1) 800×(1＋0.3)＝1040(円)

(2) 売り値は定価の20％引きだから，1040×(1－0.2)＝832(円) よって，実際の利益は，832－800

=32(円)

3 定価は，1000×(1+0.2)=1200(円)　売り値は，1200−150=1050(円)　よって，利益は，1050−1000=50(円)

4 仕入れ値を①とすると定価は，①×(1+0.5)=(1.5)　売り値はその10%引きなので，(1.5)×(1−0.1)=(1.35)　よって，仕入れ値①は，4320÷1.35=3200(円)

5 仕入れ値を①とすると定価は，①×(1+0.3)=(1.3)　売り値はその2割引きなので，(1.3)×(1−0.2)=(1.04)　よって，利益の割合は，(1.04)−①=(0.04)　これが320円にあたるので，仕入れ値①は，320÷0.04=8000(円)

6 [　　]円を①とすると定価は，①×(1+0.4)=(1.4)　売り値はその3割引きなので，(1.4)×(1−0.3)=(0.98)　よって，損失26円の割合は，①−(0.98)=(0.02)にあたる。
[　　]=26÷0.02=1300

7(1)　1個の定価は，1+0.5=1.5　定価の2割引きは，1.5×(1−0.2)=1.2　よって，売り上げは全部で，1.5×30+1.2×70=129となる。

(2)　1個の仕入れ値を1とすると仕入れ総額は，1×100=100　129−100=29が，利益の69600円にあたるので，1個の仕入れ値は，69600÷29=2400(円)

8 1個の仕入れ値を①とすると，定価は，①×(1+0.6)=(1.6)，定価の2割5分引きは，(1.6)×(1−0.25)=(1.2)と表される。仕入れ総額は，①×200=(200)，売り上げの総額は，(1.6)×50+(1.2)×(200−50)=(260)になるので，利益の48000円は，(260)−(200)=(60)にあたる。
よって，①は，48000÷60=800(円)

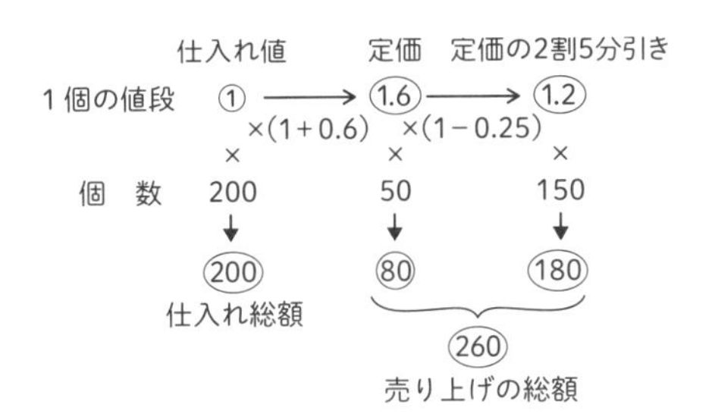

売買損益算の練習問題
発展編

答え

❶ 4590円
❷ 5700円
❸ (1) 240　(2) 8000円
❹ (1) 125：141　(2) 30000円
❺ 600
❻ 15個

❶ 原価を①とすると，定価は，①×(1+0.7)=(1.7)
下の図のように，390+1500=1890(円)が(0.7)にあたるので，原価①は，1890÷0.7=2700(円)　よって，定価は，2700×1.7=4590(円)

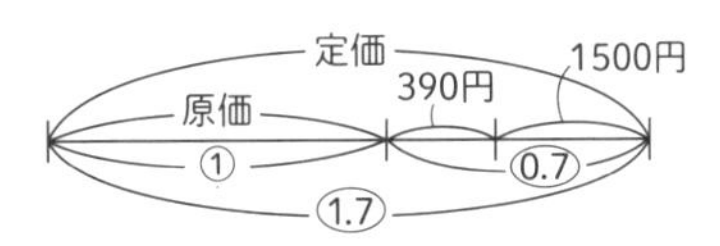

❷ 定価を①とすると，下の図のように表せる。1800−300=1500(円)が(0.2)にあたるので，定価①は，1500÷0.2=7500(円)　よって，仕入れ値は，7500−1800=5700(円)

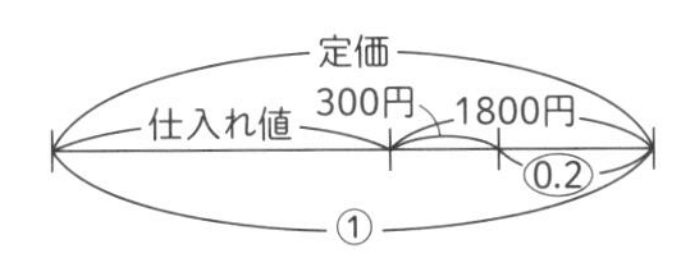

❸(1)　1個の仕入れ値を1とすると，1個の定価は，1+0.5=1.5　また，定価の2割引きは，1.5×(1−0.2)=1.2　よって，売り上げの合計は，1.5×80+1.2×100=240

(2)　1個の仕入れ値を1とすると，仕入れ総額は，1×200=200　このとき，利益の3200円は，240−200=40にあたるので，1個の仕入れ値は，3200÷40=80(円)　定価通り売ったとき，1個あたりの利益は仕入れ値の50％なので，80×0.5=40(円)　よって，200個全部売ったときの利益は，40×200=8000(円)

❹(1)　仕入れと売り上げの関係は次の図のようになる。
仕入れ総額と売り上げの総額の比は，1：1.128=

1000：1128＝125：141

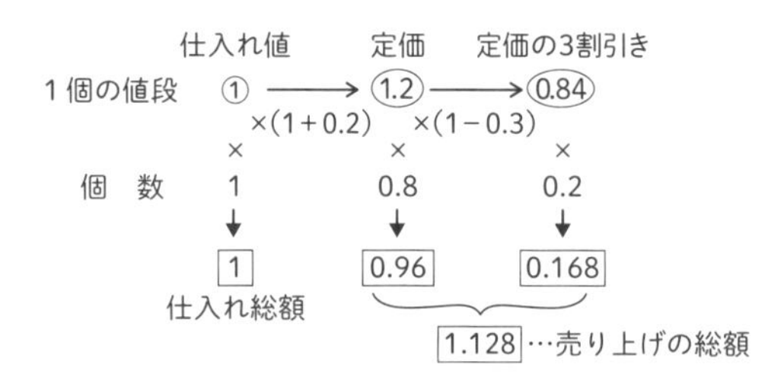

(2)　(1)で求めた比の1にあたる金額は，19200÷(141−125)＝1200(円)　よって，仕入れ総額は，1200×125＝150000(円)　定価で売ると仕入れ値の2割の利益があるので，すべて定価で売ったときの利益は，150000×0.2＝30000(円)

❺　いたんでいたのは，50×0.4＝20(個)　定価通り売ったのは，50−20＝30(個)　定価通り売った30個だけ考えると，利益は，300×30＝9000(円)
11400−9000＝2400(円)が定価の2割引きで売った20個の利益なので，1個あたりの利益は，2400÷20＝120(円)　下の図より，300−120＝180(円)が，定価の0.2にあたるので，定価は，180÷0.2＝900(円)
仕入れ値□円は，900−300＝600(円)

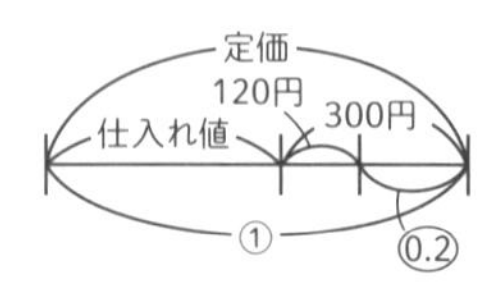

❻　仕入れ値の2割増しは，3000×(1+0.2)＝3600(円)　仕入れ値の2割引きは，3000×(1−0.2)＝2400(円)　これらが合わせて40個あるので，つるかめ算の考え方で個数を求める。売り上げの合計は，3000×40−6000＝114000(円)
40個全部を仕入れ値の2割引きで売ったとすると，売り上げは，2400×40＝96000(円)　実際の売り上げは，114000円だったので，仕入れ値の2割増しで売った個数は，(114000−96000)÷(3600−2400)＝15(個)

④ 食塩水

p.112 ～ p.117

食塩水の練習問題
基本編

答え

1 20%
2 14.5%
3 2%
4 60g
5 6%
6 7%
7 8.2%
8 20g
9 150g
10 5%
11 2%の食塩水…70g，10%の食塩水…210g

1　(濃さ)＝(食塩)÷(食塩水)　100倍すると%で求められる。25÷(100＋25)×100＝20(%)

2　5%の食塩水180gにふくまれる食塩の重さは，180×0.05＝9(g)　ここに20gの食塩を加えると食塩は，9＋20＝29(g)，食塩水全体は，180＋20＝200(g)になる。よって，濃さは，29÷200×100＝14.5(%)

3　12%の食塩水50gにふくまれる食塩の重さは，50×0.12＝6(g)　250gの水を加えると食塩水の重さは，50＋250＝300(g)になるので，食塩水の濃さは，6÷300×100＝2(%)

4　15%の食塩水240gにふくまれる食塩の重さは，240×0.15＝36(g)　水を蒸発させても食塩水にふくまれる食塩の重さは変わらず36gだから，できる20%の食塩水の重さは，36÷0.2＝180(g)　よって，蒸発させる水は，240−180＝60(g)

5　3%の食塩水400gにふくまれる食塩の重さは，400×0.03＝12(g)　また，12%の食塩水200gにふくまれる食塩の重さは，200×0.12＝24(g)　混ぜ合わせた食塩水にふくまれる食塩は，12＋24＝36(g)，食塩水全体は，400＋200＝600(g)になる。よって，濃さは，36÷600×100＝6(%)

6 3%の食塩水の重さを3，10%の重さを4として求めればよいが，計算しやすくするために，3%の食塩水の重さを300，10%の食塩水の重さを400として求める。このとき，混ぜ合わせた食塩水全体の重さは，300＋400＝700，その中にふくまれる食塩の重さは，300×0.03＋400×0.1＝49になる。よって，濃さは，49÷700×100＝7(%)

7 2%の食塩水100gにふくまれる食塩の重さは，100×0.02＝2(g)　5%の食塩水400gにふくまれる食塩の重さは，400×0.05＝20(g)　12%の食塩水500gにふくまれる食塩の重さは，500×0.12＝60(g)　よって，これらの3つの食塩水を混ぜ合わせた食塩水の濃さは，(2＋20＋60)÷(100＋400＋500)×100＝8.2(%)

8 食塩を100%の食塩水と考え，右の図のような面積図を使って考える。図の斜線部分の面積が等しいことより，(10－4)×300＝(100－10)×□

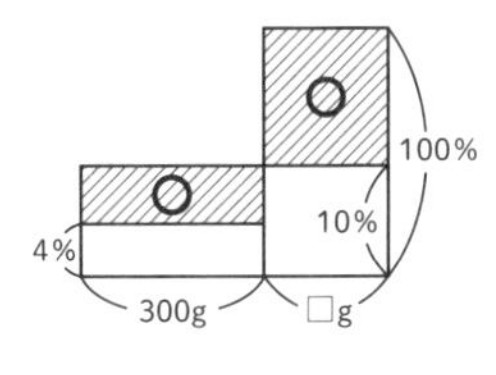

これより，6×300＝90×□，□＝1800÷90＝20(g)

9 右の図のような面積図で考える。斜線部分の面積が等しいことより，(3.8－2)×350＝(8－3.8)×□
これより，1.8×350＝4.2×□，□＝630÷4.2＝150(g)

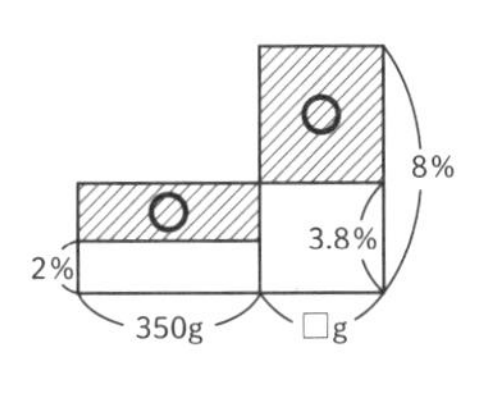

10 右の図のような面積図で考える。斜線部分の面積が等しいことより，(12－8)×360＝(8－□)×480
これより，4×360＝(8－□)×480　8－□＝1440÷480，□＝8－3＝5(%)

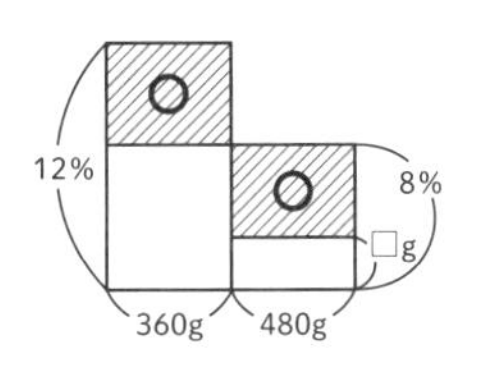

11 右の図のような面積図で考える。ア：イ＝6：2＝3：1で，斜線部分の面積が

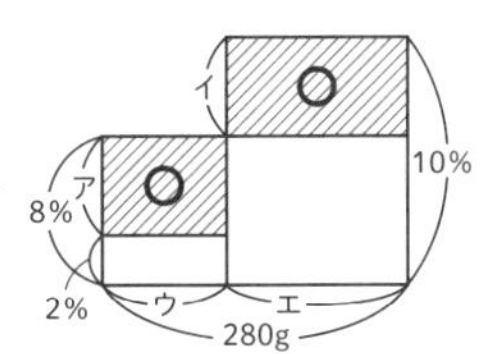

等しいことより，ウ：エはア：イの逆比となり，1：3　よって，ウ＝280÷(1＋3)＝70(g)，エ＝70×3＝210(g)

食塩水の練習問題 発展編

答え

❶ 11%
❷ 5：3
❸ 400g
❹ 10%
❺ 9.6%
❻ 容器A…6.6%，容器B…9%
❼ (1) 7.4%　(2) 120g

❶ 10%の食塩水300gから80gの食塩水を取り出すと，残った食塩水220gの濃さは10%のままなので，その中にふくまれる食塩の重さは，220×0.1＝22(g)
20gの水を蒸発させると食塩水全体の重さは，220－20＝200(g)になるが，ふくまれる食塩の重さは22gのままなので，濃さは，22÷200×100＝11(%)

❷ 水を濃度0%の食塩水として，右の図のような面積図を使って考える。図の斜線部分の面積が等しく，ア：イ＝(12－7.5)：7.5＝3：5なので，ウ：エはその逆比になる。よって，12%の食塩水と水を5：3で混ぜた。

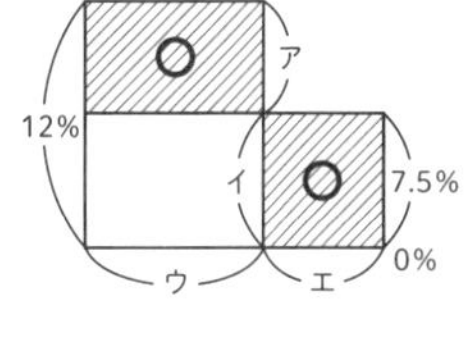

❸ 2%の食塩水の全体の重さが240g減って，ふくまれる食塩の重さは変わらないので，右の図のような面積図で表すことができる。斜線部分の面積が等しく，たての比が，(5－2)：2＝3：2なので，斜線部分の横の比はその逆比の2：3になる。よって，□：240＝2：3より，□＝240÷3×2＝160(g)　2%の食塩水の重さは図のアにあたるので，160＋240＝400(g)

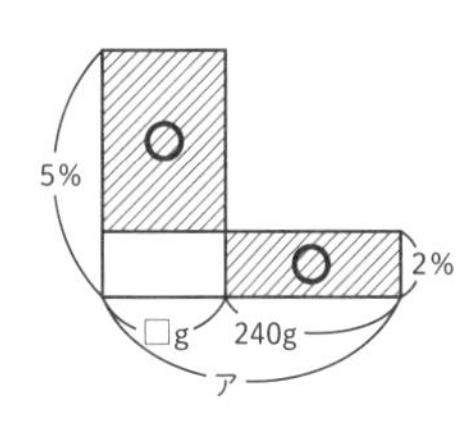

❹ はじめの食塩水200gにふくまれる食塩の重さは，

第3章 割合に関する問題

200÷(1+19)×1=10(g)　この食塩水に300gの食塩水を加えてつくった食塩水の中にふくまれる食塩の重さは，(200+300)÷(2+23)×2=40(g)
よって，加えた300gの食塩水の中にふくまれている食塩の重さは，40−10=30(g)　したがって，加えた食塩水の濃さは，30÷300×100=10(%)

❺ 200gを捨てたあと，容器の中には16%の食塩水が，500−200=300(g)残っていて，その中にふくまれる食塩の重さは，300×0.16=48(g)　ここに200gの水を入れると容器の中の食塩水の重さは500gに戻（もど）るので，濃さは，48÷500×100=9.6(%)になる。

❻ 下の図で，アの食塩水は5%の食塩水100gと10%の食塩水400gを混ぜ合わせたものなので，濃（こ）さは，(100×0.05+400×0.1)÷(100+400)×100=9(%)
アから取り出したイの食塩水の濃さも9%なので，最後にAの容器に入っているウの食塩水の濃さは，(300×0.05+200×0.09)÷(300+200)×100=6.6(%)
また，最後にBの容器に入っているエの食塩水の濃さはアの食塩水の濃さと等しいので9%である。

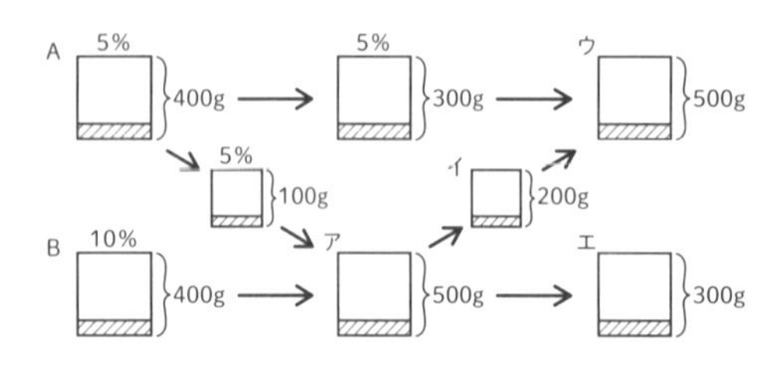

❼(1)　下の図のようになる。容器A，Bの間で食塩水をやりとりしているだけなので，2つの容器の中の食塩水にふくまれる食塩の重さの和は変わらない。アの食塩水中の食塩の重さは，300×0.05=15(g)，イの食塩水中の食塩の重さは，600×0.08=48(g)，ウの食塩水中の食塩の重さは，300×0.062=18.6gなので，最後に容器Bに入っているエの食塩水中の食塩の重さは，15+48−18.6=44.4(g)になる。よって，その濃さは，44.4÷600×100=7.4(%)になる。

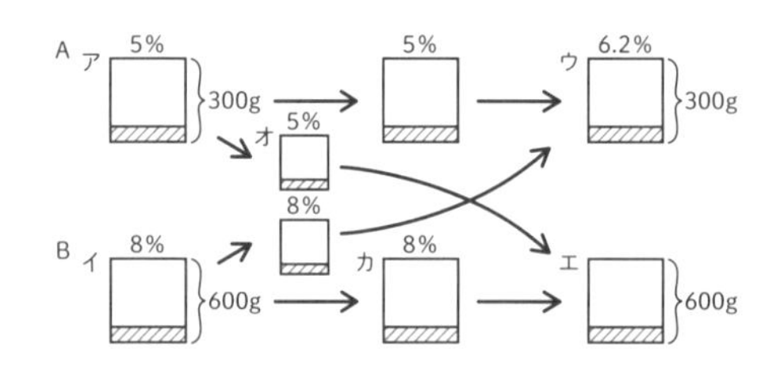

(2)　(1)の図のオの食塩水とカの食塩水を混ぜたものがエの食塩水となるので，右のような面積図に表せる。斜線をつけた長方形のたての比は，(7.4−5)：(8−7.4)=4：1なので，横の比はその逆比となる。

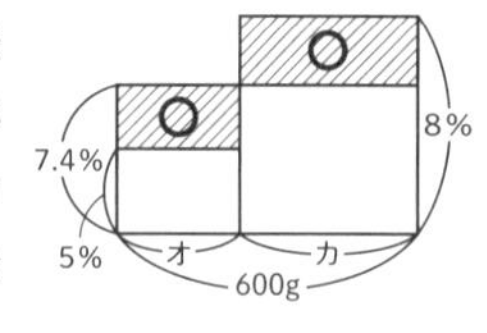

よって，オ：カは，1：4となる。よって，容器Aから取り出した食塩水オの重さは，600÷(1+4)=120(g)

特訓！　食塩水の面積図

p.118 ～ p.119

答え

①90 (g)　②240 (g)　③2 (%)　④3.6 (%)
⑤60 (g)　⑥50 (g)　⑦16 (g)　⑧510 (g)
⑨40 (g)

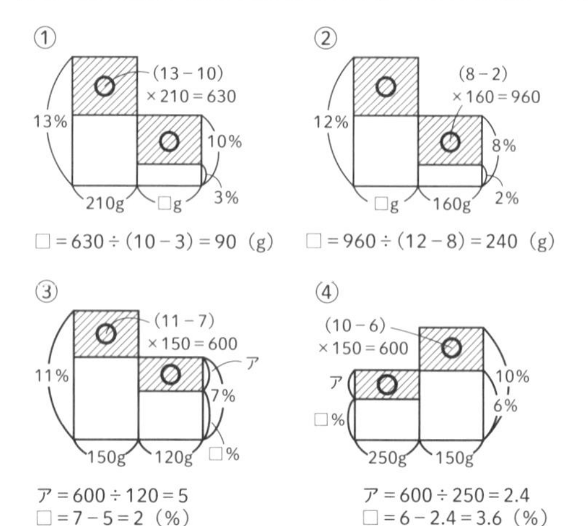

①　□=630÷(10−3)=90 (g)
②　□=960÷(12−8)=240 (g)
③　ア=600÷120=5
□=7−5=2 (%)
④　ア=600÷250=2.4
□=6−2.4=3.6 (%)

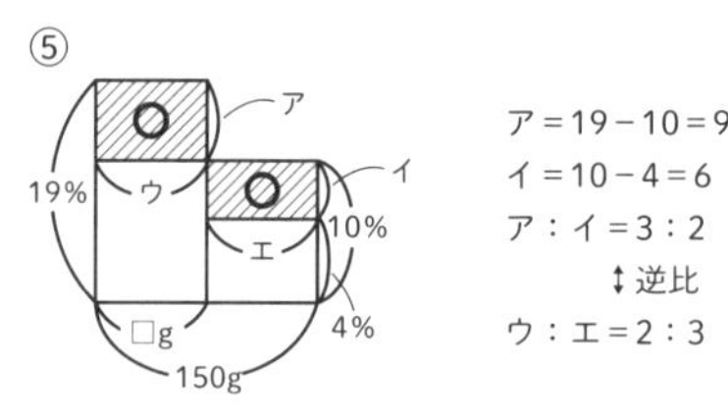

ア=19−10=9
イ=10−4=6
ア：イ=3：2
↕逆比
ウ：エ=2：3

□=150÷(2+3)×2=60 (g)

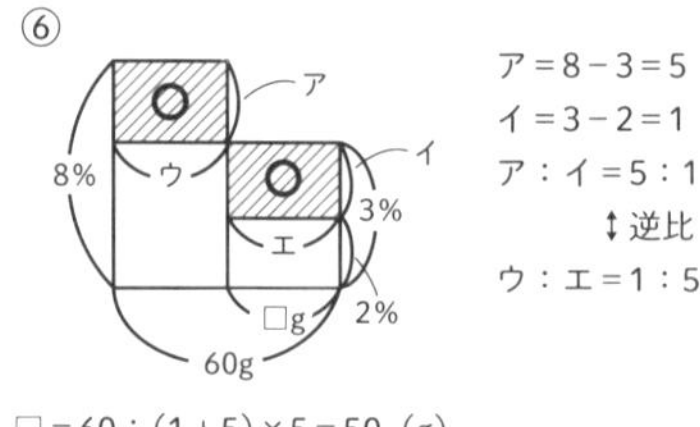

ア=8−3=5
イ=3−2=1
ア：イ=5：1
↕逆比
ウ：エ=1：5

□=60÷(1+5)×5=50 (g)

⑦

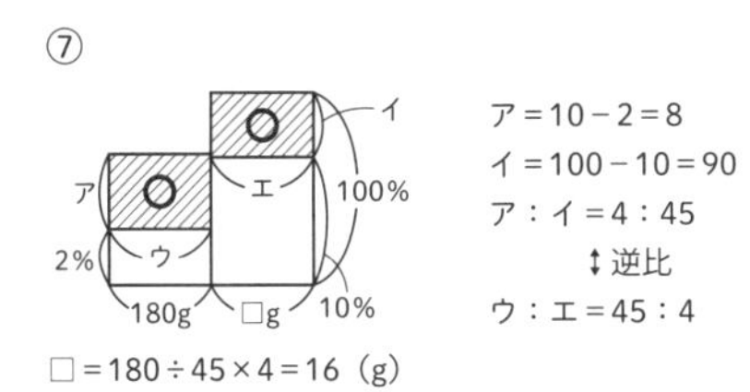

ア＝10－2＝8
イ＝100－10＝90
ア：イ＝4：45
↕逆比
ウ：エ＝45：4

□＝180÷45×4＝16（g）

［参考］斜線部分の面積を求めることもできます。

⑧

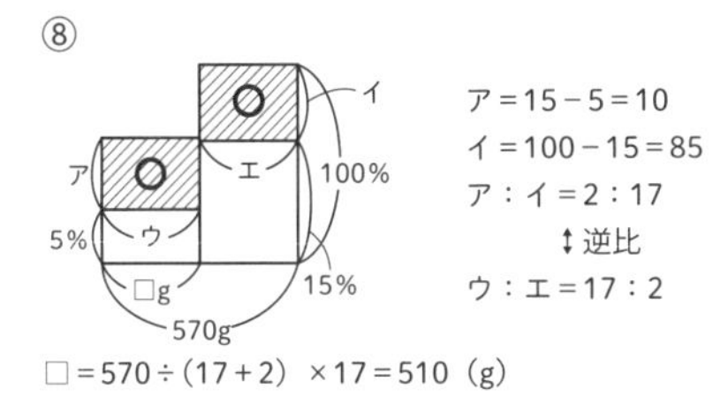

ア＝15－5＝10
イ＝100－15＝85
ア：イ＝2：17
↕逆比
ウ：エ＝17：2

□＝570÷（17＋2）×17＝510（g）

⑨

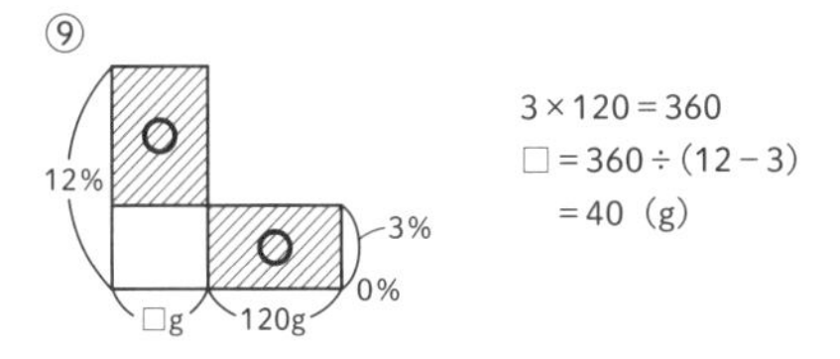

3×120＝360
□＝360÷（12－3）
＝40（g）

難問に挑戦！

p.120

答え

容器A…3%，容器B…15%

容器Bから取り出す食塩水を120gにそろえることを考えます。

容器Aから30g，容器Bから60gを取り出す作業を2回繰り返すと，容器Aから60g，容器Bから120gを取り出すことになり，できた食塩水の濃さは11％になります。容器Aから40g，容器Bから120gを取り出して混ぜた食塩水の濃さは12％なので，まとめると下のようになります。これを消去算の要領で考えます。

A 60g ＋B 120g → 11％の食塩水が180g
A 40g ＋B 120g → 12％の食塩水が160g

11％の食塩水180gにふくまれる食塩の重さは，180×0.11＝19.8(g)，

12％の食塩水160gにふくまれる食塩の重さは，160×0.12＝19.2(g)

よって，容器Aの中の食塩水，60－40＝20(g)にふくまれる食塩の重さは，19.8－19.2＝0.6(g) とわかります。

容器Aの中の食塩水の濃さは，0.6÷20×100＝3(％)

容器Bの中の食塩水の濃さは，(19.2－40×0.03)÷120×100＝15(％)

第 4 章

① 旅人算 p.122 ～ p.127

答え

［類題 1］

❶ 4分後　❷ 20分後

［類題 2］

❶ 16分後，1200m　❷ 900m

［類題 1］

❶ 600÷(90＋60)＝4(分後)

❷ 600÷(90－60)＝20(分後)

［類題 2］

❶ すれ違(ちが)うまでに歩いた道のりの差は，240×2＝480(m)　480mの差ができるまでにかかる時間は，480÷(90－60)＝16(分)　すれ違うまでに弟が歩いた道のりは，60×16＝960(m)　よって，家から駅までの道のりは，960＋240＝1200(m)

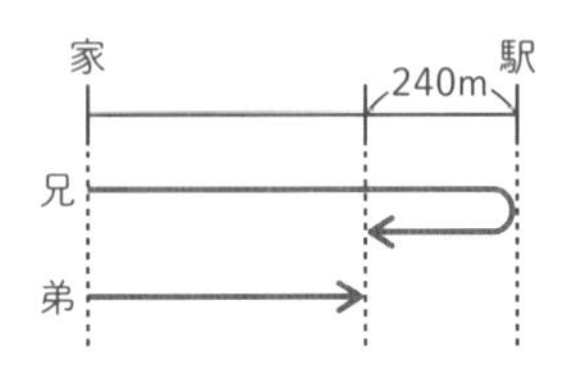

❷ 2人がすれ違うまでに歩いた道のりの和は，(90＋60)×12＝1800(m)　これは家から学校までの道のりの往復分にあたる。よって，家から学校までの道のりは，1800÷2＝900(m)

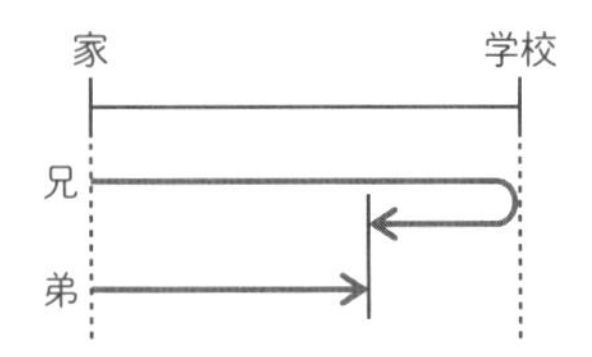

旅人算の練習問題 基本編

答え

1 (1) 5分後　(2) 7.5分後
2 (1) 午前7時11分　(2) 450m
3 20分後，200m
4 4分後
5 (1) 5分後　(2) 50m
6 6分後，100m
7 (1) 3秒後　(2) 9秒後

1 (1)　1.2km＝1200m　1200÷(150＋90)＝5

(2)　2km＝2000m

2人が進む道のりの和は，

2000－200＝1800(m)

よって，1800÷(150＋90)＝7.5(分後)

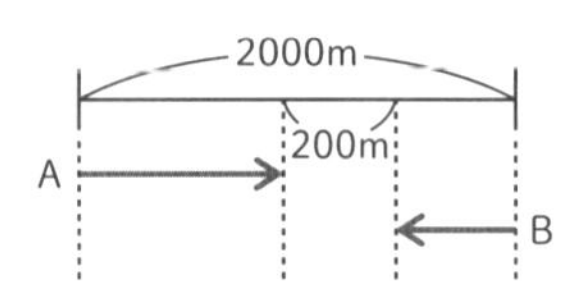

2 (1)　お母さんが家を出るとき，めいさんは家から，50×6＝300(m)進んでいる。下の図は午前7時6分の2人の位置で，ここからお母さんがめいさんに追いつくまでにかかる時間は，300÷(110－50)＝5(分)　よって，追いつく時刻は，6＋5＝11より，午前7時11分。

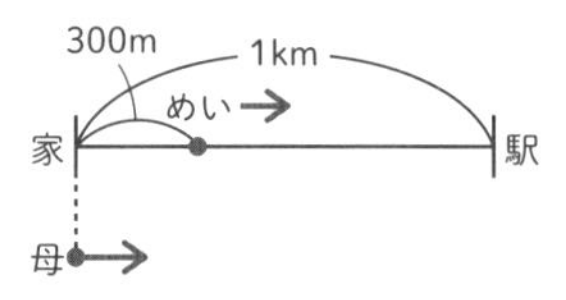

(2)　お母さんが5分で進む道のりは，110×5＝550(m)　1km＝1000mだから，駅までの道のりは，1000－550＝450(m)

3　AさんがBさんに1周差をつければ，Aさんは1周遅(おく)

れのBさんに追いつくことになる。2人が進む道のりは1分間に，150－70＝80(m)差がつく。よって，AさんがBさんに追いつくのは，1600÷80＝20(分後) このとき，Bさんが進んだ道のりは，70×20＝1400(m) よって，AさんがBさんに追いついた地点は，出発点から，1600－1400＝200(m)離れた地点である。

4 兄と弟がすれ違うまでに進んだ道のりの差は，180×2＝360(m) 2人が進む道のりは1分間に，180－90＝90(m)ずつ差がつく。よって，すれ違ったのは出発してから，360÷90＝4(分後)

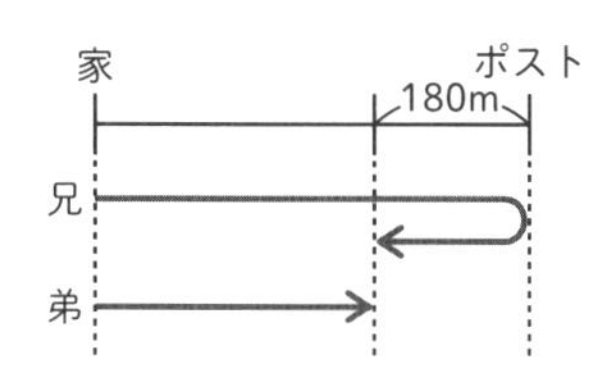

5(1) すれ違うまでに2人が走った道のりの和は，700×2＝1400(m) よって，1400÷(150＋130)＝5(分後)

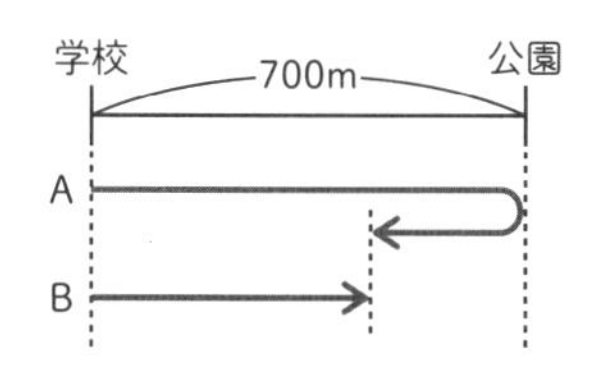

(2) Bさんが走った道のりは，130×5＝650(m)
よって，2人がすれ違った地点から公園までの道のりは，700－650＝50(m)

6 下の図にようになる。2人が2回目にすれ違うまでに進んだ道のりの和は，500×3＝1500(m) よって，2人が2回目にすれ違うのは，1500÷(150＋100)＝6(分後) このとき，妹が進んだ道のりは，100×6＝600(m)
よって，家からの道のりは，600－500＝100(m)

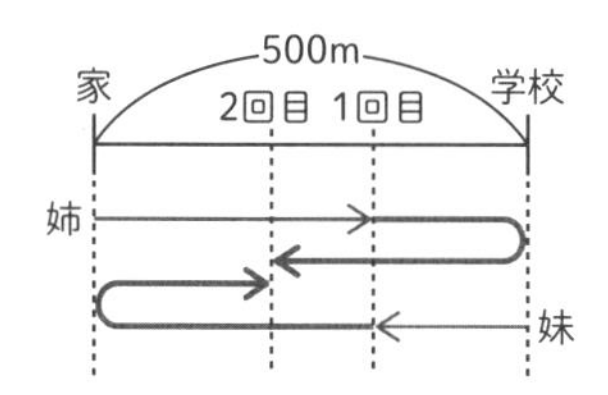

7(1) 出発したとき，点Pと点Qの間の道のりは，15＋12＝27(cm) よって，27÷(5＋4)＝3(秒後)
(2) 点P，Qがはじめて重なってから2回目に重なるまでに，点P，Qが動く長さの和は長方形ABCDの周の長さ54cmとなる。よって，点P，Qがはじめて重なってから2回目に重なるまでにかかる時間は，54÷(5＋4)＝6(秒) したがって，2つの点P，Qが出発してから，3＋6＝9(秒後)

旅人算の練習問題
発展編

答え

❶ 80m
❷ 姉…分速90m，弟…分速60m
❸ 2925m
❹ ア…8，イ…600
❺ ア…8，イ…560
❻ ア…67.5，イ…4.5

❶ 兄と弟が１回目に出会うのは，２人が出発してから，200÷(90＋60)＝$\frac{4}{3}$(分後) よって，下の図のアの道のりは，60×$\frac{4}{3}$＝80(m)
２回目に出会うのは，２人が出発してから，200×３÷(90＋60)＝４(分後) よって，図のイの道のりは，60×４－200＝40(m) ウは，200－(80＋40)＝80(m)

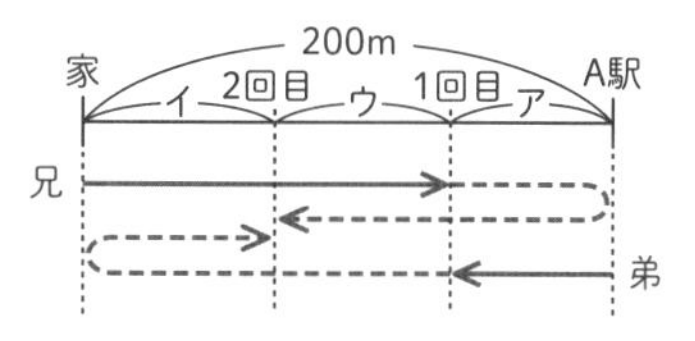

❷ 姉と弟の分速の和は，1200÷8＝150(m) 分速の差は，1200÷40＝30(m) よって，2人の分速は，下の図のように表すことができる。弟の分速は，(150－30)÷2＝60(m) 姉の分速は，60＋30＝90(m)

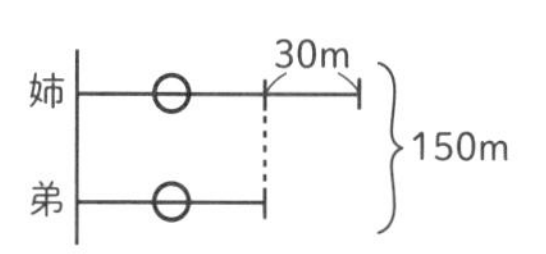

第4章 速さに関する問題

❸ AとCが出会ったとき，3人の位置は次の図のようになる。このとき，図のアの長さは，この3分後にBとCが出会うことより，(50＋80)×3＝390(m)

AとBの進んだ道のりの差が390mになるのは，出発してから，390÷(70－50)＝19.5(分後)　このとき，AとCの進んだ道のりの和が池の周囲の長さとなるので，池の周囲の長さは，(70＋80)×19.5＝2925(m)

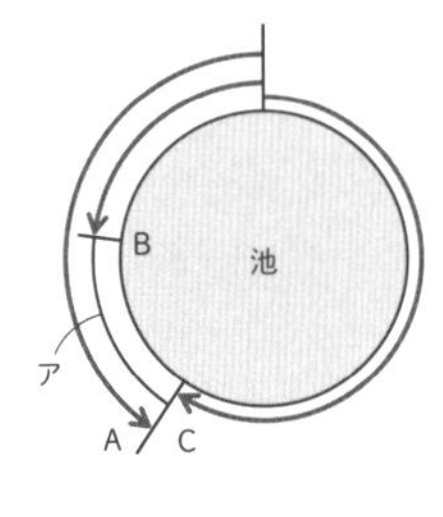

❹ 姉の分速は，900÷(10.5－3)＝120(m)　妹の分速は，900÷12＝75(m)　姉が家を出発したとき，妹は家から，75×3＝225(m)進んでいるので，姉が妹に追いつくのは，出発してから，225÷(120－75)＝5(分後)　アは妹が出発してから姉に追いつかれるまでの時間を表しているので，3＋5＝8(分)　また，イは5分で姉が進んだ道のりを表しているから，120×5＝600(m)

❺ 兄の分速は，1400÷($10\frac{2}{3}$－4)＝210(m)　弟の分速は，1400÷20＝70(m)　兄が駅を出発したとき，弟は70×4＝280(m)進んでいるので，兄と弟の間の道のりは，1400－280＝1120(m)になっている。よって，2人がすれ違う(ちが)のは，兄が出発してから，1120÷(210＋70)＝4(分後)　アは弟が出発してから2人がすれ違うまでの時間を表しているので，4＋4＝8(分)　イはその8分間に弟が進んだ道のりなので，70×8＝560(m)

❻ 30km＝30000mなので，バスAの分速は，30000÷30＝1000(m)，バスBの分速は，30000÷50＝600(m)である。バスAがQ地を最初に出発するのはP地を出発してから，30＋12＝42(分後)なので，バスBが最初にP地を出発したときにバスAは，1000×(60－42)＝18000(m)進んでいる。よって，バスBがバスAとすれ違うのは，最初にP地を出発してから，(30000－18000)÷(1000＋600)＝7.5(分後)　よって，アにあてはまる時間は，60＋7.5＝67.5(分)　イにあてはまる道のりは、600×7.5＝4500(m)より，4.5(km)

② 通過算

p.128 ～ p.133

答え

［類題1］
❶ 5秒　❷ 1440m
［類題2］
❶ 7秒　❷ 63秒

［類題1］

❶ 90÷18＝5(秒)

❷ 1分25秒＝85秒

右の図で，アの長さは，18×85＝1530(m)　トンネルの長さは，1530－90＝1440(m)

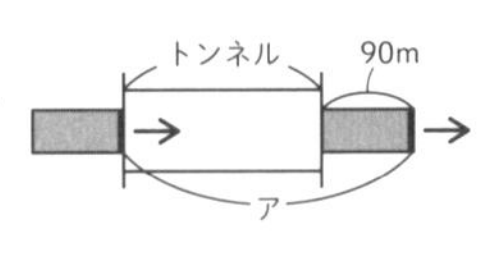

［類題2］

❶ (110＋142)÷(16＋20)＝7(秒)

❷ (110＋142)÷(20－16)＝63(秒)

通過算の練習問題 基本編

答え

1 (1) 8秒　(2) 1分10秒　(3) 1分32秒
2 (1) 秒速14m　(2) 765m
3 時速45km，400m
4 (1) 毎秒25m　(2) 125m
5 (1) 6秒　(2) 26秒
6 (1) 7秒　(2) 9秒

1 (1)　120÷15＝8(秒)

(2)　(930＋120)÷15＝70(秒)　70秒＝1分10秒

(3)　右の図で，アの長さは，1500－120＝1380(m)

1380÷15＝92(秒)　92秒＝1分32秒

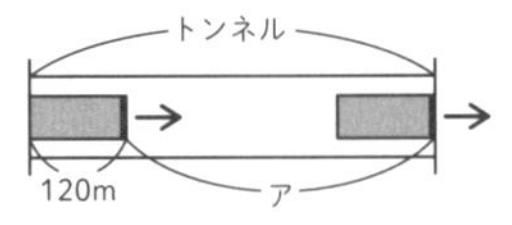

2(1)　5分30秒＝330秒　(4475＋145)÷330＝14

(2)　1分5秒＝65秒　下の図で，アの長さは，14×65＝910(m)　よって，鉄橋の長さは，910－145＝765(m)

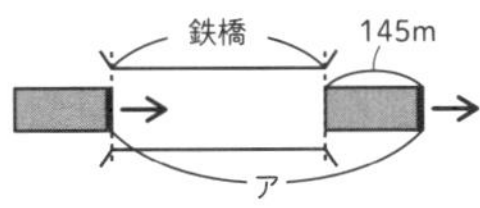

3　この電車の秒速は，100÷8＝12.5(m)　12.5×60×60＝45000(m)より，時速45km。鉄橋の長さは，12.5×40－100＝400(m)

4(1)　右の図で，アとイの長さの差は，1200－725＝475(m)　アとイを進むのにかかった時間の差は，53－34＝19(秒)　よって，この電車の秒速は，475÷19＝25(m)

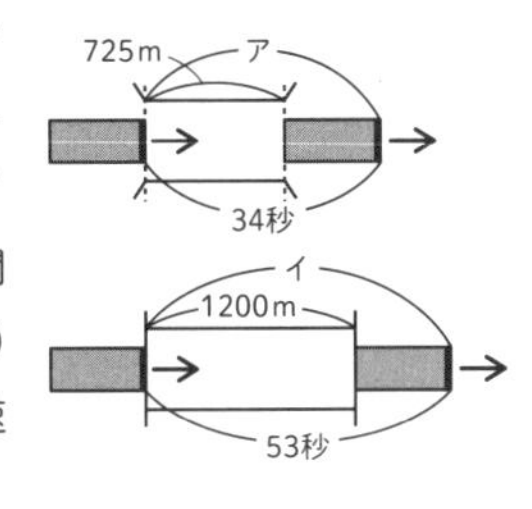

(2)　(1)の図のアの長さから725mを引いて，25×34－725＝125(m)

5(1)　(140＋94)÷(24＋15)＝6(秒)

(2)　(140＋94)÷(24－15)＝26(秒)

6(1)　9000÷(60×60)＝2.5より，時速9km＝秒速2.5m　72000÷(60×60)＝20より，時速72km＝秒速20m

人を長さが0mの電車と考えて公式にあてはめればよい。(157.5＋0)÷(20＋2.5)＝7(秒)

(2)　(157.5＋0)÷(20－2.5)＝9(秒)

通過算の練習問題
発展編

答え

❶ (1) 1170m　(2) 12秒後

❷ (1) 32秒後　(2) 1分36秒

❸ (1) 毎秒15m　(2) 60m

❹ 毎秒15m

❺ 電車A…秒速27m，電車B…秒速23m

❶(1)　右の図のようになる。144000÷(60×60)＝40，90000÷(60×60)＝25より，時速144km＝秒速40m，時速90km＝秒速25m　トンネルの長さは，(40＋25)×18＝1170(m)

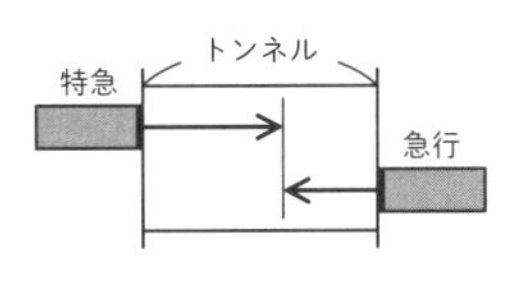

(2)　右の図のように，特急電車の長さだけ差がつけば追い越し終わることになる。

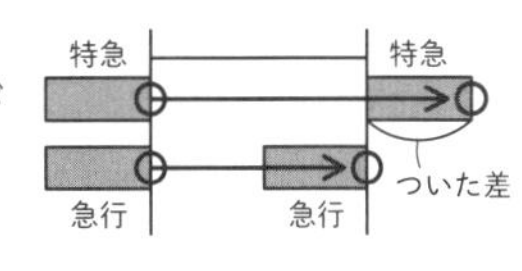

よって，180÷(40－25)＝12(秒後)

❷(1)　72000÷(60×60)＝20，54000÷(60×60)＝15より，時速72km＝秒速20m，時速54km＝秒速15m　2つの電車がすれ違い始めるまでに進んだ距離の和は840m。すれ違い終わるまでには公式①より，2つの電車の長さの和の，150＋130(m)進む。よって，(840＋150＋130)÷(20＋15)＝32(秒後)

(2)　急行が普通電車に追いつくまでに200m，そこから追い越すまでは公式②より，150＋130(m)だけ急行が普通電車より長く動かなければならない。よって，かかる時間は，(200＋150＋130)÷(20－15)＝96(秒)　96秒＝1分36秒

❸(1)　右の図のように，鉄橋とトンネルを接続して考える。電車の秒速は，(300＋450)÷(24＋26)＝15(m)

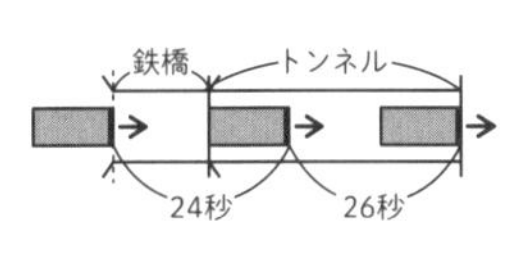

(2)　15×24－300＝60(m)

❹　右の図のように鉄橋を通過するので，特急電車の秒速は，300÷12＝25(m)　A君を長さ0mの電車と考え，貨物列車の秒速を□mとすると，すれ違うのに3秒かかることから，(0＋120)÷(25＋□)＝3　よって，25＋□＝120÷3＝40，□＝40－25＝15

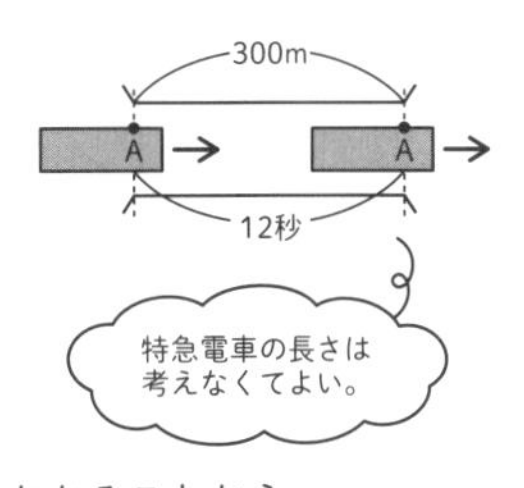

❺　電車Aと電車Bがすれ違うのにかかる時間が4.8秒であることより，(123＋117)÷(AとBの秒速の和)＝4.8

これより，(AとBの秒速の和)＝240÷4.8＝50(m)

電車Aが電車Bを追い越すのにかかる時間が60秒であることより，(123＋117)÷(AとBの秒速の差)＝60

これより，(AとBの秒速の差)＝240÷60＝4(m)

次の図より，電車Bの秒速は，(50－4)÷2＝23(m)

電車Aの秒速は，23＋4＝27(m)

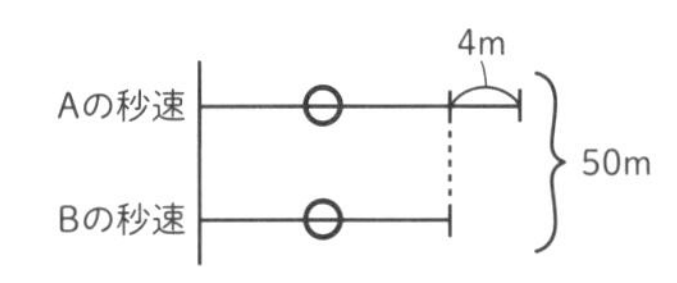

③ 時計算

p.134 ~ p.139

答え

［類題１］
116度
［類題２］
❶ 4時$21\frac{9}{11}$分　❷ 4時$54\frac{6}{11}$分

［類題１］

下の図で，アの角度は，$6\times2=12$(度)，イの角度は，$30\times3=90$(度)，ウの角度は，$0.5\times(60-32)=14$(度)よって，$12+90+14=116$(度)

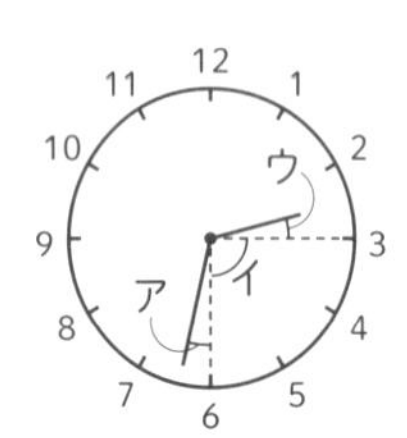

［類題２］

❶ 4時ちょうどのときの長針と短針の間の角の大きさは，$30\times4=120$(度)　$120\div(6-0.5)=120\div5\frac{1}{2}=21\frac{9}{11}$ より，4時$21\frac{9}{11}$ 分

❷ 長針が短針に追いついて，さらに180度引き離(はな)すまでの時間を求めればよい。$(120+180)\div(6-0.5)=300\div5\frac{1}{2}=54\frac{6}{11}$ より，4時$54\frac{6}{11}$ 分

時計算の練習問題 基本編

答え

1 (1)　149(度)　(2)　89.5(度)　(3)　68(度)　(4) 104(度)　(5) 42(度)　(6)　111(度)　(7) 96(度)　(8) 63.5(度)

2 231.5(度)

3 (1)　7時$38\frac{2}{11}$分　(2)　1時$5\frac{5}{11}$分

4 (1)　1回目…3時$5\frac{5}{11}$分，2回目…3時$27\frac{3}{11}$分　(2)　1回目…10時$5\frac{5}{11}$分，2回目…10時$38\frac{2}{11}$分

5 (1)　8時$10\frac{10}{11}$分　(2)　2時$43\frac{7}{11}$分　(3)　$32\frac{8}{11}$分

1(1)　下の図で，ア…$0.5\times22=11$(度)，イ…$30\times4=120$(度)，ウ…$6\times(25-22)=18$(度)　よって，$11+120+18=149$(度)

(2)　下の図で，ア…$0.5\times11=5.5$(度)，イ…$30\times2=60$(度)，ウ…$6\times(15-11)=24$(度)　よって，$5.5+60+24=89.5$(度)

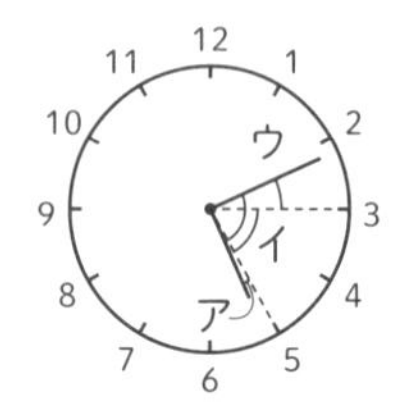

(3)　下の図で，ア…$0.5\times4=2$(度)，イ…$30\times2=60$(度)，ウ…$6\times(5-4)=6$(度)　よって，$2+60+6=68$(度)

(4)　次の図で，ア…$0.5\times(60-8)=26$(度)，イ…$30\times2=60$(度)，ウ…$6\times(8-5)=18$(度)　よって，$26+60+18=104$(度)

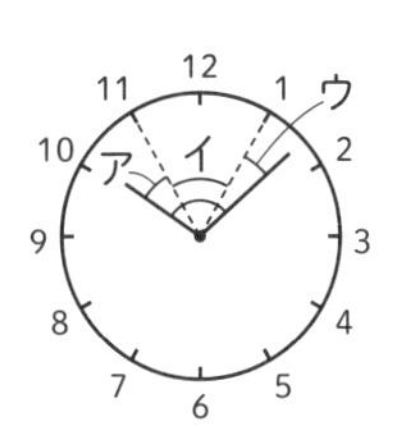

(5)　下の図で，ア…0.5×36＝18(度)，イ…6×(40−36)＝24(度)
よって，18＋24＝42(度)

(6)　下の図で，ア…0.5×18＝9(度)，イ…30×3＝90(度)，ウ…6×(20−18)＝12(度)　よって，9＋90＋12＝111(度)

(7)　下の図で，ア…6×(50−48)＝12(度)，イ…30×2＝60(度)，ウ…0.5×48＝24(度)　よって，12＋60＋24＝96(度)

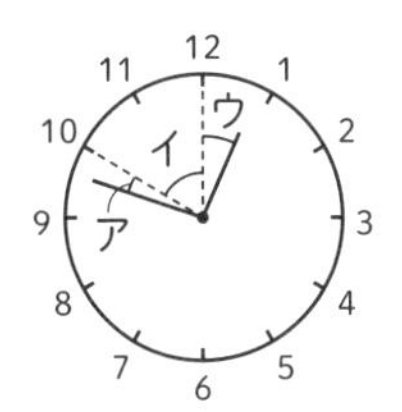

(8)　下の図で，ア…0.5×(60−17)＝21.5(度)，イ…30(度)，ウ…6×(17−15)＝12(度)　よって，21.5＋30＋12＝63.5(度)

2　次の図で，ア…6×(53−50)＝18(度)，イ…30×7＝210(度)，ウ…0.5×(60−53)＝3.5(度)　よって，18＋210＋3.5＝231.5(度)

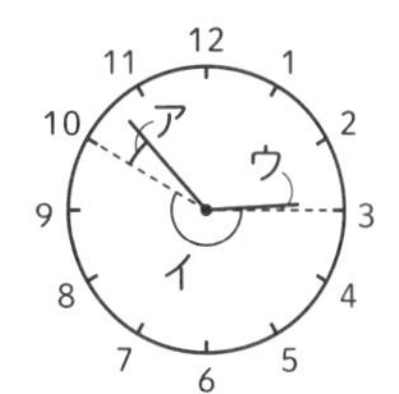

3(1)　7時ちょうどのときの長針と短針の間の角度は，30×7＝210(度)　長針と短針が重なるのはその，$210\div(6-0.5)=210\div5\frac{1}{2}=38\frac{2}{11}$（分後）
(2)　0時ちょうどから長針が短針に360度差をつけるのが何分後かを求める。$360\div(6-0.5)=360\div5\frac{1}{2}=65\frac{5}{11}$（分後）　0時の$65\frac{5}{11}$分後は，1時$5\frac{5}{11}$分

4(1)　3時ちょうどのとき，長針と短針の間の角度は，30×3＝90(度)　90−60＝30より，1回目は2つの針の間の角度が90度より30度小さくなったときなので，3時の，$30\div(6-0.5)=30\div5\frac{1}{2}=5\frac{5}{11}$（分後）
また，90＋60＝150より，2回目は3時ちょうどのときから長針が短針より150度多く動いたときなので，3時の，$150\div(6-0.5)=150\div5\frac{1}{2}=27\frac{3}{11}$（分後）
(2)　下の図で，10時ちょうどのときのアの角度は，30×2＝60(度)　1回目はこれが90度に広がるときなので，10時の，$(90-60)\div(6-0.5)=30\div5\frac{1}{2}=5\frac{5}{11}$（分後）
また，イの角度は，30×10＝300(度)　2回目はこれが90度になるときなので，10時の，$(300-90)\div(6-0.5)=210\div5\frac{1}{2}=38\frac{2}{11}$（分後）

5(1)　8時ちょうどのときの長針と短針の間の角度は，30×8＝240(度)　240−180＝60より，反対側に一直線になるのは，間の角度が60度小さくなったときなので，8時の，$60\div(6-0.5)=60\div5\frac{1}{2}=10\frac{10}{11}$（分後）　また，長針と短針が重なった後，9時までに両針が反対側に一直線になることはない。
(2)　2時ちょうどのときの長針と短針の間の角度は，30×2＝60(度)　ここから，長針が短針に追いついて

さらに間の角を180度に広げるのは，$(60+180)\div(6-0.5)=240\div5\frac{1}{2}=43\frac{7}{11}$（分後）

(3)　下の図１のとき，長針が短針に追いついてさらに90度引き離すには，長針の動く角度が短針よりも，$90+90=180$(度)多くなればよい。図２のとき，アの角度(270度)を90度にするには，長針が短針より，$270-90=180$(度)多く動けばよい。どちらの場合も次に90度になるまでにかかる時間は，$180\div(6-0.5)=180\div5\frac{1}{2}=32\frac{8}{11}$（分）

図1

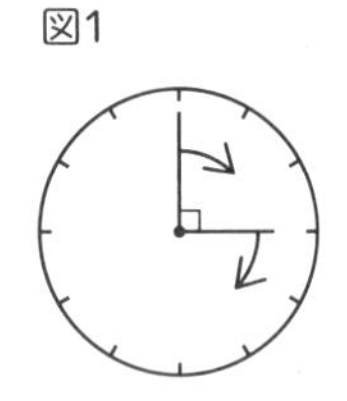

図2

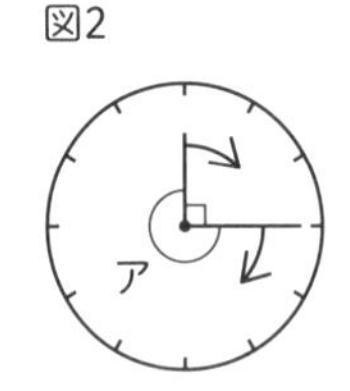

時計算の練習問題
発展編

答え

❶ (1) 1時5分$27\frac{3}{11}$秒　(2) 1時21分$49\frac{1}{11}$秒　(3) 1時38分$10\frac{10}{11}$秒

❷ (1) 5時15分　(2) 3月6日の午前3時20分

❸ 午後3時12分

❹ 3時35分

❺ 4時$36\frac{12}{13}$分

❻ 8時$52\frac{4}{23}$分

❶(1)　1時ちょうどのときの長針と短針の間の角度は30度。長針と短針が重なるのはその，$30\div(6-0.5)=30\div5\frac{1}{2}=5\frac{5}{11}$（分後）　1分＝60秒だから，$\frac{5}{11}$分は，$60\times\frac{5}{11}=27\frac{3}{11}$（秒）

(2)　長針が短針を追い越して90°先に進んだとき，2つの針のつくる角が90°になるので，$(30+90)\div(6-0.5)=120\div5\frac{1}{2}=21\frac{9}{11}$（分後）　$\frac{9}{11}$分は，$60\times\frac{9}{11}=49\frac{1}{11}$（秒）

(3)　長針が短針を追い越して180°先に進んだとき，長針と短針が一直線になるので，$(30+180)\div(6-0.5)=210\div5\frac{1}{2}=38\frac{2}{11}$（分後）　$\frac{2}{11}$分は，$60\times\frac{2}{11}=10\frac{10}{11}$（秒）

❷(1)　3月5日の午後3時から3月6日の午前6時までの時間は15時間。この間にAさんの腕時計は，$3\times15=45$(分)遅れるので，$60-45=15$より，5時15分を指している。

(2)　正しい時刻とAさんの腕時計が同じ時間に進む時間の比は，60分：57分＝20：19　Aさんの腕時計が初めて2時43分を指すのは，3月5日の午後3時から11時間43分後なので，703分後。これがさきほどの比の19にあたるので，比の1にあたる時間は，$703\div19=37$(分)　正しい時刻はAさんの腕時計の時刻より37分進んでいる。2時43分＋37分＝3時20分だから，正しい時刻は，3月6日の午前3時20分。

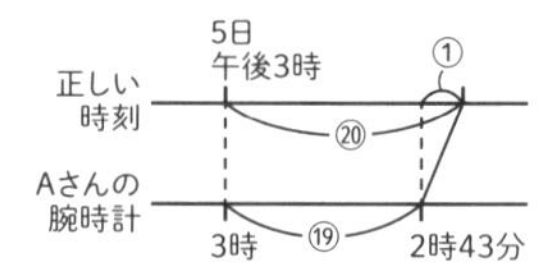

❸　午前8時から午後8時までの時間は12時間。下の図のようにすずかさんの時計上の時刻は進んでいく。図の③にあたる時間は，$12\times\frac{3}{3+2}=7\frac{1}{5}$（時間）　1時間は60分なので，$\frac{1}{5}$時間は，$60\times\frac{1}{5}=12$(分)　よって，すずかさんの時計が正しい時刻を指していたのは午前8時の7時間12分後の午後3時12分。

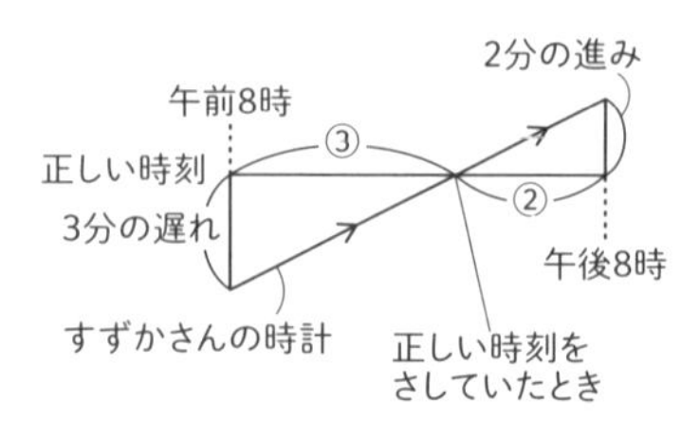

❹　下の図で，アの角度が102.5度だから，イの角度は，$30\times4-102.5=17.5$(度)　$17.5\div0.5=35$より，短針が35分動いたとわかるので，図のウの文字盤の数は7。よって，文字盤の12の位置はエとわかる。したがって，時計は3時35分を指している。

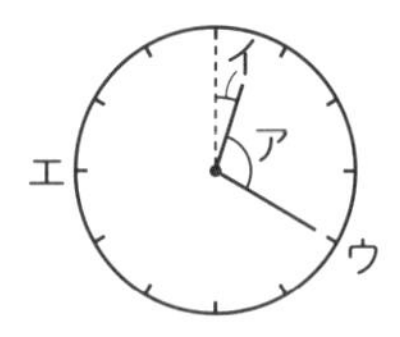

❺　短針は4と5の間を指しているので，2つの針は次の図のような位置にある。アは長針が，イは短針が4時からこの時刻までに動いた角で，角イと角ウの大きさは等しい。よって，ア＋イ＝ア＋ウで，その大きさは，$30\times8=240$(度)となる。これより，長針と短針が4時以降に動いた角の大きさの和が240度であるこ

とがわかる。

2つの針の1分間に動く角度をたすと，$6+0.5=6.5$（度），$240 \div 6.5=36\frac{12}{13}$（分）　4時から$36\frac{12}{13}$分後に，2つの針の4時以降に動いた角の大きさの和が240度になる。よって時刻は4時$36\frac{12}{13}$分。

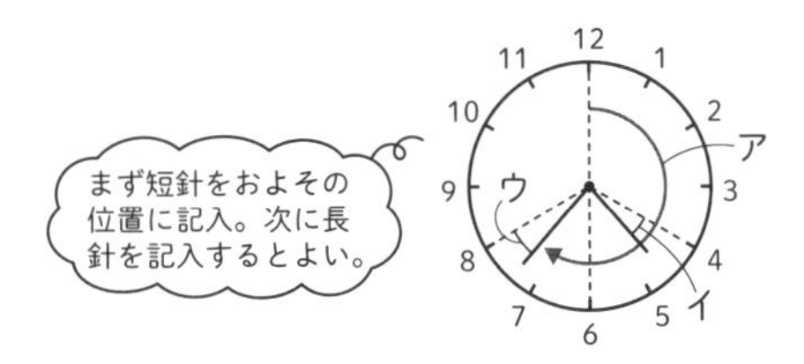

❻ 長針と短針が9時にある位置から反時計回りに動いていると考える。長針が1分間に6度の2倍の12度ずつ進んだとすると，図の短針の位置で短針に追いつくことになる。9時ちょうどのときの両針の間の角度は90度だから，2倍の速さで動いている長針が短針と重なるのは9時の，$90 \div (12-0.5)=90 \div 11\frac{1}{2}=7\frac{19}{23}$（分前）　$60-7\frac{19}{23}=52\frac{4}{23}$より，8時$52\frac{4}{23}$分。

［別解］時計の長針と短針が同じ時間に動く角の大きさの比は，6：0.5＝12：1　8時からこの時計の時刻まで，長針が動いた角度を⑫，短針が動いた角度を①とすると，120°－①＝(360°－⑫)×2となる。かっこをはずして，120°－①＝720°－㉔より，600°が㉓にあたるとわかる。このとき，①は，600÷23＝$\frac{600}{23}$（度）と求められる。よって，8時からこの時刻までに短針が動いた時間は，$\frac{600}{23} \div \frac{1}{2}=52\frac{4}{23}$（分）

特訓！ 時計算　角度の求め方

p.140 ～ p.141

答え

①55°	②80°	③102.5°	④77.5°
⑤141°	⑥83.5°	⑦31°	⑧122°
⑨74°	⑩151.5°	⑪111.5°	
⑫112°	⑬98.5°	⑭89.5°	

①　0.5°×50＝25°　30°

55°

②

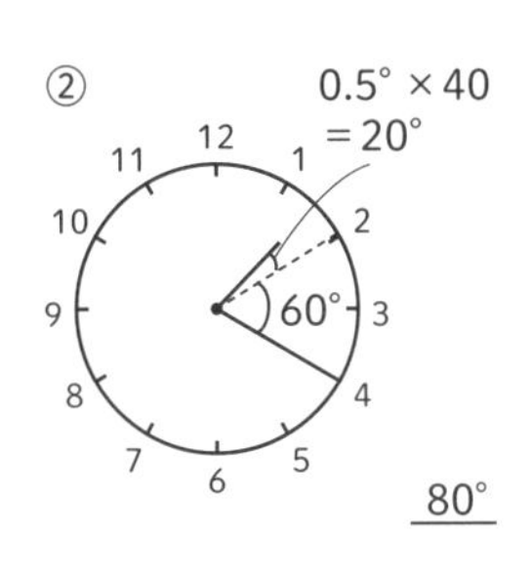

③

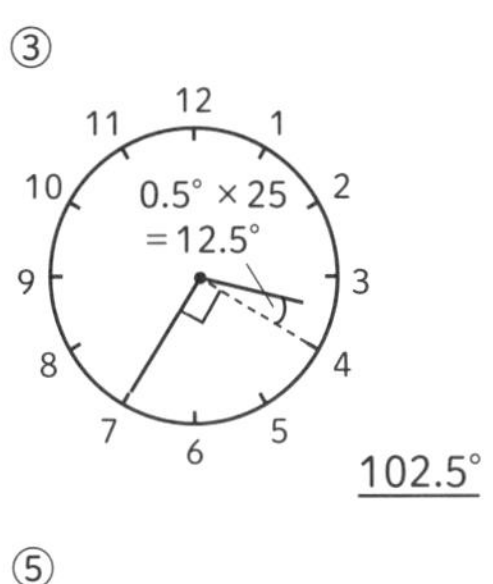

④

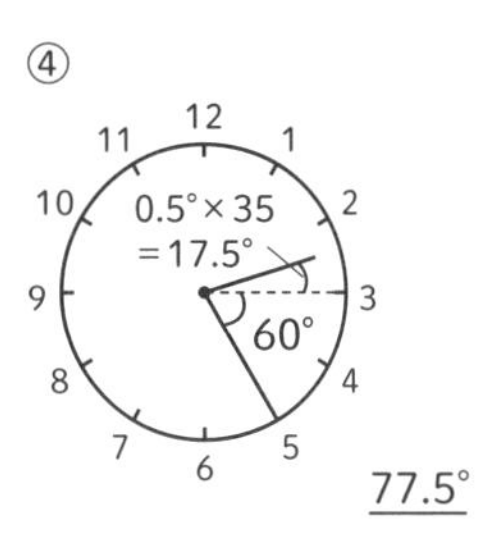

⑤

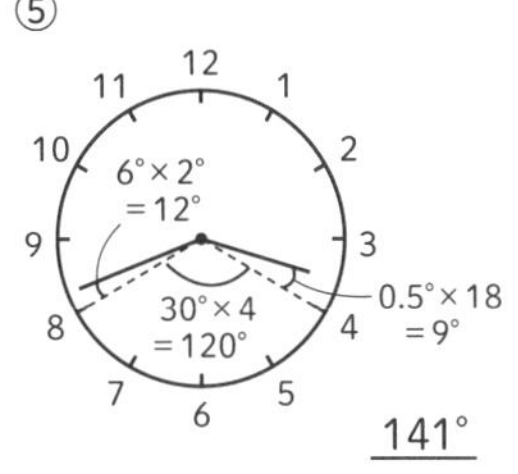

⑥

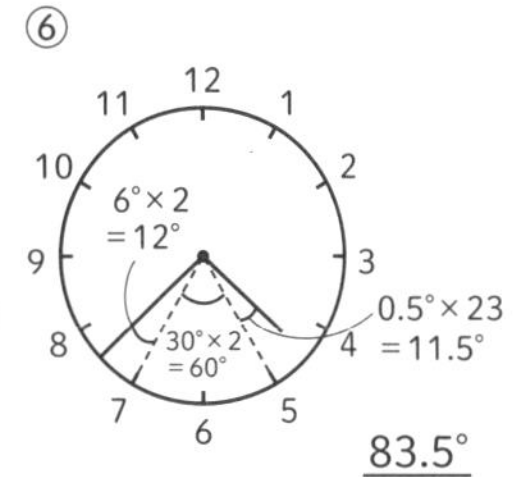

⑦

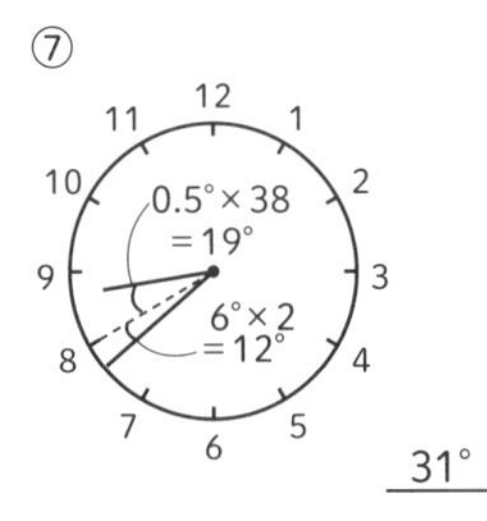

⑧

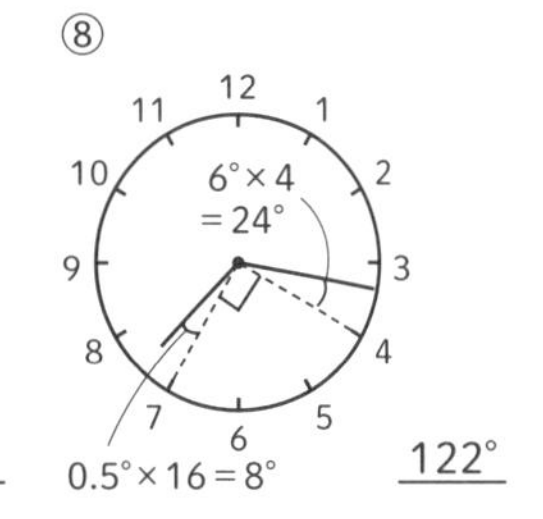

⑨

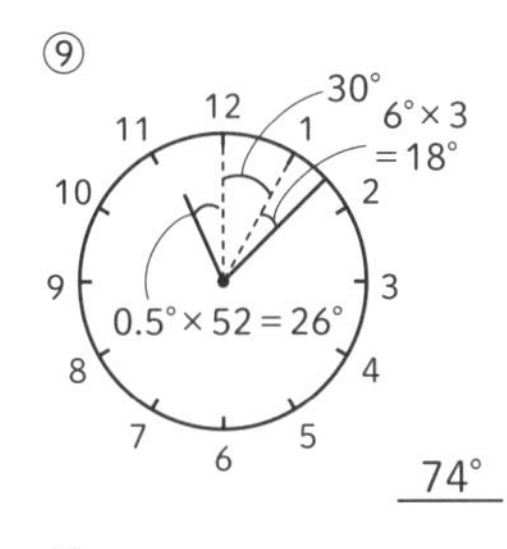

⑩

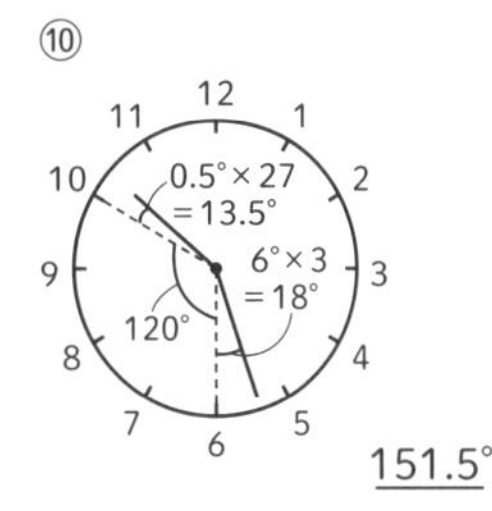

⑪

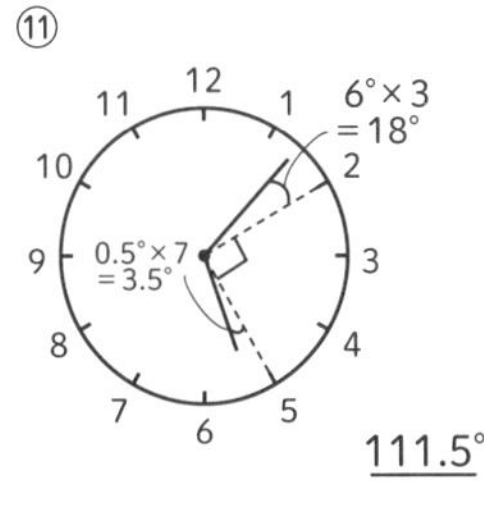

⑫

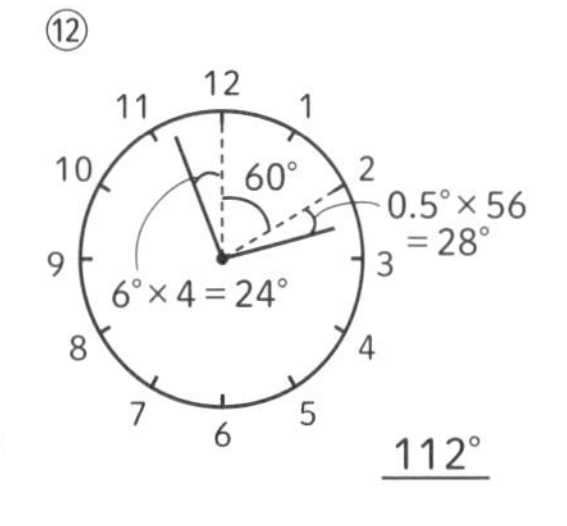

⑬

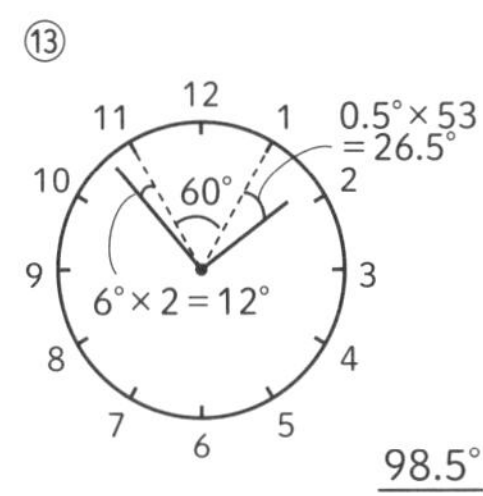

⑭

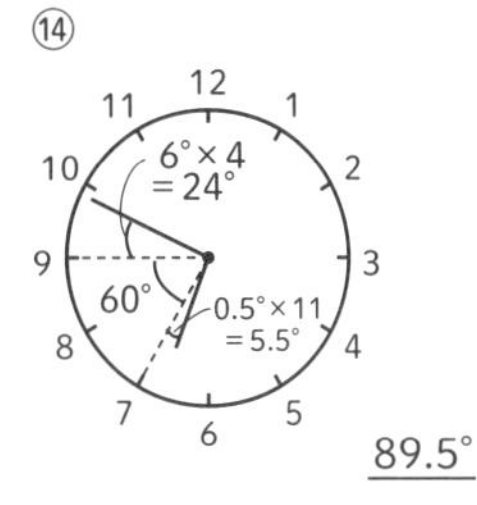

④ 流水算　p.142 ～ p.147

答え

［類題１］
3時間54分
［類題２］
❶ 毎分60m　❷ 毎分840m

［類題１］

A地からB地まで下るのにかかる時間は，120÷(65＋15)＝1.5(時間)　B地からA地まで上るのにかかる時間は，120÷(65－15)＝2.4(時間)　往復にかかる時間は，1.5＋2.4＝3.9(時間)　1時間＝60分だから，0.9時間は，60×0.9＝54(分)　よって，3時間54分。

［類題２］

❶ 下りの分速は，7020÷7.8＝900(m)　上りの分速は，7020÷9＝780(m)　よって，速さの関係は下の図のように表せる。　川の流れの分速は，(900－780)÷2＝60(m)

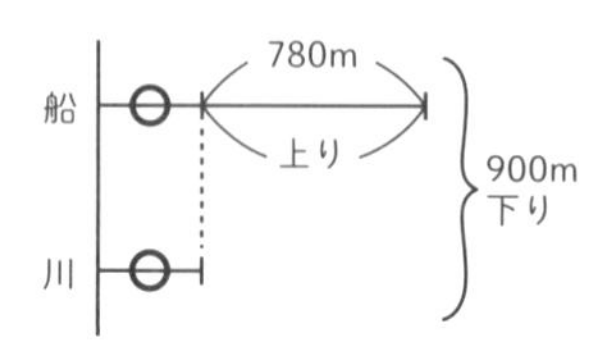

❷ 川の流れの分速に上りの分速を加えて，60＋780＝840(m)

流水算の練習問題
基本編

答え

1 (1) 1時間　(2) 1時間20分
2 (1) 1分15秒　(2) 3分45秒　(3) 16分
3 (1) 毎分100m　(2) 毎分500m
4 毎分420m
5 毎分600m
6 (1) B地　(2) 船の静水時の速さ…毎分300m，川の流れの速さ…毎分60m

1 (1)　A地からB地までは下りなので，速さは毎時，75＋5＝80(km)
よって，かかる時間は，80÷80＝1(時間)
(2)　B地からA地までは上りなので，速さは毎時，65－5＝60(km)
よって，かかる時間は，80÷60＝$1\frac{1}{3}$（時間）　$\frac{1}{3}$時間は，60×$\frac{1}{3}$＝20(分)

2 (1)　かかる時間は，150÷(80＋40)＝$1\frac{1}{4}$（分）
$\frac{1}{4}$分は，60×$\frac{1}{4}$＝15(秒)　よって，1分15秒
(2)　かかる時間は，150÷(80－40)＝$3\frac{3}{4}$（分）
$\frac{3}{4}$分は，60×$\frac{3}{4}$＝45(秒)　よって，3分45秒
(3)　A地からB地までは，150÷(80＋70)＝1(分)
B地からA地までは，150÷(80－70)＝15(分)　よって，1＋15＝16(分)

3 (1)　2.4km＝2400mなので，下りの速さは毎分，2400÷4＝600(m)　上りの速さは毎分，2400÷6＝400(m)　下の図より，川の流れの速さは毎分，(600－400)÷2＝100(m)

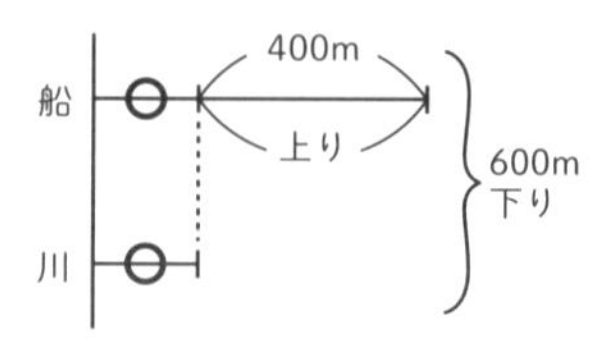

(2)　100＋400＝500

4　6km＝6000mなので，下りの速さは毎分，6000÷12＝500(m)　よって，船の静水時の速さは下りの速さから川の流れの速さをひいて，毎分，500－80＝420(m)

5　2分5秒＝125秒，1km＝1000mなので，船の上りの速さは毎秒，1000÷125＝8(m)　よって，船の静水時の速さは毎秒，8＋2＝10(m)　よって，毎分，10×60＝600(m)

6 (1)　B地からA地へ行く方がA地からB地へ行くよりかかる時間が短いので，B地の方が上流にある。
(2)　下りの速さは毎分，1800÷5＝360(m)　上りの速さは毎分，1800÷(12.5－5)＝240(m)　次の図より，川の流れの速さは毎分，(360－240)÷2＝60(m)　船の静水時の速さは毎分，60＋240＝300(m)

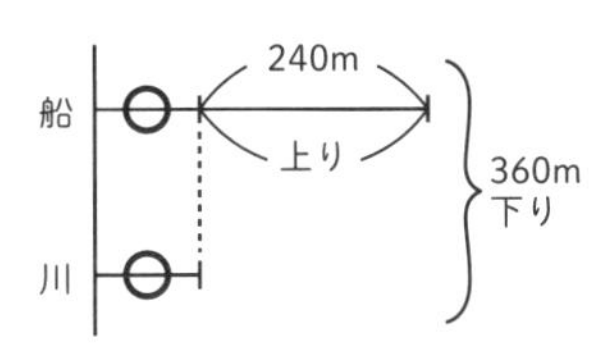

流水算の練習問題
発展編

答え

- ❶ **37分30秒**
- ❷ **ア…300，イ…50，ウ…21**
- ❸ **(1) 5倍 (2) 2時間40分**
- ❹ **(1) 5184m (2) 480m**
- ❺ **(1) 48段 (2) $21\frac{9}{11}$秒**

❶ 風がないときの飛行機の秒速は，450000÷(60×60)=125(m) 行きにかかった時間は，675000÷(125+25)=4500(秒) 帰りにかかった時間は，675000÷(125−25)=6750(秒) よって，帰りにかかった時間と行きにかかった時間の差は，6750−4500=2250(秒) 2250÷60=37あまり30より，37分30秒

❷ 下りの速さは毎分，14000÷40=350(m) 上りの速さは，毎分，14000÷56=250(m) 川の流れの速さは毎分，(350−250)÷2=50(m)…イ
船の静水時の速さは毎分，50+250=300(m)…ア
アを1.5倍にすると毎分，300×1.5=450(m)なので，帰りにかかる時間は，14000÷(450−50)=35(分)になる。56−35=21(分)…ウ

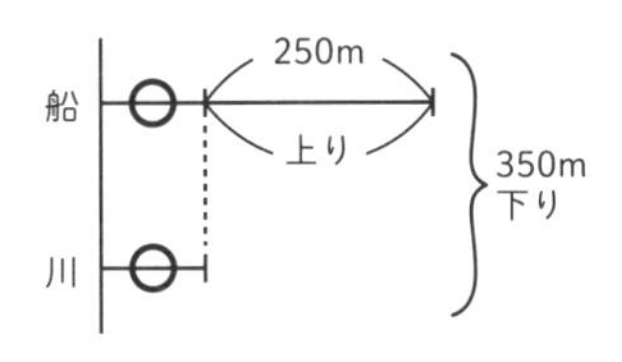

❸(1) 同じ道のりを進むとき，速さの比はかかる時間の比の逆比になる。行きと帰りにかかった時間の比は，80分：120分=2：3 ➜行きと帰りの速さの比は，3：2
行きの速さを③，帰りの速さを②とすると，次の図より，川の流れの速さは，(③−②)÷2=$\textcircled{0.5}$
このとき，船の静水時の速さは，$\textcircled{0.5}$+②=$\textcircled{2.5}$ よって，2.5÷0.5=5(倍)

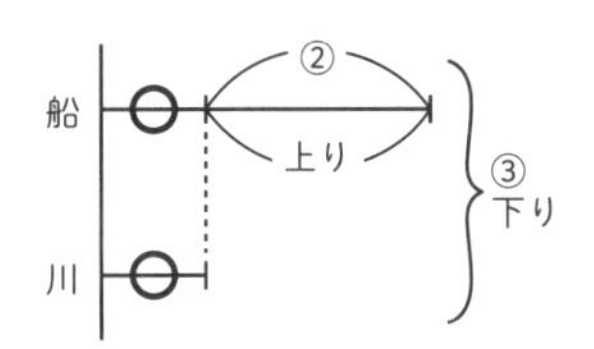

(2) 帰りの速さは，$\textcircled{2.5}$−$\textcircled{0.5}$×2=$\textcircled{1.5}$ よって，行きと帰りの速さの比は，3：1.5=2：1になる。このとき，かかる時間の比は速さの比の逆比になるので，1：2 よって，かかる時間は行きにかかった時間の2倍で，80×2=160(分) 160÷60=2あまり40より，2時間40分

❹(1) A船の下りの速さとB船の上りの速さの比は，
(300+60)：(300−60)=360：240=3：2
同じ時間に進む道のりの比は速さの比に等しいから，右の図のような位置ですれ違(ちが)うことになる。

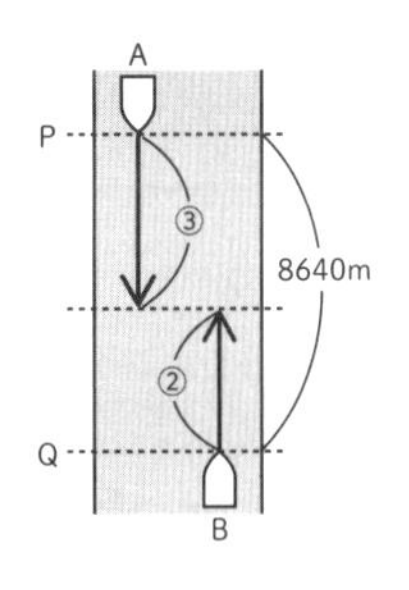

このとき，P地からの距離(きょり)は，8640×$\frac{3}{3+2}$=5184(m)
(2) エンジンが故障しなければA船がP地に到着(とうちゃく)するのは，Q地を出発してから，8640÷240=36(分後)
右の図のアの距離を往復する時間だけ余計にかかったことになり，その時間は，46−36=10(分)
同じ道のりを進むとき，速さの比とかかる時間の比は逆比になるので，アを上っていた時間と流されていた時間の比は，60：240=1：4 よって，川に流されていた時間は，10×$\frac{4}{1+4}$=8(分)
よって，アの距離は，60×8=480(m)

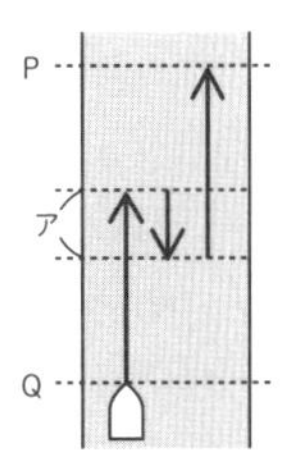

❺(1) 同じ道のりを進むとき，かかる時間の比と速さの比は逆比になる。

	(エスカレーター)		(エスカレーター + 歩き)
かかる時間	40	：	15
速　さ		：	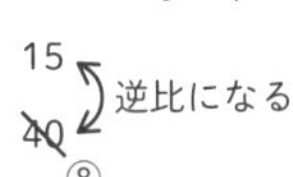

エスカレーターと歩きの速さの比は，③：(⑧−③)=③：⑤なので，1階から2階までにかかる時間の比は，(エスカレーター)：(歩き)=5：3となる。よって，エ

スカレーターが止まっているときに毎秒2段ずつ上ったときにかかる時間は，$40\div5\times3=24$(秒)　エスカレーターの1階から2階までの段数は，$2\times24=48$(段)

(2)　毎秒1段ずつ歩いて上がると，歩く速さは半分になるので，⑤÷2=㉕　動いているエスカレーター上を歩く速さは，③+㉕=⑤⑤となる。これとエスカレーターだけの速さの比は，5.5：3=11：6なので，1階から2階までにかかる時間の比は，6：11　したがって，かかる時間は，$40\times\frac{6}{11}=21\frac{9}{11}$(秒)

⑤ 比の利用・速さと比

p.148～p.153

答え

［類題1］
❶ 6：4：3　❷ 25枚
［類題2］
❶ 40m　❷ 360m

［類題1］

❶　$A\times0.4=B\times0.6$より，A：B=0.6：0.4=3：2
$B\times0.3=C\times0.4$より，B：C=0.4：0.3=4：3
Bを2と4の最小公倍数4にそろえると，右のように，A：B：C=6：4：3となる。

A		B		C
$3^{\times2}$	：	$2^{\times2}$		
		4	：	3
6	：	4	：	3

❷　(10円硬貨(こうか)だけの金額)：(50円硬貨だけの金額)=10×7：50×5=7：25　よって，50円硬貨だけの金額は，$1600\div(25+7)\times25=1250$(円)　したがって，50円硬貨の枚数は，$1250\div50=25$(枚)

［類題2］

❶　同じ道のりを進むとき，かかる時間の比と速さの比は逆比になる。家から学校まで競走したとき，兄と弟のかかった時間の比は，120：150=4：5　速さの比はこの逆比になるから，5：4

> 道のりを1とすると，かかる時間がa：bのとき，速さの比は，$\frac{1}{a}$：$\frac{1}{b}$=b：aとなる。

200m競走をしたとき，下の図のようになるから，200mが，5にあたる。同じ時間で4進んだ弟との差は1。1にあたる距離は，$200\div5=40$(m)

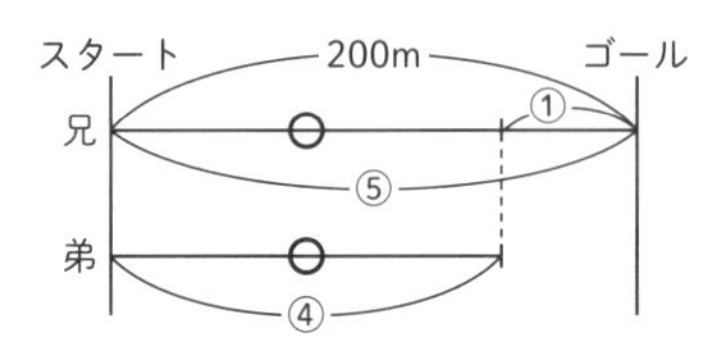

❷　行きと帰りの速さの比は，90：60=3：2　行きと帰りは同じ道のりを進むので，かかる時間の比は速さの比の逆比になり，2：3となる。よって，行きにかかった時間は，$10\div(2+3)\times2=4$(分)　家から学校までの道のりは，$90\times4=360$(m)

比の利用・速さと比の練習問題
基本編

答え

1 (1) 6：5　(2) 2：5
2 (1) 12：10：9　(2) 1：5：6
3 50円硬貨…20枚，100円硬貨…8枚
4 みかん…40円，りんご…100円
5 20m
6 4分10秒
7 (1) 午前8時10分　(2) 720m
8 $12\frac{12}{13}$分後

1(1)　A：B=$\frac{2}{5}$：$\frac{1}{3}$=6：5

> 分数の比を整数の比に直す方法
> (その1)　$\frac{2}{5}$：$\frac{1}{3}$=$\frac{6}{15}$：$\frac{5}{15}$=6：5
> 通分　分子をとる
> (その2)　$\frac{2}{5}$：$\frac{1}{3}$=2×3：1×5=6：5
> 分母を反対の項の分子にかける

(2)　$A\times0.35=B\times0.14$より，A：B=0.14：0.35=14：35=2：5

2(1)　B：C=10：9なので，Bを5と10の最小公倍数10とすると，A：B：C=12：10：9

(2)　$A\times3=B\times\frac{3}{5}=C\times\frac{1}{2}=1$とする。このとき，A，B，Cは，それぞれ3，$\frac{3}{5}$，$\frac{1}{2}$の逆数となるから，

$A:B:C=\frac{1}{3}:\frac{5}{3}:2=\frac{1}{3}:\frac{5}{3}:\frac{6}{3}=1:5:6$

3 (50円硬貨だけの金額):(100円硬貨だけの金額)＝50×5：100×2＝5：4　よって，100円硬貨だけの金額は，1800÷(5＋4)×4＝800(円)　100円硬貨の枚数は，800÷100＝8(枚)だから，50円硬貨の枚数は，8÷2×5＝20(枚)

4 (みかん15個の代金):(りんご8個の代金)＝2×15：5×8＝3：4　よって，みかん15個の代金は，1400÷(3＋4)×3＝600(円)　みかん1個の代金は，600÷15＝40(円)　りんご1個の代金は，40÷2×5＝100(円)

5 家から郵便局まで，姉と妹のかかった時間の比は，2分40秒：3分20秒＝160秒：200秒＝4：5
同じ道のりを進むとき，速さの比はかかる時間の比の逆比になるから，姉と妹の速さの比は5：4。同じ時間進むとき，進む道のりの比と速さの比は等しいので，2人の100m競走の様子は下の図のようになる。よって，姉がゴールインしたとき，妹のいる地点からゴールまでの道のりは，100÷5＝20(m)

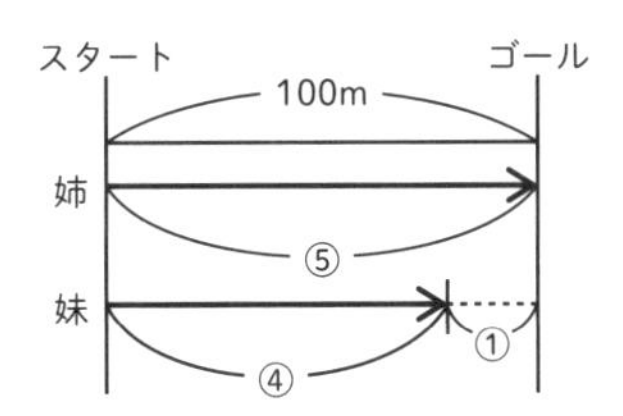

6 同じ時間進むとき，進む道のりの比と速さの比は等しいので，AさんとBさんの速さの比は，100:(100－8)＝25：23　また，同じ道のりを進むとき，速さの比とかかる時間の比は逆比になるので，学校から公園まで競走したときにAさんとBさんのかかる時間の比は23：25となる。3分50秒＝230秒だから，Bさんがかかった時間は，230÷23×25＝250(秒)　よって，4分10秒。

7(1)　普段(ふだん)とこの日の速さの比は，90：60＝3：2なので，家から学校まで歩くのにかかる時間の比はその逆比となり2：3となる。普段かかる時間を②，この日にかかった時間を③とすると，その差の①が，かかった時間の差の，2＋2＝4(分)にあたる。よって，普段登校にかかる時間は，4×2＝8(分)　したがって，始業時刻は家を出る午前8時の，8＋2＝10(分後)
(2)　普段登校にかかる時間は8分だから，学校までの道のりは，90×8＝720(m)

8 姉と妹が1周するのにかかる時間の比は，24：28＝6：7　同じ道のりを進むとき，速さの比とかかる時間の比は逆比になるので，2人の速さの比は7：6。2人が同時に反対方向に歩くと，出会うまでの様子は図のようになり，姉は池の周囲の，$\frac{7}{7+6}$だけ進んだところで妹と出会う。よって，姉が妹と出会うのは，
$24\times\frac{7}{13}=12\frac{12}{13}$(分後)

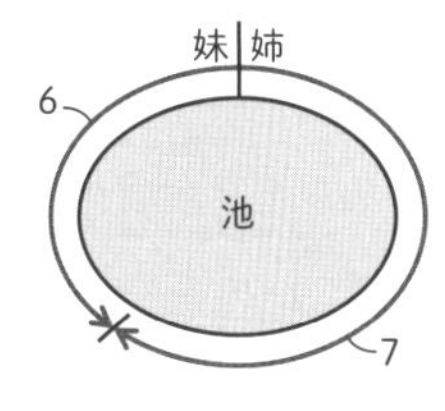

[別解] 姉の速さを毎分⑦，妹の速さを毎分⑥とすると，池の周囲の長さは，⑦×24＝(168)　2人が出会うのは，$168\div(7+6)=12\frac{12}{13}$(分後)

比の利用・速さの比の練習問題 発展編

答え
- ❶ (1) ガム…10個，チョコレート…14個　(2) 2900円
- ❷ (1) 3：2　(2) 午後1時15分
- ❸ 630m
- ❹ (1) 6：5　(2) 4分24秒
- ❺ 8：5
- ❻ 時速48km
- ❼ 1時間36分15秒

❶(1)　買ったガムとチョコレートの個数の比は，$8\div80:21\div150=\frac{8}{80}:\frac{21}{150}=5:7$　よって，個数の関係は，下の図のように表せる。ガムの個数は，4÷(7－5)×5＝10(個)，チョコレートの個数は，10＋4＝14(個)

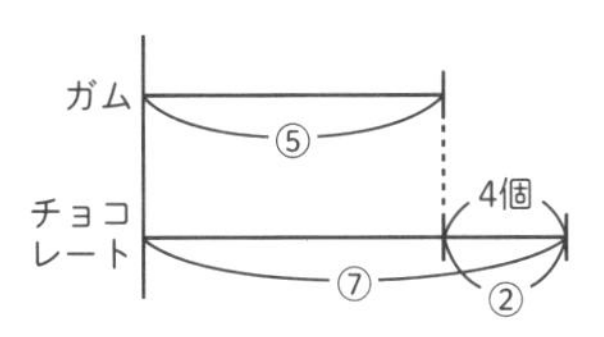

(2)　80×10＋150×14＝2900(円)

第4章　速さに関する問題

❷(1)　兄と弟が進む様子は下の図のようになる。ポストと駅の間を兄は4分，弟は6分で歩いた。速さの比は，かかった時間の比の逆比となるので，6：4＝3：2

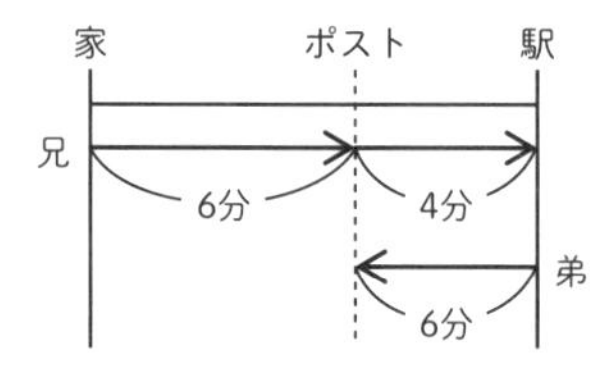

(2)　兄は家から駅まで，6＋4＝10(分)かかった。兄と弟が同じ道のりを進むのにかかる時間の比は2：3なので，弟が駅から家に着くまでにかかる時間は，10÷2×3＝15(分)　よって，弟が家に着く時刻は，午後1時15分

❸　姉と妹が歩く様子は下の図のようになる。出会うまでに姉と妹が歩いた道のりの比は速さの比と等しく，110：70＝11：7　2人が出会うまでに姉が歩いた道のりを⑪，妹が歩いた道のりを⑦とすると，A地とB地の間の道のりは，⑪＋⑦＝⑱　A地から真ん中の地点までの道のりは，⑱÷2＝⑨となるので，⑪－⑨＝②が70mにあたる。よって，①にあたる道のりは，70÷2＝35(m)　これより，A地とB地の間の道のりは，35×18＝630(m)

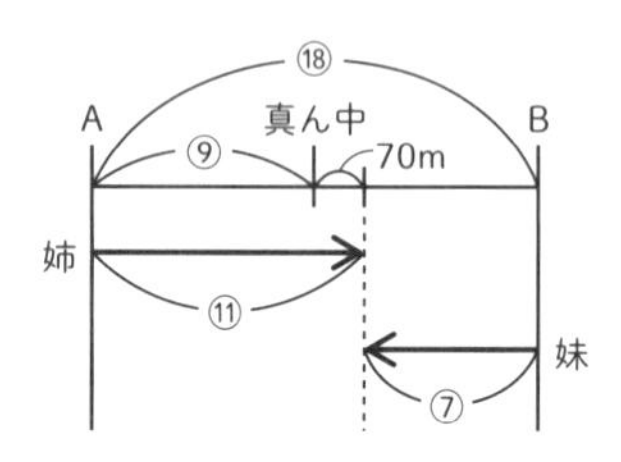

❹(1)　池の周囲の長さを1とすると，22分で1周の差がつくことから，AとBの分速の差は，$1 \div 22 = \frac{1}{22}$
また，2分で走った道のりの合計が1になることから，AとBの分速の和は，$1 \div 2 = \frac{1}{2}$　よって，AとB の分速の和と差の比は，$\frac{1}{2} : \frac{1}{22} = 11 : 1$となる。これを⑪，①と表すと，下の図より，Bの分速は，(⑪－①)÷2＝⑤，Aの分速は，⑤＋①＝⑥となる。

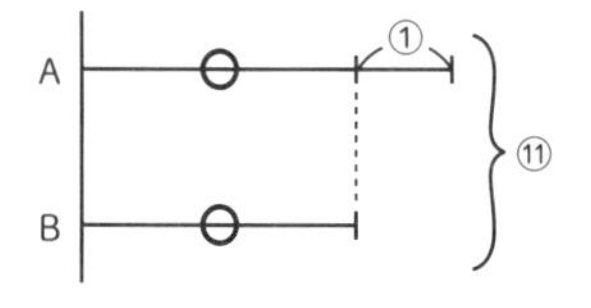

(2)　AとBの分速をそれぞれ⑥，⑤と表すと，池の周囲の長さは，(⑥＋⑤)×2＝㉒　と表せる。よって，Bさんが1周する時間は，$22 \div 5 = 4\frac{2}{5}$（分）
$\frac{2}{5}$分は，$60 \times \frac{2}{5} = 24$(秒)なので，4分24秒。

❺　兄が4歩で歩く道のりを1とすると，2人の1歩の歩(ほ)幅(はば)の比は，$\frac{1}{4} : \frac{1}{6} = 3 : 2$
また，同じ時間で兄は16歩，弟は15歩歩くので，兄と弟が同じ時間で歩いた道のりの比は，3×16：2×15＝8：5　よって，2人の速さの比も8：5となる。
[別解] 兄と弟の歩幅の比は，兄の歩幅×4＝弟の歩幅×6より，6：4＝3：2のように求めることもできる。

❻　下の図のように，A君は1台目のバスに追い越(こ)された後，12分後に2台目のバスに追い越される。このとき，図のかげをつけた部分の道のりをA君は12分，バスは，12－11＝1(分)で進むことになるから，A君とバスの速さの比はかかる時間の比の逆比となり，1：12となる。よって，バスの時速は，4×12＝48(km)

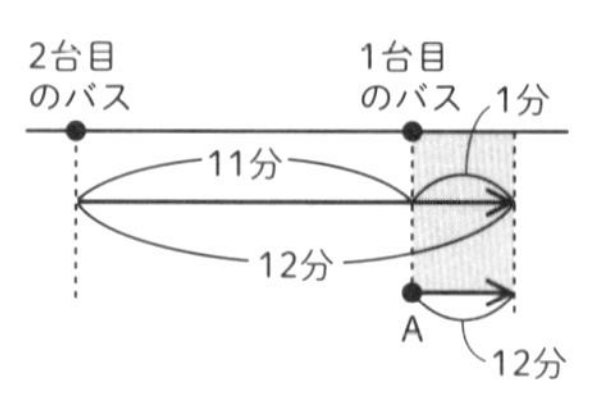

❼　みくさんがA地からB地に行くのにかかった時間とB地からA地に戻(もど)るのにかかる時間の比を求めると，
(5÷50＋3÷60＋4÷80)：(4÷50＋3÷60＋5÷80)
$= \left(\frac{1}{10} + \frac{1}{20} + \frac{1}{20}\right) : \left(\frac{2}{25} + \frac{1}{20} + \frac{1}{16}\right) = \frac{1}{5} : \frac{77}{400} =$ 80：77　1時間40分＝100分だから，戻るのにかかる時間は，$100 \times \frac{77}{80} = 96\frac{1}{4}$（分）　96分は1時間36分，$\frac{1}{4}$分は，$60 \times \frac{1}{4} = 15$(秒)だから，1時間36分15秒。
[別解] みくさんがA地からB地へ行ったときの上り，平地，下りにかかった時間の比は，$\frac{1}{10} : \frac{1}{20} : \frac{1}{20} =$ 2：1：1　1時間40分＝100分だから，比の1にあたる時間は，100÷(2＋1＋1)＝25(分)　よって，上りに，25×2＝50(分)，平地と下りに25分ずつかかったことになる。戻るときには上りは下りに，下りは上りになる。
上りと下りの速さの比は，50：80＝5：8で，同じ道のりを進むのにかかる時間の比は8：5になるので，かかる時間の合計は，$25 \times \frac{8}{5} + 25 + 50 \times \frac{5}{8} = 96\frac{1}{4}$（分）

難問に挑戦！

p.154

答え

毎分480m

A地からB地まで川を下ったときの分速は，1800÷3＝600(m)　B地からA地まで川を上ったときの分速は，1800÷4.5＝400(m)　行きの川の流れの速さと帰りの川の流れの速さは3：2なので，図に表すと下のようになります。

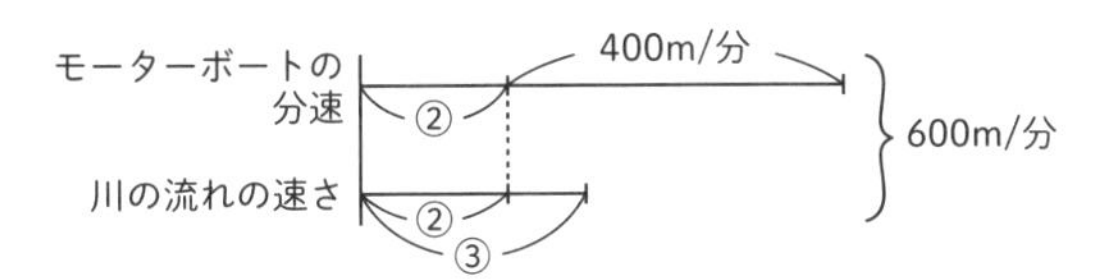

600－400＝200(m/分)が比の⑤にあたるので，比の①にあたる分速は，200÷5＝40(m/分)　よって，A地からB地まで下ったときの川の流れの速さは，40×3＝120(m/分)

モーターボートの静水時の速さは，600－120＝480(m/分)

第4章

速さに関する問題

第　5　章

① 平均算　p.156 ～ p.161

答え

［類題１］
❶ 88点　❷ 14.6分
［類題２］
16人

［類題１］

❶　これまで4回の漢字テストの合計点は，78×4＝312(点)　5回の平均点が80点になるための5回の合計点は，80×5＝400(点)　よって，400－312＝88(点)

❷　6年生の男子の通学時間の合計は，17×52＝884(分)　6年生の女子の通学時間の合計は，12×48＝576(分)　6年生全員の人数は，52＋48＝100(人)なので，6年生全員の通学時間の平均は，(884＋576)÷100＝14.6(分)

［類題２］

クラスの男子の人数を□人として面積図に表すと，右のようになる。図のアとイの面積が等しいことより，(139.8－137)×□＝(143－139.8)×14　これより，2.8×□＝3.2×14，□＝44.8÷2.8＝16(人)

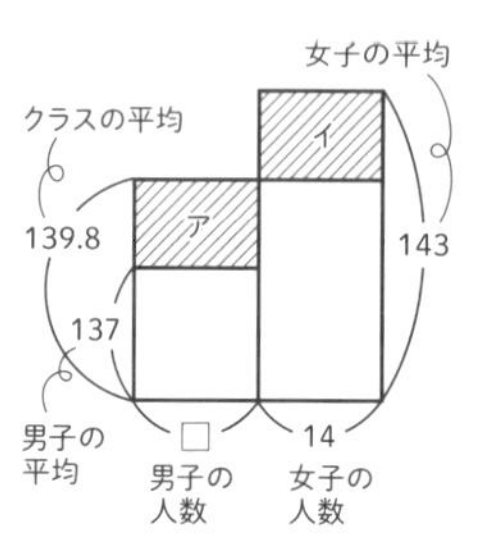

平均算の練習問題　基本編

答え

1 10.5分
2 37.7kg
3 98点
4 (1) 37.2秒　(2) 9.2秒
5 10回
6 16人
7 15回目
8 8人

1　(平均)＝(合計)÷(人数)より，(11＋10＋6＋15)÷4＝10.5(分)

2　5年生の体重の合計は，35×92＝3220(kg)　6年生の体重の合計は，40×108＝4320(kg)　5年生と6年生を合わせた体重は，3220＋4320＝7540(kg)，合わせた人数は，92＋108＝200(人)だから，体重の平均は，7540÷200＝37.7(kg)

3　これまで5回の合計点は，82.4×5＝412(点)　6回の平均点が85点になるときの6回の合計点は，85×6＝510(点)　よって，□＝510－412＝98(点)

4(1)　(合計)＝(平均)×(人数)より，9.3×4＝37.2(秒)
(2)　Aを除いた3人のタイムの合計は，37.2－9.6＝27.6(秒)　よって，平均タイムは，27.6÷3＝9.2(秒)

5　これまで受けたテストの回数を□回として，右の図のような面積図に表して考える。
図の斜線部分アとイの面積が等しいことより，(80－78)×□＝(100－80)×1　これより，□＝20÷2＝10(回)

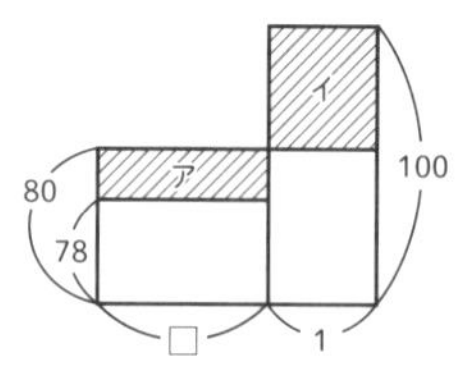

6　大人の人数を□人として，右の図のような面積

図に表して考える。図の斜線部分アとイの面積が等しいことより，(41－17)×□＝(17－9)×48　これより，□＝8×48÷24＝16(人)

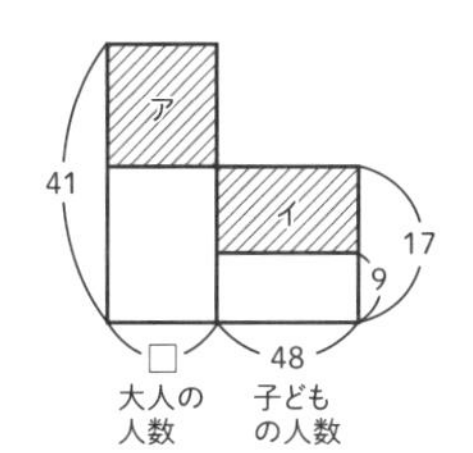

7　これまで受けたテストの回数を□回として，右の図のような面積図に表して考える。図の斜線(しゃせん)部分アとイの面積が等しいことより，(90－88)×□＝(88－60)×1

これより，□＝28÷2＝14(回)　よって，次の漢字テストは，14＋1＝15(回目)

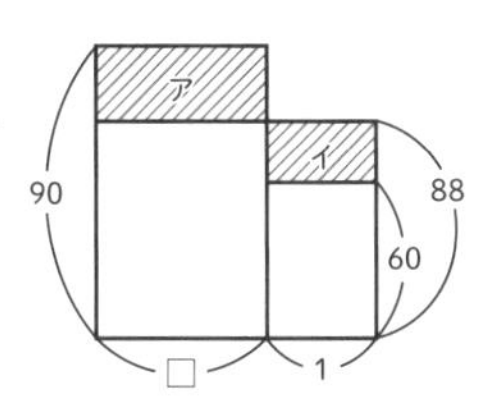

8　女子の人数を□人として，右の図のような面積図に表して考える。図の斜線部分アとイの面積が等しいことより，(68－60)×6＝(74－68)×□　これより，□＝48÷6＝8(人)

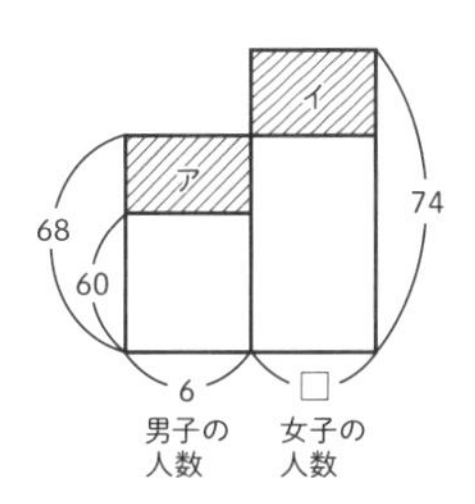

平均算の練習問題 発展編

答え

❶ (1) 66cm　(2) 145.5cm
❷ 125人
❸ サッカーボール…6個，ソフトボール…24個
❹ (1) 62400点　(2) 72000点　(3) 240点
❺ 115点
❻ 60人

❶(1)　0.2＋4.5＋2.4＋11＋0.8＋2.5＋2＋8＋3＋9.6＋12＋10＝66(cm)

(2)　(1)で求めた長さの平均は，66÷12＝5.5(cm)　よって，12人の身長の平均は，140＋5.5＝145.5(cm)

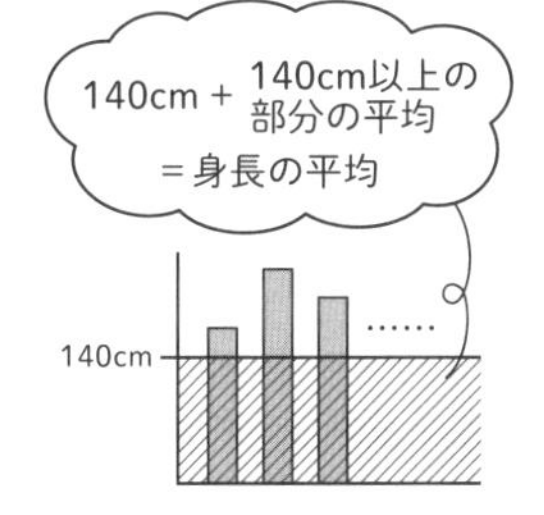

❷　A小学校，B小学校の6年生の人数をそれぞれA，Bとして右のような面積図をかく。図の斜線部分アとイの面積は等しく，たての比は，(17－14)：(14－9)＝3：5　面積が等しい長方形の横の比はたての比の逆比になるので，A：B＝5：3　したがって，A小学校の6年生の人数は，200÷(5＋3)×5＝125(人)

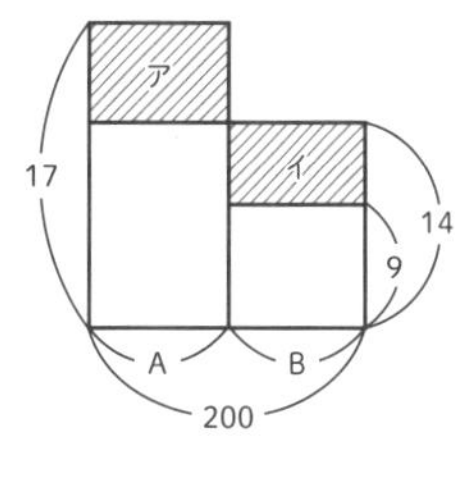

❸　右のような面積図に表して考える。図の斜線部分アとイの面積は等しく，たての比は，(350－222)：(222－190)＝4：1　面積が等しい長方形の横の比はたての比の逆比になるので，サッカーボールとソフトボールの個数の比は1：4となる。　よって，サッカーボールの個数は，30÷(1＋4)×1＝6(個)　ソフトボールの個数は，6×4＝24(個)

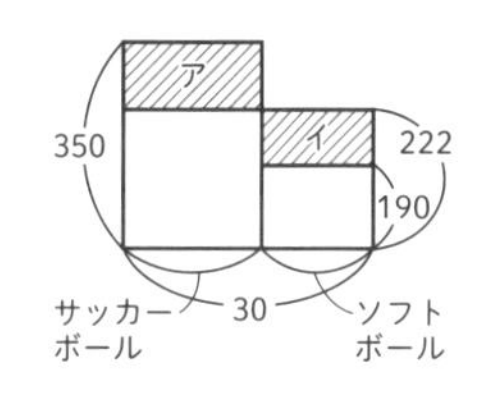

❹(1)　208×300＝62400(点)

(2)　右の面積図で，斜線部分の面積(得点)を(1)の合計点に加えて求める。40×240＋62400＝72000(点)

(3)　(2)より，全員，つまり300人が合格者の平均点をとったときの合計点は72000点なので，(合計)÷(人数)＝(平均)　より，72000÷300＝240(点)

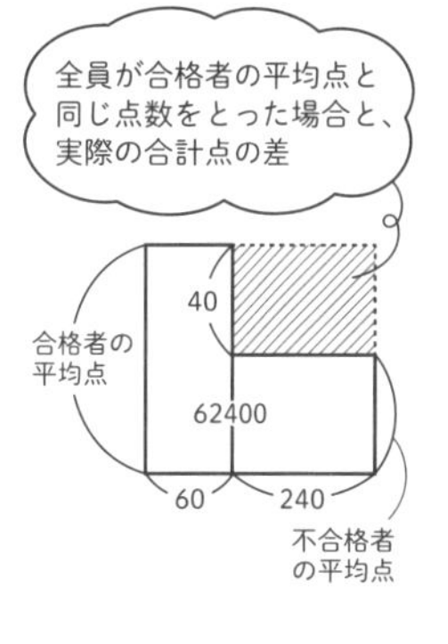

❺　合格者の平均点と不合格者の平均点の差は，25＋35＝60(点)　よって，右の図のような面積図で表すことができる。

面積図全体の面積(全受験者の得点の合計)は，

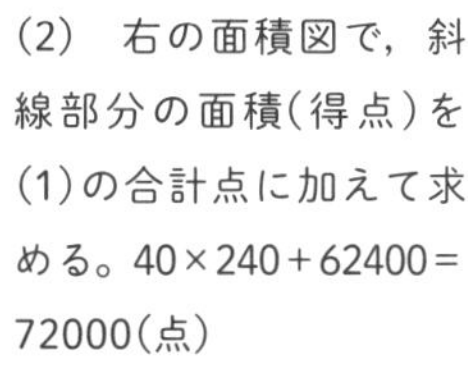

(平均)×(人数)=(合計)より，104×200=20800
ここから図のアの面積をひくと，斜線部分の面積は，20800−60×80=16000　よって，不合格者の平均点は，16000÷200=80(点)　合格最低点は不合格者の平均点より35点高いので，80+35=115(点)

［別解］右の図のように，受験者全員の平均点104点をかき入れると，イとウの面積が等しくなる。イとウの長方形の横の比は，80：120=2：3だから，たての比は3：2になる。よって，

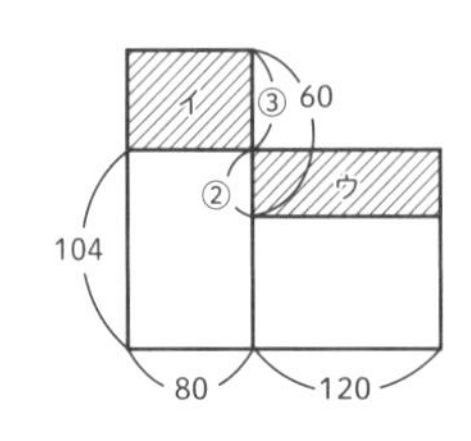

合格者の平均点と受験者全員の平均点との差は，60÷(3+2)×3=36(点)
合格者の平均点は，104+36=140(点)　合格最低点は，140−25=115(点)

❻ 右の図のような面積図で表すことができる。面積図全体の面積(100人全員の体重の合計)は，38.2×100=3820なので，図の斜線部分の面積は，52×100−3820=1380

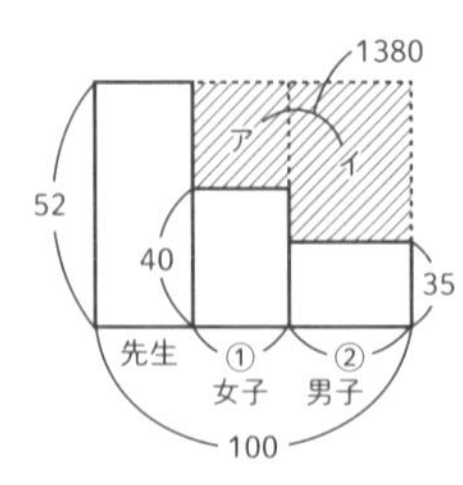

また，女子の人数を①，男子の人数を②とすると，斜線部分アの面積は，(52−40)×①=⑫，斜線部分イの面積は，(52−35)×②=㉞と表すことができるので，①にあたる人数は，1380÷(12+34)=30(人)…女子の人数　よって，男子の人数は，30×2=60(人)

② のべ算（帰一算）／仕事算

p.162 ～ p.167

答え

［類題1］
❶ 45日　❷ 16台
［類題2］
❶ $\frac{11}{90}$　❷ 10日

［類題1］

❶ 1人が1日にできる仕事の量を1とすると，仕事全体の量は，6×60=360　これを1日に8ずつするので，360÷8=45(日)かかる。

❷ ポンプ1台が1時間にくみ出す水の量を1とすると，いっぱいになった水の量は，3×48=144　これを9時間でくみ出すので，1時間に，144÷9=16ずつくみ出さなければならない。よって，16台のポンプが必要。

［類題2］

❶ 仕事全体の量を1とすると，AとBが1日にできる仕事の量はそれぞれ，$1÷15=\frac{1}{15}$…A　$1÷18=\frac{1}{18}$…B　2人で働くと，1日にできる仕事の量は，$\frac{1}{15}+\frac{1}{18}=\frac{6}{90}+\frac{5}{90}=\frac{11}{90}$

❷ AとBの2人で6日間働いたときにできる仕事の量は，$\frac{11}{90}×6=\frac{11}{15}$　残りの仕事は，$1-\frac{11}{15}=\frac{4}{15}$　これをA1人ですると，かかる日数は，$\frac{4}{15}÷\frac{1}{15}=4$(日)
2人で仕事を始めてから終えるまでの日数は，6+4=10(日)

のべ算(帰一算)／仕事算の練習問題
基本編

答え

1 5人
2 26日
3 42万円
4 7時間
5 (1) 6時間　(2) 12時間
6 24分
7 9日間

1 1人が1日にできる仕事の量を1とすると，仕事全体の量は，7×25=175　これを35日で仕上げるには，1日に，175÷35=5ずつすればよい。よって，5人が必要となる。

2 1人が1日にできる仕事の量を1とすると，仕事全体の量は，8×60=480　10人が35日働くと，10×35=350できるから，残りは，480−350=130　これを5人ですると，かかる日数は，130÷5=26(日)

3 1人の1日ぶんの賃金を1とすると，135万円は，6

$\times 15 = 90$にあたる。よって，1人の1日ぶんの賃金は，$135 \div 90 = 1.5$(万円) 2人が14日間働いたときに必要な賃金は，$1.5 \times 2 \times 14 = 42$(万円)

4 1人が1時間働いてつくることができる製品の個数を1とすると，1200個は，$6 \times 8 \times 5 = 240$にあたる。よって，1にあたる個数は，$1200 \div 240 = 5$(個) 3150個の製品をつくるとき，1日に1人がつくる製品は，$3150 \div (10 \times 9) = 35$(個) よって，1日に働く時間は，$35 \div 5 = 7$(時間)

5(1) 仕事全体の量を1とすると，AとBが1時間にできる仕事の量はそれぞれ，$1 \div 15 = \frac{1}{15}$…A $1 \div 10 = \frac{1}{10}$…B 2人で働くと，1時間にできる仕事の量は，$\frac{1}{15} + \frac{1}{10} = \frac{2}{30} + \frac{3}{30} = \frac{1}{6}$ よって，仕事が終わるまでにかかる時間は，$1 \div \frac{1}{6} = 6$(時間)

[別解] 仕事全体の量を15と10の最小公倍数30とすると，AとBが1日にできる仕事の量はそれぞれ，$30 \div 15 = 2$，$30 \div 10 = 3$ よって，$30 \div (2+3) = 6$(時間)

(2) AとBの2人で2時間働いたときにできる仕事の量は，$\frac{1}{6} \times 2 = \frac{1}{3}$ 残りの仕事は，$1 - \frac{1}{3} = \frac{2}{3}$

これをAが1人ですると，かかる時間は，$\frac{2}{3} \div \frac{1}{15} = 10$(時間) 2人で仕事を始めてから終えるまでにかかる時間は，$2 + 10 = 12$(時間)

[別解] 仕事全体の量を30とすると，1日にAは2，Bは3できるので，$(2+3) \times 2 = 10$，$(30-10) \div 2 = 10$ よって，$2 + 10 = 12$(時間)

6 満水時の水の量を1とすると，A管から1分間に入る水の量は，$1 \div 40 = \frac{1}{40}$ A管とB管の両方から1分間に入る水の量は$1 \div 15 = \frac{1}{15}$ よって，B管から1分間に入る水の量は，$\frac{1}{15} - \frac{1}{40} = \frac{8}{120} - \frac{3}{120} = \frac{5}{120} = \frac{1}{24}$ B管だけで水を入れたときにかかる時間は，$1 \div \frac{1}{24} = 24$(分)

[別解] 満水の水の量を40と15の最小公倍数120とすると，1分間にA管からは，$120 \div 40 = 3$，A管とB管両方からは，$120 \div 15 = 8$の水が入る。B管から1分間に入る水の量は，$8 - 3 = 5$ よって，B管だけで水を入れると，$120 \div 5 = 24$(分)かかる。

7 仕事全体の量を1とすると，AとBが1日にできる仕事の量はそれぞれ，$1 \div 21 = \frac{1}{21}$…A $1 \div 35 = \frac{1}{35}$…B Bは20日間働いたので，Bがした仕事の量は，全部で，$\frac{1}{35} \times 20 = \frac{4}{7}$ よって，Aがした仕事の量は，$1 - \frac{4}{7} = \frac{3}{7}$ Aが働いた日数は，$\frac{3}{7} \div \frac{1}{21} = 9$(日間)

[別解] 仕事全体の量を21と35の最小公倍数105とすると，1日にできる仕事の量は，$105 \div 21 = 5$…A，$105 \div 35 = 3$…B Bが20日間でした仕事の量は，$3 \times 20 = 60$ よって，Aがした仕事の量は，$105 - 60 = 45$ したがって，Aが働いたのは，$45 \div 5 = 9$(日間)

のべ算(帰一算)／仕事算の練習問題 発展編

答え

❶ 25分
❷ 15時間
❸ 6日間
❹ (1) $5\frac{1}{3}$日 (2) 6日
❺ 20日
❻ 16日

❶ 1時間40分＝100分だから，3つの座席に座れる時間の合計は全部で，$3 \times 100 = 300$(分) よって，1人が座れる時間は，$300 \div 4 = 75$(分) 立つ時間は，$100 - 75 = 25$(分)

❷ 子ども1人が1時間にする仕事の量を1とすると，大人1人が1時間にする仕事の量は3と表せる。大人4人で15時間かかる仕事の量は，$3 \times 4 \times 15 = 180$となる。大人2人と子ども3人で12時間した仕事の量は，$(3 \times 2 + 1 \times 3) \times 12 = 108$

残りの仕事の量は，$180 - 108 = 72$だから，大人8人で残りを仕上げるには，あと，$72 \div (3 \times 8) = 3$(時間)必要。よって，かかった時間は全部で，$12 + 3 = 15$(時間)

❸ A，Bが1日にできる仕事の量をA，Bとすると，$A \times 3 = B \times 5$ よって，A：B＝5：3となる。A，Bが1日にできる仕事の量をそれぞれ5，3とすると，仕事全体の量は，$(5+3) \times 12 = 96$ 2人が交代で合わせて28日で96の仕事をしたことになる。

ここからはつるかめ算➜ 28日全部Bがしたとするとできる仕事は，$3 \times 28 = 84$ 実際にした仕事は96だから，Aが仕事をしたのは，$(96-84) \div (5-3) = 6$(日間)

❹(1) 仕事全体の量を48(24，16，12の最小公倍数)

第5章 平均・のべ・仕事に関する問題

とすると，A，B，Cが1日にできる仕事の量はそれぞれ，A…48÷24＝2，B…48÷16＝3，C…48÷12＝4となる。48÷(2＋3＋4)＝$5\frac{1}{3}$（日）

(2)　3人が8日間でできる仕事の量は，(2＋3＋4)×8＝72　実際にした仕事の量は48だから，Cが休んでいてできなかった仕事の量は，72－48＝24　よって，Cが休んでいたのは，24÷4＝6(日)

❺　大人1人が1日でできる仕事の量を1とすると，この仕事全体の量は，1×48＝48　子ども1人が1日にできる仕事の量は0.2だが，大人に教わりながらすると50％ふえるので，0.2×(1+0.5)＝0.3になる。大人が1日にできる仕事の量は子どもに教えながらすると10％減るので，1×(1－0.1)＝0.9となる。大人2人が子ども2人に教えながらすると1日にできる仕事の量は，(0.9＋0.3)×2＝2.4　よって，48÷2.4＝20(日)かかる。

❻　仕事全体の量を70，42，35の最小公倍数210とすると，1日にできる仕事の量は，210÷70＝3…A　210÷42＝5…B　210÷35＝6…C　となる。AとCで9日間仕事をすると，(3＋6)×(1＋0.2)×9＝97.2　AとBで3日間仕事をすると，(3＋5)×(1＋0.2)×3＝28.8　の仕事ができるので，残りの仕事は，210－(97.2＋28.8)＝84となる。A，B，Cの3人ですると1日にできる仕事の量は，(3＋5＋6)×(1＋0.5)＝21　よって，残りの仕事をするのにかかる日数は，84÷21＝4　全部で，9＋3＋4＝16(日)かかる。

③ ニュートン算　p.168 ～ p.173

答え

［類題１］
3分
［類題２］
5分

［類題１］

1つの入り口から1分間に入る人数を①とすると，150＋20×10＝350(人)が，①×10＝⑩にあたる。よって，①は，350÷10＝35(人)

入り口を2つにすると，1分間に，35×2＝70(人)が入れるが，毎分20人が行列に加わるので，はじめにできていた行列は1分間に，70－20＝50(人)ずつ減ることになる。よって，150÷50＝3(分)

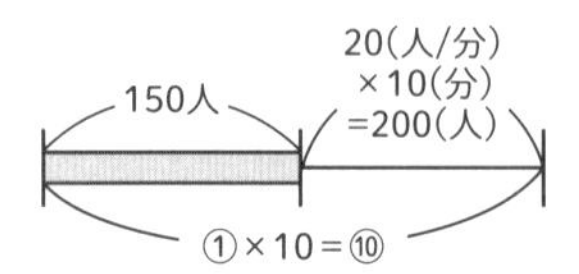

［類題２］

1つの入場口から1分間に入場する人数を①とすると，下の図のように表せる。
540－108＝432(人)が，㊺－⑱＝㉗にあたるので，①は，432÷27＝16(人)　はじめの行列は，16×18－108＝180(人)　よって，入場口を3つにしたとき，行列がなくなるまでの時間は，180÷(16×3－12)＝5(分)

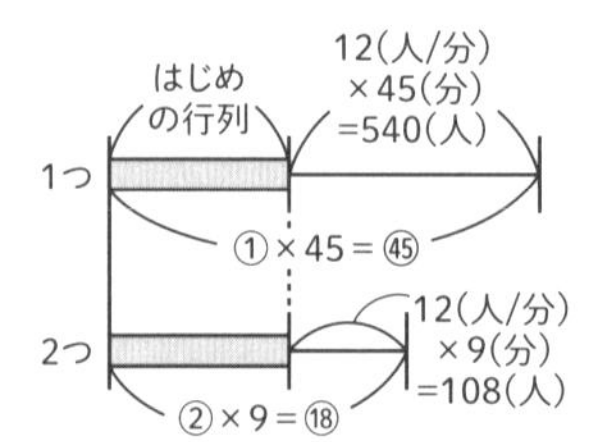

ニュートン算の練習問題
基本編

答え

1　50分
2　(1) 16人　(2) 5分
3　(1) 6L　(2) 20分
4　(1) 12L　(2) 640L　(3) 8分
5　(1) 60人　(2) 3600人　(3) 3時間　(4) 7か所

1　ポンプ3台が1分間にくみ出す水の量は，16×3＝48(L)　よって，水がなくなるまでにかかる時間は，1800÷(48－12)＝50(分)

2(1)　行列は1分間に，130÷13＝10(人)ずつなくなった。1分間に行列に加わる人数をあわせて，10＋6＝16(人)に売ったことになる。

(2)　16×2＝32，130÷（32－6）＝5(分)

3(1)　1時間40分は100分だから，下の図のように表せる。よって，毎分わき出る水の量は，(1200－600)÷100＝6(L)

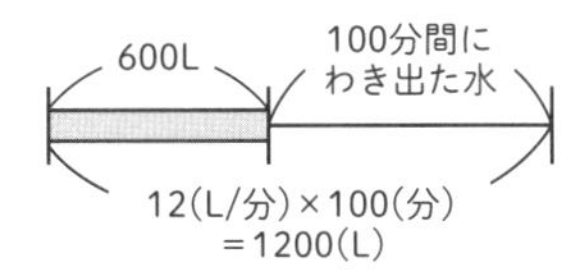

(2)　ポンプ3台で1分間にくみ出す水の量は，12×3＝36(L)　ただし，毎分6Lの水がわき出しているので，もとからあった水のうち1分ごとにくみ出せるのは，36－6＝30(L)　よって，600÷30＝20(分)

4(1)　ポンプ1台が1分間にくみ出す水の量を①とすると，下の図のように表せる。①は，(128－80)÷(64－60)＝12(L)

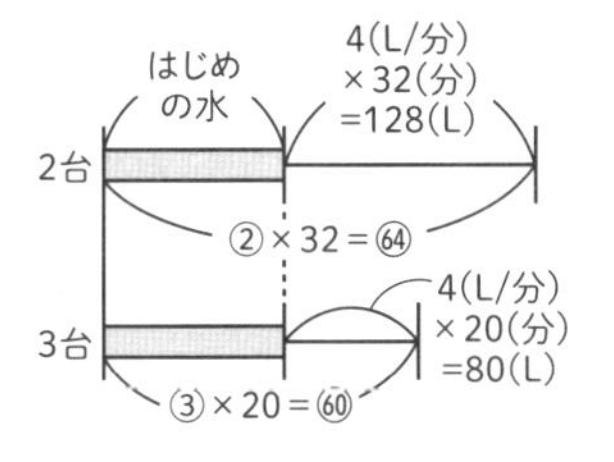

(2)　ポンプ3台でくみ出した水⑥⓪は，12×60＝720(L)　20分間にわき出した水は80L。よって，はじめに泉にたまっていた水は，720－80＝640(L)

(3)　ポンプ7台で1分間にくみ出す水の量は，12×7＝84(L)　ただし，毎分4Lの水がわき出しているので，もとからあった水のうち1分ごとにくみ出せるのは，84－4＝80(L)　640÷80＝8(分)

5(1)　1つの入場口から1分間に入場する人数を①とすると，下の図のように表せる。よって，①は，(1800－720)÷(90－72)＝60(人)

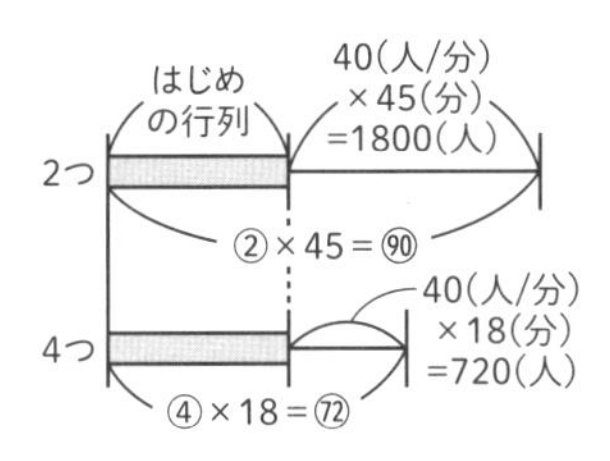

(2)　入場口を4つ開けたとき入場した人数⑦②は，60×72＝4320(人)　18分間で加わった人数は720人。よって，入場開始時刻前に並んでいた人数は，4320－720＝3600(人)

(3)　入場口1つで1分間に入場するのは60人。ただし，毎分40人加わっているので，入場開始時刻前に並んでいた人のうち1分ごとに入場できるのは，60－40＝20(人)　3600÷20＝180(分)　180分は，180÷60＝3(時間)

(4)　3600÷10＝360より，10分間で行列をなくすには，はじめの行列を1分間に360人ずつ減らさなければならない。毎分40人の人が行列に並ぶので，1分間に入場させなければならない人数は，360＋40＝400(人)　1つの入場口から1分間に入場できる人数は60人だから，400÷60＝6あまり40　より，入場口を，6＋1＝7(か所)開ける必要がある。

ニュートン算の練習問題
発展編

答え
- ❶ (1) 2　(2) 48　(3) 8分
- ❷ (1) 420　(2) 56分
- ❸ (1) 5　(2) 120　(3) 40日
- ❹ 6日
- ❺ 7か所

❶(1)　1分間にわき出る水の量を①とすると，下の図のように表せる。このとき，80－72＝8が，⑯－⑫＝④にあたるので，①は，8÷4＝2

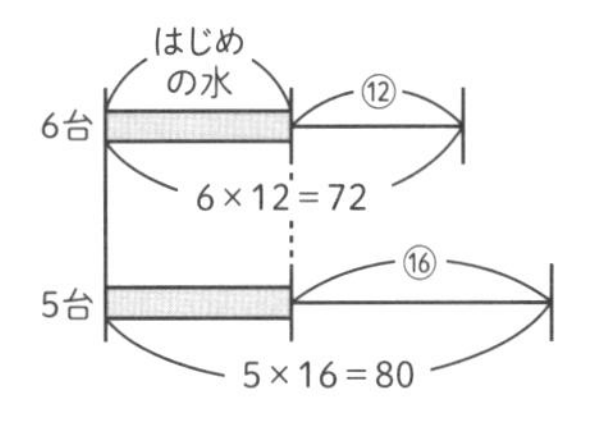

(2)　⑫は，2×12＝24なので，はじめにたまっている水の量は，72－24＝48

(3)　ポンプ8台で1分間にくみ出す水の量は8。ただし，毎分2の水がわき出ているので，もとからあった水のうち1分ごとにくみ出せるのは，8－2＝6　48÷6＝8(分)

❷(1)　2時間48分＝168分，2時間＝120分なので，1分間に新たにできる色のついていないおもちゃの数を

①とすると，下の図のように表せる。このとき，①は，$(504-480)\div(168-120)=0.5$　よって，始業時にあった色のついていないおもちゃの個数は，$480-0.5\times120=420$となる。

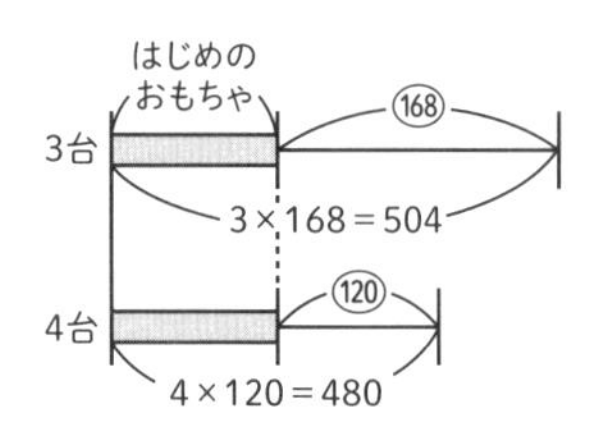

(2)　機械8台で1分間に色をつけられるおもちゃの量は8。ただし，毎分0.5の色のついていないおもちゃができるので，始業時からあった色のついていないおもちゃのうち1分ごとに色がつけられるのは，$8-0.5=7.5$　$420\div7.5=56$(分)

❸(1)　1日にはえる草の量を①とすると，下の図のように表せる。このとき，①は，$(240-180)\div(24-12)=5$

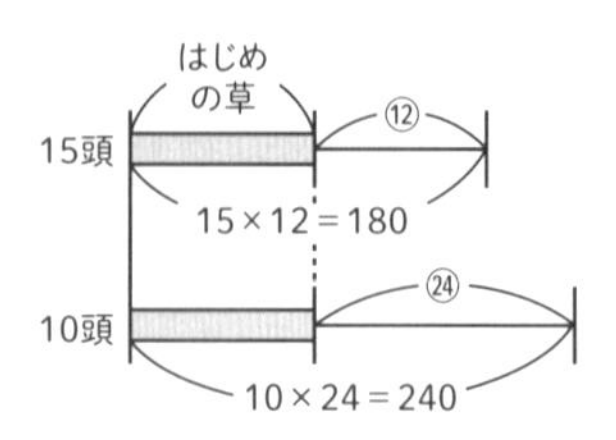

(2)　$180-5\times12=120$

(3)　8頭の牛が１日で食べる草の量は8。ただし，毎日5の草がはえるので，はじめにはえている草のうち１日でなくなるのは，$8-5=3$　$120\div3=40$(日)

❹　1頭の牛が1日に食べる草の量を1，1日にはえる草の量を①とすると，下の図のように表せる。①は，$(320-280)\div(8-4)=10$　よって，はじめにはえている草の量は，$280-10\times4=240$　50頭の牛が１日で食べる草の量は50。ただし，毎日10の草がはえるので，はじめにはえている草のうち１日でなくなるのは，$50-10=40$　よって，50頭の牛が草を食べつくすのにかかる日数は，$240\div40=6$(日)

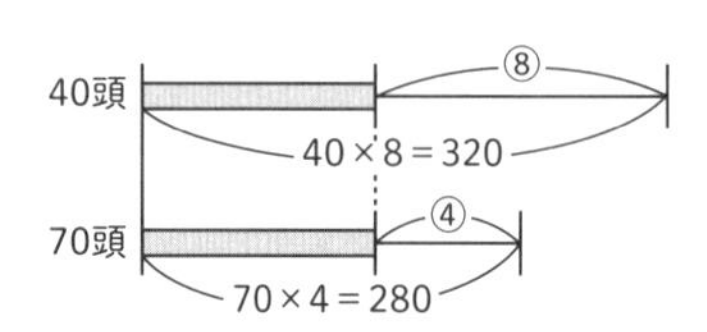

❺　4時間は240分，2時間30分は150分。1つの売り場で1分間に売る入場券の枚数を1，1分間に増える行列の人数を①とすると，下の図のように表せる。このとき，①は，$(480-450)\div(240-150)=\frac{1}{3}$　よって，はじめの行列の人数は，$450-\frac{1}{3}\times150=400$　60分で行列をなくすには，1分間に，$400\div60=\frac{20}{3}=6\frac{2}{3}$ずつなくせばよい。必要な売り場の数は，$6\frac{2}{3}+\frac{1}{3}=7$(か所)

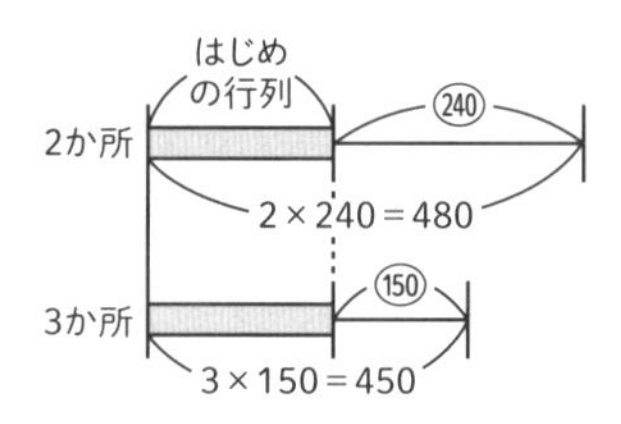

特訓！ 平均算の面積図

p.174 ～ p.175

答え

①　15　②　56　③　4　④　7
⑤　111　⑥　200

①アの面積は，$(60-50)\times21=210$　イの面積も210だから，□$=210\div(74-60)=15$(人)

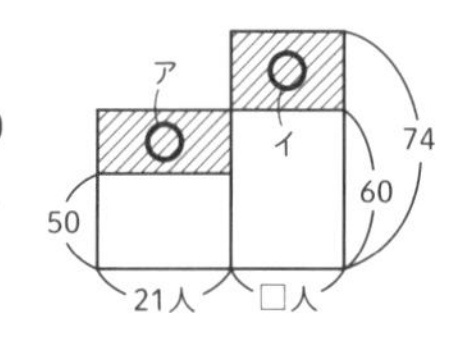

②全員の得点(全体の面積)は，$59.5\times(14+18)=1904$　アの面積は，$8\times14=112$　イの面積は，$1904-112=1792$　□$=1792\div(14+18)=56$(点)

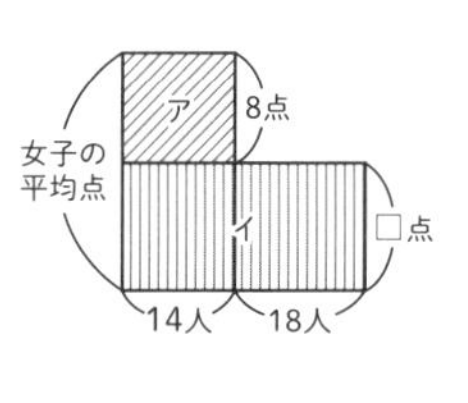

③イの面積は，$(70-62)\times2=16$　アの面積も16だから，□$=16\div(62-58)=4$(回)

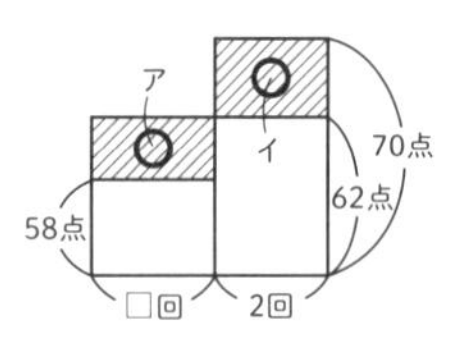

④図のウは，75－６＝69（点） イの面積は，(69－27)×１＝42 アの面積も42だから，□＝42÷６＝７(回)

⑤全員の得点(全体の面積)は，135×(80＋120)＝27000 アの面積は，60×80＝4800 イの面積は，27000－4800＝22200 □＝22200÷(80＋120)＝111(点)

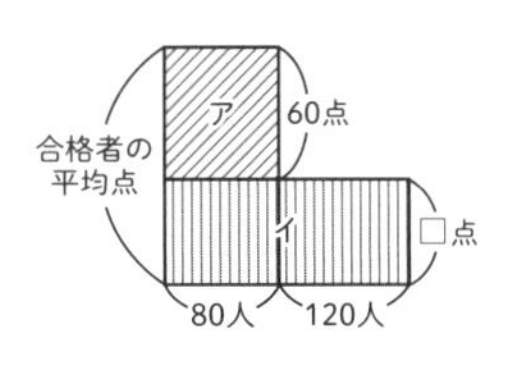

⑥［ポイント］面積図には人数と平均点のみかき入れ，合格最低点から合格者と不合格者の平均点の差を求める。⑤と同じ形にして考える。

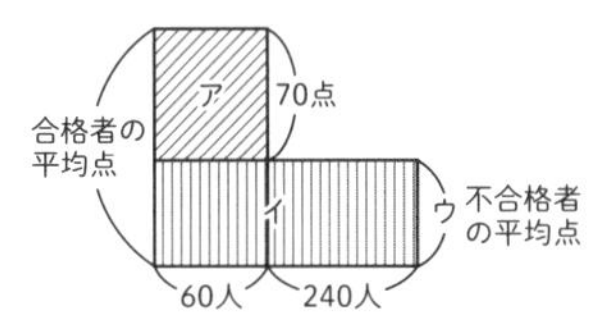

合格者と不合格者の平均点の差は，10＋60＝70(点) 図のアの面積は，70×60＝4200 イの面積は，154×(60＋240)－4200＝42000 ウは，42000÷(60＋240)＝140 合格最低点は，140＋60＝200(点)